目次

教科書ぴったりトレーニング
大日本図書版 数学1年

成績アップのための学習メソッド ▶ 2~5

学習内容

定期テスト予想問題 ▶ 137 ~ 151

解答集 ▶ 別冊

自分にあった学習法を
見つけよう!

成績アップのための学習メソッド

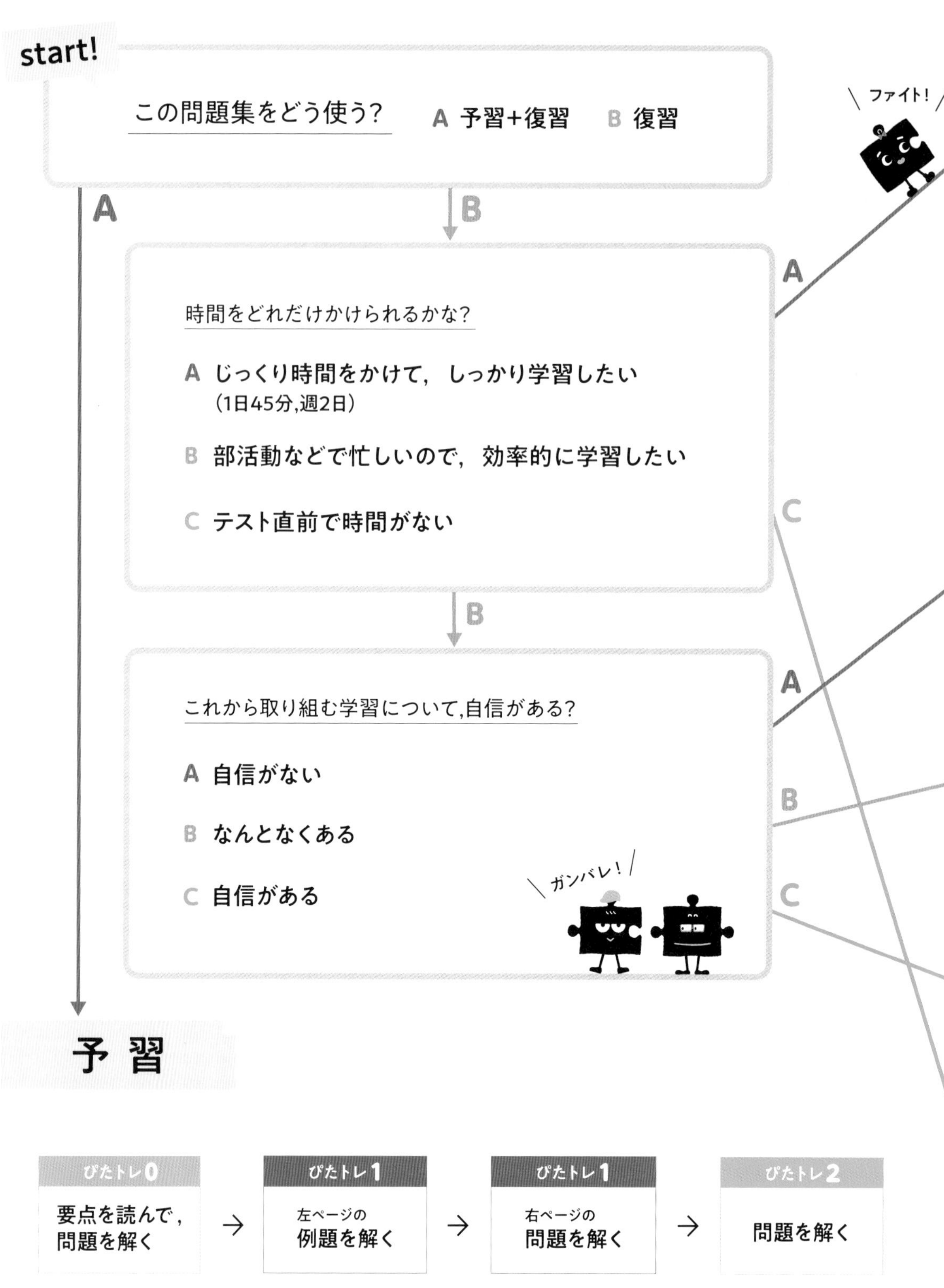

start!
この問題集をどう使う?
A 予習+復習
B 復習
A
B
時間をどれだけかけられるかな?
A じっくり時間をかけて，しっかり学習したい
(1日45分,週2日)
B 部活動などで忙しいので，効率的に学習したい
C テスト直前で時間がない
A
C
B
これから取り組む学習について,自信がある?
A 自信がない
B なんとなくある
C 自信がある
A
B
C
ファイト!
ガンバレ!
予習

ぴたトレ0		ぴたトレ1		ぴたトレ1		ぴたトレ2
要点を読んで，問題を解く	→	左ページの例題を解く	→	右ページの問題を解く	→	問題を解く

わからない時は…学校の授業をしっかり聞いて解決! → 残りのページを 復習 として解く

教科書ぴったりトレーニング付録

赤シート×直前対策！

ぴたトレ mini book

テストに出る！

重要問題チェック！

数学1年

赤シートでかくしてチェック！

お使いの教科書や学校の学習状況により，ページが前後したり，学習されていない問題が含まれていたり，表現が異なる場合がございます。
学習状況に応じてお使いください。

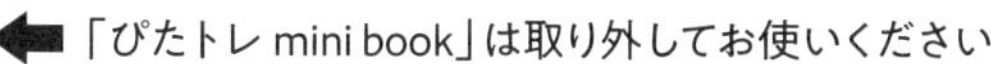

正の数・負の数

●正の符号，負の符号
●絶対値

テストに出る！重要問題

〈特に重要な問題は□の色が赤いよ！〉

□200 円の収入を，+200 円と表すとき，300 円の支出を表しなさい。

〔 −300 円 〕

□次の数を，正の符号（ふごう），負の符号をつけて表しなさい。

(1) 0 より 3 大きい数 〔 +3 〕

(2) 0 より 1.2 小さい数 〔 −1.2 〕

□下の数直線で，A，B にあたる数を答えなさい。

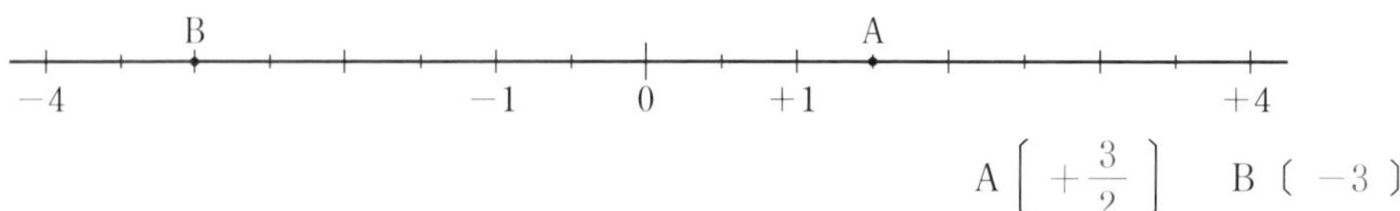

A $\left[+\frac{3}{2} \right]$ B〔 −3 〕

□絶対値が 2 である整数をすべて答えなさい。

〔 +2, −2 〕

□次の 2 数の大小を，不等号を使って表しなさい。

(1) 2.1 [>] −1

(2) −3 [<] −1

□次の数を，小さい方から順に並べなさい。

$-4,\ \frac{2}{3},\ 3,\ -2.6,\ 0$

$\left[-4,\ -2.6,\ 0,\ \frac{2}{3},\ 3 \right]$

テストに出る！重要事項

〈テスト前にもう一度チェック！〉

□負の数＜0＜正の数

□正の数は絶対値が大きいほど大きい。

□負の数は絶対値が大きいほど小さい。

正の数・負の数　●正の数・負の数の計算

テスト に出る！重要問題　〈特に重要な問題は□の色が赤いよ！〉

□次の計算をしなさい。

(1)　$(-7)+(-5)=\boxed{-12}$

(2)　$(+4)-(-2)=\boxed{+6}$

□次の計算をしなさい。

$$-8-(-10)+(-13)+21=-8+\boxed{10}-\boxed{13}+21$$
$$=31-\boxed{21}=\boxed{10}$$

□次の計算をしなさい。

(1)　$(-2)\times 5=\boxed{-10}$

(2)　$(-20)\div(-15)=\boxed{\frac{4}{3}}$

(3)　$\frac{4}{15}\div\left(-\frac{8}{9}\right)=\frac{4}{15}\times\left(\boxed{-\frac{9}{8}}\right)$

$$=-\left(\frac{4}{15}\times\boxed{\frac{9}{8}}\right)=\boxed{-\frac{3}{10}}$$

□次の計算をしなさい。

(1)　$(-3)^2\times(-1^3)$
$=\boxed{9}\times(\boxed{-1})=\boxed{-9}$

(2)　$8+2\times(-5)$
$=8+(\boxed{-10})=\boxed{-2}$

□分配法則を使って，次の計算をしなさい。

$$(-6)\times\left(-\frac{1}{2}+\frac{2}{3}\right)=\boxed{3}+(\boxed{-4})=\boxed{-1}$$

テストに出る！重要事項　〈テスト前にもう一度チェック！〉

□ 同符号(ふごう)の 2 つの数の和…2 つの数と同じ符号に，2 つの数の絶対値の和
　 異符号の 2 つの数の和…絶対値の大きい方の符号に，2 つの数の絶対値の差

□ 同符号の 2 つの数の積，商の符号…正の符号
　 異符号の 2 つの数の積，商の符号…負の符号

正の数・負の数

●素数と素因数分解
●正の数・負の数の利用

テストに出る！重要問題

〈特に重要な問題は□の色が赤いよ！〉

□10 以下の素数をすべて答えなさい。

〔 2, 3, 5, 7 〕

□次の自然数を，素因数分解しなさい。

(1) 45

$$\begin{array}{r|l} 3 & 45 \\ 3 & 15 \\ & 5 \end{array}$$

$45 = \boxed{3}^2 \times 5$

(2) 168

$$\begin{array}{r|r} 2 & 168 \\ 2 & 84 \\ 2 & 42 \\ 3 & 21 \\ & 7 \end{array}$$

$168 = \boxed{2}^3 \times \boxed{3} \times 7$

□次の表は，5 人のあるテストの得点を，A さんの得点を基準にして，それより高い場合には正の数，低い場合には負の数を使って表したものです。

	A	B	C	D	E
基準との違い(点)	0	+5	−3	−8	−9

A さんの得点が 89 点のとき，5 人の得点の平均を求めなさい。

［解答］ 基準との違いの平均は，

$(0+5-3-8-9) \div 5 = \boxed{-3}$

A さんの得点が 89 点だから，5 人の得点の平均は，

$89 + (\boxed{-3}) = \boxed{86}$ (点)

テストに出る！重要事項

〈テスト前にもう一度チェック！〉

□ 1 とその数のほかに約数がない自然数を素数という。
ただし，1 は素数にふくめない。

□自然数を素数だけの積で表すことを，素因数分解するという。

文字の式

●文字を使った式

テストに出る！重要問題

〈特に重要な問題は□の色が赤いよ！〉

□次の式を，文字式の表し方にしたがって書きなさい。

(1)　$x\times x\times 13=\boxed{13x^2}$

(2)　$(a+3b)\div 2=\boxed{\dfrac{a+3b}{2}}$

□次の式を，記号 ×，÷ を使って表しなさい。

(1)　$5a^2b=\boxed{5\times a\times a\times b}$

(2)　$50-\dfrac{x}{4}=\boxed{50-x\div 4}$

□次の数量を表す式を書きなさい。

(1)　1 本 a 円のペン 2 本と 1 冊 b 円のノート 4 冊を買ったときの代金

〔 $2a+4b$ (円) 〕

(2)　x km の道のりを 2 時間かけて歩いたときの時速

〔 $\dfrac{x}{2}$ (km/h) 〕

(3)　y L の水の 37% の量

〔 $\dfrac{37}{100}y$ (L) 〕

□ $x=-3$，$y=2$ のとき，次の式の値を求めなさい。

(1)　$-x^2=-(\boxed{-3})^2$

$=-\{(\boxed{-3})\times(\boxed{-3})\}$

$=\boxed{-9}$

(2)　$3x+4y=3\times(\boxed{-3})+4\times\boxed{2}$

$=\boxed{-9}+\boxed{8}$

$=\boxed{-1}$

テストに出る！重要事項

〈テスト前にもう一度チェック！〉

□$b\times a$ は，ふつうはアルファベットの順にして，ab と書く。

□$1\times a$ は，記号×と 1 を省いて，単に a と書く。

□$(-1)\times a$ は，記号×と 1 を省いて，$-a$ と書く。

□記号＋，－は省略できない。

文字の式

●文字式の計算

テストに出る！重要問題

〈特に重要な問題は□の色が赤いよ！〉

□次の計算をしなさい。

(1) $3x+(2x+1)$

$=3x+\boxed{2x}+\boxed{1}$

$=\boxed{5x+1}$

(2) $-a+4-(3-2a)$

$=-a+4-\boxed{3}+\boxed{2a}$

$=\boxed{a+1}$

□次の計算をしなさい。

(1) $-2(5x-2)=\boxed{-10x+4}$

(2) $(12x-8)\div4=\boxed{3x-2}$

□次の計算をしなさい。

(1) $3(7a-1)+2(-a+3)=\boxed{21a}-\boxed{3}-2a+6$

$=\boxed{19a+3}$

(2) $5(x+2)-4(2x+3)=5x+10-\boxed{8x}-\boxed{12}$

$=\boxed{-3x-2}$

□次の数量の関係を，等式か不等式に表しなさい。

(1) y 個のあめを，x 人に 5 個ずつ配ると，4 個たりない。

〔 $y=5x-4$ 〕

(2) ある数 x に 13 を加えると，40 より小さい。

〔 $x+13<40$ 〕

(3) 1 個 a 円のケーキ 4 個を，b 円の箱に入れると，代金は 1500 円以下になる。

〔 $4a+b\leqq1500$ 〕

テストに出る！重要事項

〈テスト前にもう一度チェック！〉

□$mx+nx=(m+n)x$ を使って，文字の部分が同じ項(こう)をまとめる。

□かっこがある式の計算は，かっこをはずし，さらに項をまとめる。

□等式や不等式で，等号や不等号の左側の式を左辺，右側の式を右辺，その両方をあわせて両辺という。

方程式

●方程式

テストに出る！重要問題

〈特に重要な問題は□の色が赤いよ！〉

□次の方程式を解きなさい。

(1) $x-4=2$

$x=\boxed{6}$

(2) $\frac{x}{2}=-1$

$x=\boxed{-2}$

(3) $-9x=63$

$x=\boxed{-7}$

□次の方程式を解きなさい。

(1) $-3x+5=-x+1$

$-3x+x=1-\boxed{5}$

$-2x=\boxed{-4}$

$x=\boxed{2}$

(2) $\frac{x+5}{2}=\frac{1}{3}x+2$

$\frac{x+5}{2}\times\boxed{6}=\left(\frac{1}{3}x+2\right)\times 6$

$(x+5)\times\boxed{3}=2x+12$

$\boxed{3x+15}=2x+12$

$\boxed{3x}-2x=12-\boxed{15}$

$x=\boxed{-3}$

□パン 4 個と 150 円のジュース 1 本の代金は，パン 1 個と 100 円の牛乳 1 本の代金の 3 倍になりました。このパン 1 個の値段を求めなさい。

［解答］ $\boxed{\text{パン 1 個の値段}}$を x 円とすると，

$4x+150=3(\boxed{x+100})$

$4x+150=\boxed{3x+300}$

$4x-\boxed{3x}=\boxed{300}-150$

$x=\boxed{150}$

この解は問題にあっている。

$\boxed{150}$ 円

テストに出る！重要事項

〈テスト前にもう一度チェック！〉

□方程式は，文字の項(こう)を一方の辺に，数の項を他方の辺に移項して集めて，$ax=b$ の形にして解く。

方程式

●比例式

テストに出る！重要問題

〈特に重要な問題は□の色が赤いよ！〉

□次の比例式を解きなさい。

(1) $8:6=4:x$

$\boxed{8x}=24$

$x=\boxed{3}$

(2) $(x-4):x=2:3$

$3(\boxed{x-4})=2x$

$\boxed{3x-12}=2x$

$\boxed{3x}-2x=\boxed{12}$

$x=\boxed{12}$

□100 g が 120 円の食品を，300 g 買ったときの代金を求めなさい。

［解答］ 代金を x 円とすると，

$100:300=\boxed{120}:x$

$100x=300\times\boxed{120}$

$100x=\boxed{36000}$

$x=\boxed{360}$

この解は問題にあっている。 $\boxed{360}$ 円

□玉が A の箱に 10 個，B の箱に 15 個はいっています。A の箱と B の箱に同じ数ずつ玉を入れると，A と B の箱の中の玉の個数の比が 3：4 になりました。あとから何個ずつ玉を入れましたか。

［解答］ A と B の箱に，それぞれ x 個ずつ玉を入れたとすると，

$(10+x):(15+x)=3:\boxed{4}$

$4(10+x)=3(15+x)$

$40+\boxed{4x}=45+\boxed{3x}$

$x=\boxed{5}$

この解は問題にあっている。 $\boxed{5}$ 個

テストに出る！重要事項

〈テスト前にもう一度チェック！〉

□$a:b=c:d$ ならば，$ad=bc$

比例と反比例

●関数
●比例

テストに出る！重要問題

〈特に重要な問題は□の色が赤いよ！〉

□x の変域が，2 より大きく 5 以下であることを，不等号を使って表しなさい。

〔 $2<x\leqq 5$ 〕

□次の(1)，(2)について，y を x の式で表しなさい。(1)は比例定数も答えなさい。

(1) 分速 1.2 km の電車が，x 分走ったときに進む道のり y km

式〔 $y=1.2x$ 〕 比例定数〔 1.2 〕

(2) y は x に比例し，$x=-2$ のとき $y=10$ である。

［解答］ 比例定数を a とすると，$y=\boxed{ax}$

$x=-2$ のとき $y=10$ だから，

$\boxed{10}=a\times(\boxed{-2})$

$a=\boxed{-5}$

したがって，$y=\boxed{-5x}$

□右の図の点 A，B，C の座標を答えなさい。

点 A の座標は，($\boxed{1}$，$\boxed{4}$)

点 B の座標は，($\boxed{-2}$，$\boxed{-1}$)

点 C の座標は，($\boxed{3}$，$\boxed{0}$)

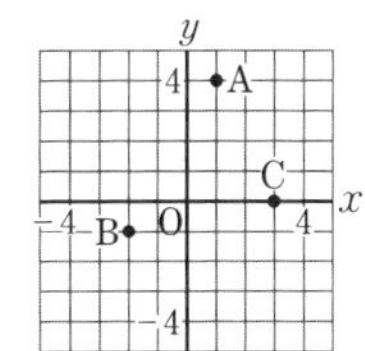

□次の関数のグラフをかきなさい。

(1) $y=\dfrac{1}{3}x$

(2) $y=-2x$

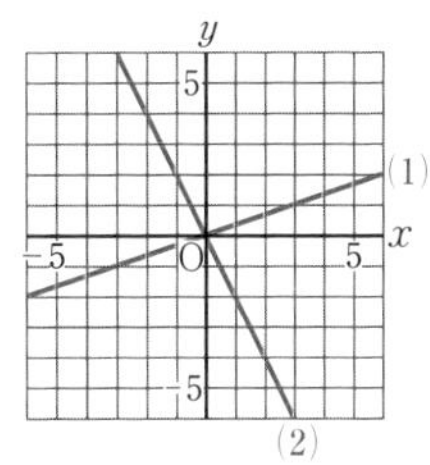

テストに出る！重要事項

〈テスト前にもう一度チェック！〉

□y が x に比例するとき，比例定数を a とすると，$y=ax$ と表される。

比例と反比例

●反比例
●比例，反比例の利用

テストに出る！重要問題

〈特に重要な問題は□の色が赤いよ！〉

□y は x に反比例し，$x=3$ のとき $y=4$ です。y を x の式で表しなさい。

［解答］ 比例定数を a とすると，$y=\boxed{\dfrac{a}{x}}$

$x=3$ のとき $y=4$ だから，

$\boxed{4}=\dfrac{a}{\boxed{3}}$

$a=\boxed{12}$

したがって，$y=\boxed{\dfrac{12}{x}}$

□次の関数のグラフをかきなさい。

(1) $y=\dfrac{6}{x}$

(2) $y=-\dfrac{2}{x}$

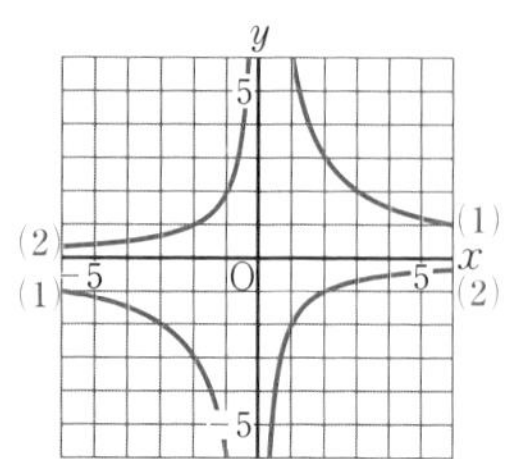

□ある板 4 g の面積は 120 cm² です。この板 x g の面積を y cm² とし，x と y の関係を式に表しなさい。また，この板の重さが 5 g のとき，面積は何 cm² ですか。

［解答］ y は x に比例するので，$y=ax$ と表される。

$x=4$ のとき $y=120$ だから，

$120=4a$

$a=\boxed{30}$

よって，$y=\boxed{30x}$ となる。

$x=5$ を代入して，$y=\boxed{150}$

式…$y=\boxed{30x}$，面積…$\boxed{150}$ cm²

テストに出る！重要事項

〈テスト前にもう一度チェック！〉

□y が x に反比例するとき，比例定数を a とすると，$y=\dfrac{a}{x}$ と表される。

平面図形

●直線と図形
●基本の移動

テストに出る！重要問題

〈特に重要な問題は□の色が赤いよ！〉

□右の図のように 4 点 A，B，C，D があるとき，次の図形をかきなさい。

(1)　線分 AB　　　　(2)　半直線 CD

□次の問いに答えなさい。

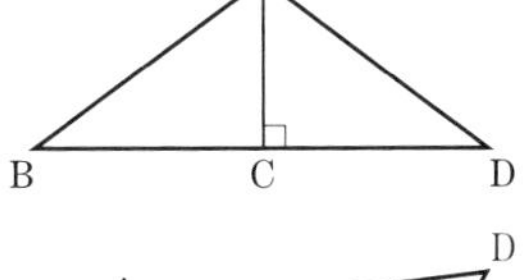

(1)　右の図で，垂直な線分を，記号 ⊥ を使って表しなさい。

〔 AC⊥BD 〕

(2)　右の図の平行四辺形 ABCD で，平行な線分を，記号 ∥ を使ってすべて表しなさい。

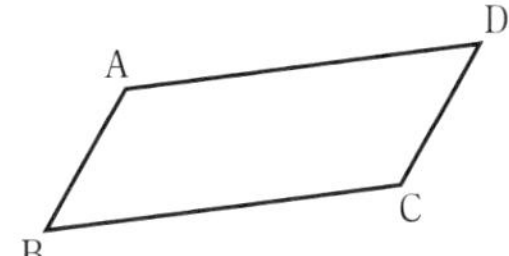

〔 AB∥DC，AD∥BC 〕

□長方形 ABCD の対角線の交点 O を通る線分を，右の図のようにひくと，合同な 8 つの直角三角形ができます。次の問いに答えなさい。

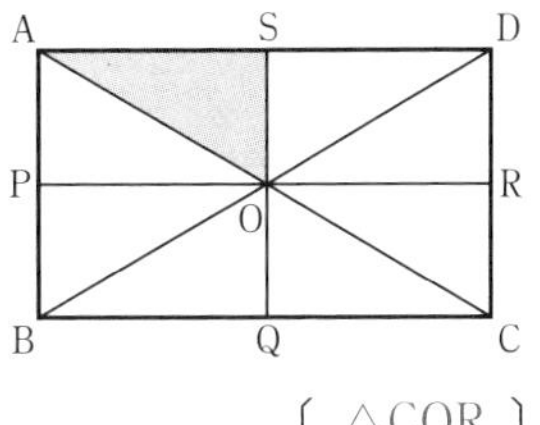

(1)　△OAS を，平行移動すると重なる三角形はどれですか。

〔 △COR 〕

(2)　△OAS を，点 O を回転の中心として回転移動すると重なる三角形はどれですか。

〔 △OCQ 〕

(3)　△OAS を，線分 SQ を対称の軸(じく)として対称移動すると重なる三角形はどれですか。

〔 △ODS 〕

テストに出る！重要事項

〈テスト前にもう一度チェック！〉

□直線の一部で，両端(りょうたん)のあるものを線分という。

平面図形

●基本の作図

テストに出る！重要問題

〈特に重要な問題は□の色が赤いよ！〉

□右の図の △ABC で，辺 AB の垂直二等分線を作図しなさい。

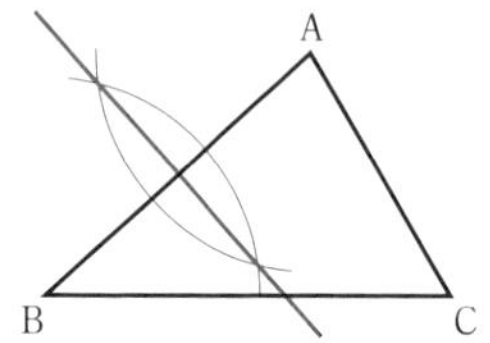

□右の図の △ABC で，∠ABC の二等分線を作図しなさい。

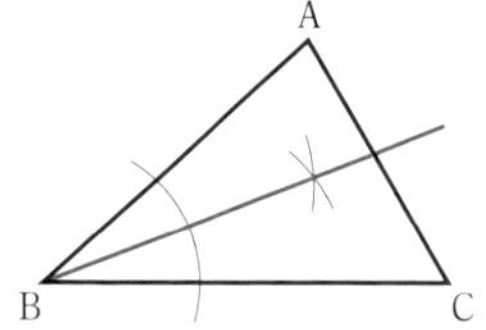

□右の図の △ABC で，頂点 A を通る辺 BC の垂線を作図しなさい。

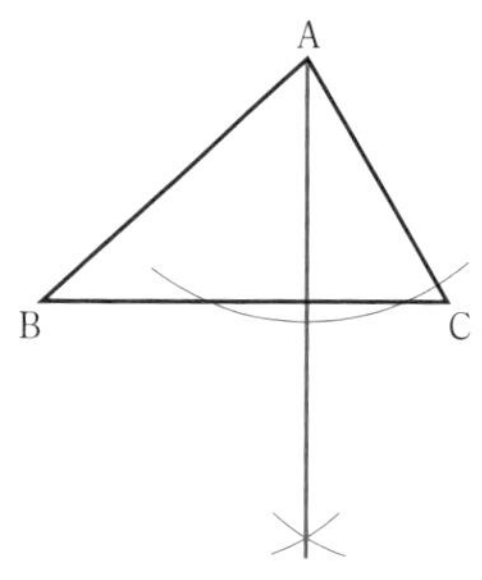

テストに出る！重要事項

〈テスト前にもう一度チェック！〉

□辺 AB の垂直二等分線を作図すると，垂直二等分線と辺 AB との交点が辺 AB の中点になる。

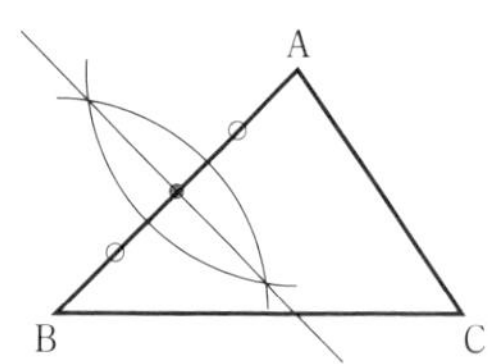

平面図形

●円とおうぎ形

テストに出る！重要問題

〈特に重要な問題は□の色が赤いよ！〉

□半径 4 cm の円があります。
次の問いに答えなさい。

(1) 円の周の長さを求めなさい。

［解答］ $2\pi\times\boxed{4}=\boxed{8\pi}$

$\boxed{8\pi}$ cm

(2) 円の面積を求めなさい。

［解答］ $\pi\times\boxed{4}^2=\boxed{16\pi}$

$\boxed{16\pi}$ cm^2

□半径 3 cm，中心角 120° のおうぎ形があります。
次の問いに答えなさい。

(1) おうぎ形の弧(こ)の長さを求めなさい。

［解答］ $2\pi\times\boxed{3}\times\dfrac{\boxed{120}}{360}=\boxed{2\pi}$

$\boxed{2\pi}$ cm

(2) おうぎ形の面積を求めなさい。

［解答］ $\pi\times\boxed{3}^2\times\dfrac{\boxed{120}}{360}=\boxed{3\pi}$

$\boxed{3\pi}$ cm^2

テストに出る！重要事項

〈テスト前にもう一度チェック！〉

□半径 r，中心角 $a°$ のおうぎ形の弧の長さを ℓ，面積を S とすると，

弧の長さ　$\ell=2\pi r\times\dfrac{a}{360}$

面　　積　$S=\pi r^2\times\dfrac{a}{360}$

□1 つの円では，おうぎ形の弧の長さや面積は，中心角の大きさに比例する。

空間図形

●立体の表し方
●空間内の平面と直線
●立体の構成

テストに出る！重要問題

〈特に重要な問題は□の色が赤いよ！〉

□右の投影図で表された立体の名前を答えなさい。

〔 円柱 〕

□右の図の直方体で，次の関係にある直線や平面をすべて答えなさい。

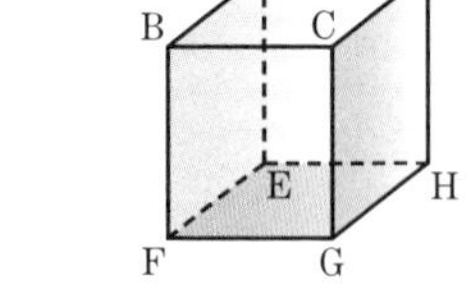

(1) 直線 AD と平行な直線

〔 直線 BC，直線 EH，直線 FG 〕

(2) 直線 AD とねじれの位置にある直線

〔 直線 BF，直線 CG，直線 EF，直線 HG 〕

(3) 平面 AEHD と垂直に交わる直線

〔 直線 AB，直線 EF，直線 HG，直線 DC 〕

(4) 平面 AEHD と平行な平面

〔 平面 BFGC 〕

□右の半円を，直線 ℓ を回転の軸（じく）として 1 回転させてできる立体の名前を答えなさい。

〔 球 〕

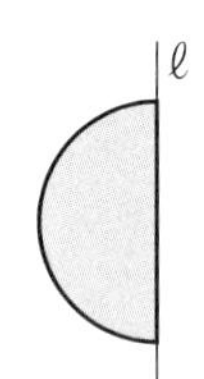

テストに出る！重要事項

〈テスト前にもう一度チェック！〉

□空間内の 2 直線の位置関係には，次の 3 つの場合がある。

交わる，平行である，ねじれの位置にある

□空間内の 2 つの平面の位置関係には，次の 2 つの場合がある。

交わる，平行である

空間図形

●立体の体積と表面積

テストに出る！重要問題

〈特に重要な問題は□の色が赤いよ！〉

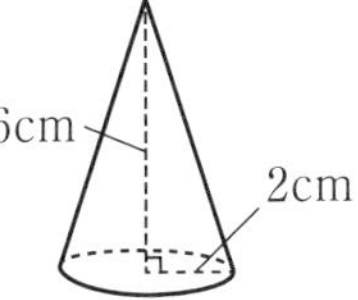

□底面の半径が 2 cm，高さが 6 cm の円錐の体積を求めなさい。

［解答］ $\frac{1}{3}\pi\times2^2\times6=\boxed{8\pi}$

$\boxed{8\pi}$ cm³

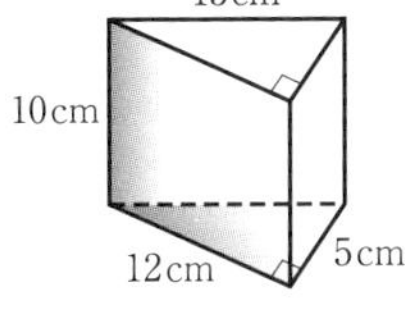

□右の図の三角柱の表面積を求めなさい。

［解答］ 底面積は，

$\boxed{\frac{1}{2}}\times\boxed{5}\times12=30(\text{cm}^2)$

側面積は，

$\boxed{10}\times(5+12+\boxed{13})=\boxed{300}(\text{cm}^2)$

したがって，表面積は，

$30\times\boxed{2}+\boxed{300}=\boxed{360}(\text{cm}^2)$

$\boxed{360}$ cm²

□半径 2 cm の球があります。

次の問いに答えなさい。

(1) 球の体積を求めなさい。

［解答］ $\frac{4}{3}\pi\times\boxed{2}^3=\boxed{\frac{32}{3}\pi}$

$\boxed{\frac{32}{3}\pi}$ cm³

(2) 球の表面積を求めなさい。

［解答］ $4\pi\times\boxed{2}^2=\boxed{16\pi}$

$\boxed{16\pi}$ cm²

テストに出る！重要事項

〈テスト前にもう一度チェック！〉

□円錐の側面の展開図は，半径が円錐の母線の長さのおうぎ形である。

データの活用

テスト出る！重要問題

〈特に重要な問題は□の色が赤いよ！〉

□下の表は，ある中学校の女子 20 人の反復横とびの結果をまとめたものです。
これについて，次の問いに答えなさい。

反復横とびの回数

階級（回）	度数（人）	相対度数	累積(るいせき)相対度数
38 以上 ～ 40 未満	3	0.15	0.15
40 ～ 42	4	0.20	0.35
42 ～ 44	6	0.30	0.65
44 ～ 46	5	□	□
46 ～ 48	2	0.10	1.00
計	20	1.00	

(1) 最頻値(さいひんち)を答えなさい。

［解答］ $\dfrac{\boxed{42}+\boxed{44}}{2}=\boxed{43}$

$\boxed{43}$ 回

(2) 44 回以上 46 回未満の階級の相対度数を求めなさい。

［解答］ $\dfrac{5}{\boxed{20}}=\boxed{0.25}$

$\boxed{0.25}$

(3) 反復横とびの回数が 46 回未満であるのは，全体の何 % ですか。

［解答］ $0.15+0.20+0.30+\boxed{0.25}=\boxed{0.90}$

$\boxed{90}$ %

テストに出る！重要事項

〈テスト前にもう一度チェック！〉

□相対度数 ＝ $\dfrac{\text{階級の度数}}{\text{度数の合計}}$

□あることがらの起こりやすさの程度を表す数を，あることがらの起こる確率という。

復習

目安の時間には,丸付けや見直しの時間も含まれているよ。

じっくりコース（1日45分,週2日）

- ぴたトレ0：要点を読んで，問題を解く
- → ぴたトレ1（45分）：左ページの例題を解く ↳解けないときは 考え方 を見直す ／ 右ページの問題を解く ↳解けないときは キーポイント を読む

- → ぴたトレ2（45分）：問題を解く ↳解けないときは ヒント を見る ぴたトレ1 に戻る
- → ぴたトレ3（45分）：テストを解く ↳解けないときは ぴたトレ1 ぴたトレ2 に戻る
- → 教科書のまとめ：まとめを読んで，学習した内容を確認する

定期テスト予想問題や別冊mini bookなども活用しましょう。

時短Aコース

- ぴたトレ1（45分）：問題を解く
- → ぴたトレ2（30分）：よく出る だけ解く
- → ぴたトレ3：時間があれば取り組もう!

時短Bコース

- ぴたトレ1（20分）：右ページの よく出る 絶対理解 だけ解く
- → ぴたトレ2（45分）：問題を解く
- → ぴたトレ3（45分）：テストを解く

時短Cコース

- ぴたトレ1：省略
- → ぴたトレ2（45分）：問題を解く
- → ぴたトレ3（45分）：テストを解く

日常学習

＼めざせ,点数アップ!／

テスト直前コース

- 5日前 ぴたトレ1：右ページの よく出る 絶対理解 だけ解く

- → 3日前 ぴたトレ2：よく出る だけ解く

- → 1日前 定期テスト予想問題：テストを解く
- → 当日 別冊mini book：赤シートを使って最終確認する

コースがきまったら,4～5ページを見てみよう ➡

成績アップのための 学習メソッド

《 ぴたトレの構成と使い方 》

教科書ぴったりトレーニングは,おもに,「ぴたトレ1」,「ぴたトレ2」,「ぴたトレ3」で構成されています。それぞれの使い方を理解し,効率的に学習に取り組みましょう。

なお,「ぴたトレ3」「定期テスト予想問題」では学校での成績アップに直接結びつくよう,通知表における観点別の評価に対応した問題を取り上げています。

学校の通知表は以下の観点別の評価がもとになっています。

知識
技能

思考力
判断力
表現力

主体的に
学習に
取り組む態度

ぴたトレ0

スタートアップ

各章の学習に入る前の準備として,これまでに学習したことを確認します。

学習メソッド

この問題が難しいときは,以前の学習に戻ろう。あわてなくても大丈夫。苦手なところが見つかってよかったと思おう。

ぴたトレ1

要点チェック

基本的な問題を解くことで,基礎学力が定着します。

例題 1

穴埋め式の問題です。
答えは右ページ下にあります。

プラスワン

例題に関する解説や追加事項を扱っています。

学習メソッド

どこでつまずいたかがわかるようにチェックボックスを活用しよう。

コツコツ学習することが大切だよ。「週○日は数学」,「1日○分」など目標を立てて学習するといいよ。

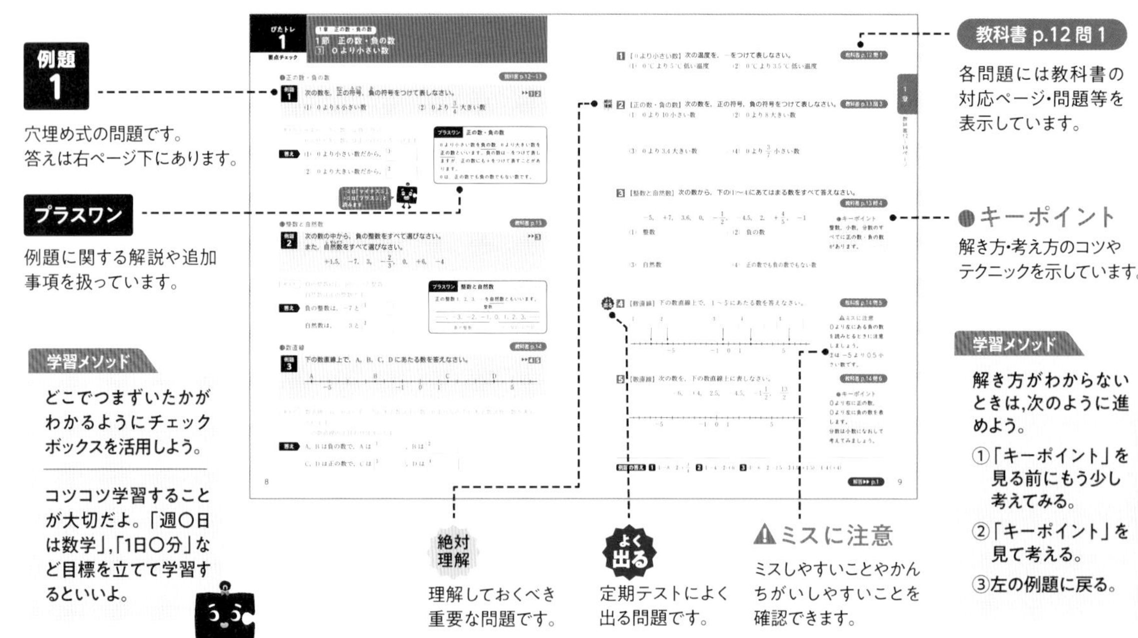

教科書 p.12 問1

各問題には教科書の対応ページ・問題等を表示しています。

キーポイント

解き方・考え方のコツやテクニックを示しています。

学習メソッド

解き方がわからないときは,次のように進めよう。

①「キーポイント」を見る前にもう少し考えてみる。
②「キーポイント」を見て考える。
③左の例題に戻る。

絶対理解

理解しておくべき重要な問題です。

よく出る

定期テストによく出る問題です。

ミスに注意

ミスしやすいことやかんちがいしやすいことを確認できます。

ぴたトレ2 練習

理解力・応用力をつける問題です。
解答集の「理解のコツ」では実力アップに欠かせない内容を示しています。

学習メソッド

解き方がわからないときは，下の「ヒント」を見るか，「ぴたトレ1」に戻ろう。
間違えた問題があったら，別の日に解きなおしてみよう。

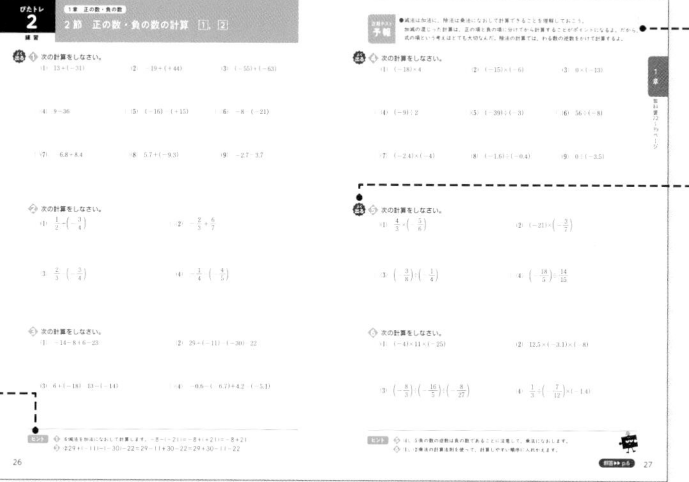

定期テスト予報

テストに出そうな内容を重点的に示しています。

定期テストによく出る問題です。

学習メソッド

同じような問題に繰り返し取り組むことで，本当の力が身につくよ。

ヒント

問題を解く手がかりです。

ぴたトレ3 確認テスト

どの程度学力がついたかを自己診断するテストです。

成績評価の観点

知 考

問題ごとに「知識・技能」「思考力・判断力・表現力」の評価の観点が示してあります。

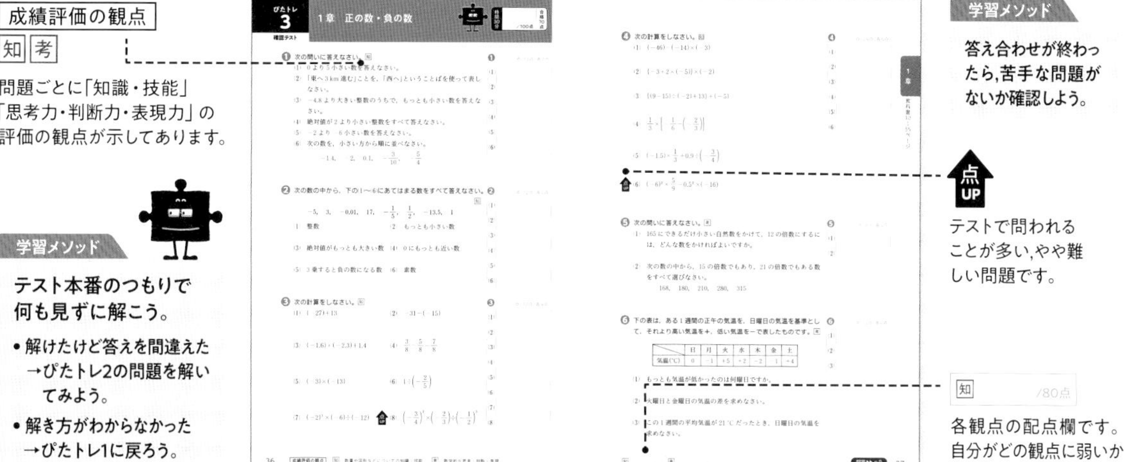

学習メソッド

答え合わせが終わったら，苦手な問題がないか確認しよう。

点UP

テストで問われることが多い，やや難しい問題です。

知 /80点

各観点の配点欄です。自分がどの観点に弱いかを知ることができます。

学習メソッド

テスト本番のつもりで何も見ずに解こう。

- 解けたけど答えを間違えた
→ぴたトレ2の問題を解いてみよう。
- 解き方がわからなかった
→ぴたトレ1に戻ろう。

教科書のまとめ

各章の最後に，重要事項をまとめて掲載しています。

学習メソッド

重要事項をしっかり見直したいときは「教科書のまとめ」，
短時間で確認したいときは「別冊minibook」を使うといいよ。

定期テスト予想問題

定期テストに出そうな問題を取り上げています。
解答集に「出題傾向」を掲載しています。

学習メソッド

ぴたトレ3と同じように，テスト本番のつもりで解こう。
テスト前に，学習内容をしっかり確認しよう。

ぴたトレ
0
スタートアップ

1章　数の世界のひろがり

□不等号　◀ 小学3年

$\frac{8}{8}=1$ のように，等しいことを表す記号＝を等号といい，

$1>\frac{5}{8}$ や $\frac{3}{8}<\frac{5}{8}$ のように，大小を表す記号>，<を不等号といいます。

□計算のきまり　◀ 小学4～6年

$a+b=b+a$　　$(a+b)+c=a+(b+c)$

$a\times b=b\times a$　　$(a\times b)\times c=a\times(b\times c)$

$(a+b)\times c=a\times c+b\times c$　　$(a-b)\times c=a\times c-b\times c$

1 次の数を下の数直線上に表し，小さい順に書きなさい。　◀ 小学5年〈分数と小数〉

$\frac{3}{10}$，0.6，$\frac{3}{2}$，1.2，$2\frac{1}{5}$

0　　1　　2

数直線の1めもりは0.1だから……

2 次の□にあてはまる記号を書いて，2数の大小を表しなさい。　◀ 小学3，5年〈分数，小数の大小，分数と小数の関係〉

(1)　3 □ 2.9　　(2)　2 □ $\frac{9}{4}$

(3)　$\frac{7}{10}$ □ 0.8　　(4)　$\frac{5}{3}$ □ $\frac{5}{4}$

ヒント
大小を表す記号は……

3 次の計算をしなさい。　◀ 小学5年〈分数のたし算とひき算〉

(1)　$\frac{1}{3}+\frac{1}{2}$　　(2)　$\frac{5}{6}+\frac{3}{10}$

(3)　$\frac{1}{4}-\frac{1}{5}$　　(4)　$\frac{9}{10}-\frac{11}{15}$

(5)　$1\frac{1}{4}+2\frac{5}{6}$　　(6)　$3\frac{1}{3}-2\frac{11}{12}$

ヒント
通分すると……

4 次の計算をしなさい。

(1) $0.7+2.4$　　(2) $4.5+5.8$

(3) $3.2-0.9$　　(4) $7.1-2.6$

◀ 小学 4 年〈小数のたし算とひき算〉

ヒント
位をそろえて……

1
章

5 次の計算をしなさい。

(1) $20\times\frac{3}{4}$　　(2) $\frac{5}{12}\times\frac{4}{15}$

(3) $\frac{3}{8}\div\frac{15}{16}$　　(4) $\frac{3}{4}\div 12$

(5) $\frac{1}{6}\times 3\div\frac{5}{4}$　　(6) $\frac{3}{10}\div\frac{3}{5}\div\frac{5}{2}$

◀ 小学 6 年〈分数のかけ算とわり算〉

ヒント
わり算は逆数を考えて……

6 次の計算をしなさい。

(1) $3\times8-4\div2$　　(2) $3\times(8-4)\div2$

(3) $(3\times8-4)\div2$　　(4) $3\times(8-4\div2)$

◀ 小学 4 年〈式と計算の順序〉

ヒント
×，÷や（　）を先に計算すると……

7 計算のきまりを使って，次の計算をしなさい。

(1) $6.3+2.8+3.7$　　(2) $2\times8\times5\times7$

(3) $10\times\left(\frac{1}{5}+\frac{1}{2}\right)$　　(4) $18\times7+18\times3$

◀ 小学 4～6 年〈計算のきまり〉

ヒント
きまりを使って工夫（くふう）すると……

8 次の□にあてはまる数を書いて計算しなさい。

(1) $57\times99=57\times($ ① □ $-$ ② □ $)$

$=57\times$ ① □ $-57=$ ③ □

(2) $25\times32=(25\times$ ① □ $)\times$ ② □

$=100\times$ ② □ $=$ ③ □

◀ 小学 4 年〈計算のくふう〉

ヒント
99=100−1 や
25×4=100 を使うと……

ぴたトレ 1
要点チェック

1章　数の世界のひろがり

1節　数の見方
①　素因数分解／②　素因数分解の利用

●素因数分解

教科書 p.14〜15

例題 1　120を素因数分解しなさい。 ▸▸1〜3

考え方　右のように，120を2，3，……のような素因数でわっていきます。

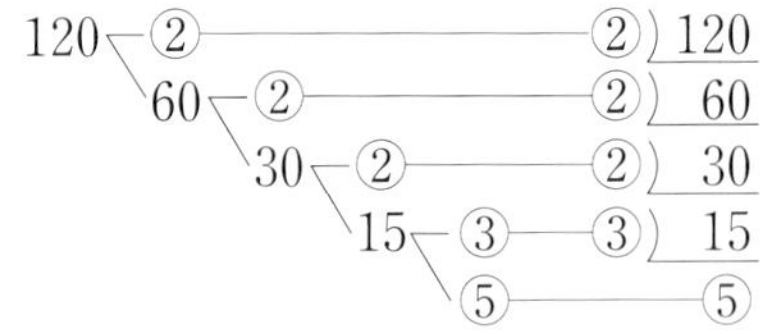

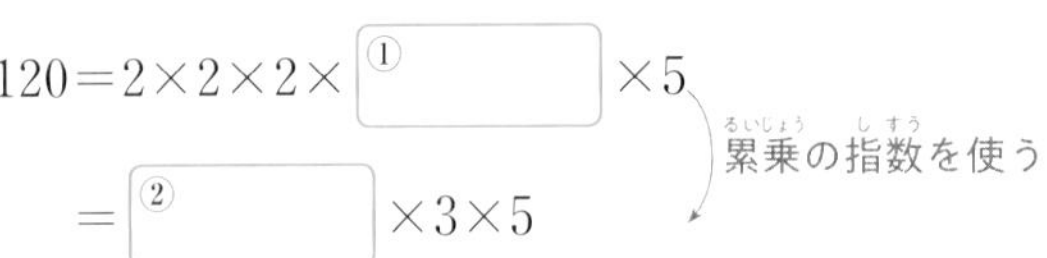

答え　120＝2×2×2×①［　　］×5

＝②［　　］×3×5

累乗の指数を使う

プラスワン　素数，素因数

素数…1とその数自身の積でしか表せない数のこと。1は素数にいれない。

素因数…自然数をいくつかの積の形で表したとき，かけ合わされた1つ1つの素数のこと。

プラスワン　累乗

同じ数をいくつかかけ合わせたものを累乗といい，3^2を「3の2乗」と読みます。かけ合わせた個数を示す右肩の数を累乗の指数といいます。

1，2，3，4，5，……を自然数といいます。

●素因数分解の利用

教科書 p.16〜17

例題 2　素因数分解を利用して，30と50の最大公約数と最小公倍数を求めなさい。  ▸▸3

考え方　2つの数を素因数分解して，共通な素因数を考えます。

答え　30と50を素因数分解する。

$30=2\times3\times5$　$50=2\times5^2$

共通な素因数は，2，①［　　］

だから，最大公約数は，②［　　］

30 ＝ 2 × 5 × 3
50 ＝ 2 × 5 　　× 5
2 × 5 ＝ 10

2) 30　50
5) 15　25
　　3　5

素因数分解から，最小公倍数は，

2×5×③［　　］×5

＝④［　　］

30 ＝ 2 × 5 × 3
50 ＝ 2 × 5 　　× 5
2 × 5 × 3 × 5 ＝ 150

2) 30　50
5) 15　25
　　3　5

1 【素数】下の数の中から，素数であるものを選び，○で囲みなさい。 教科書 p.14 Q1

□

14　15　18　19　21　23　29

2 【素因数分解】次の数を素因数分解しなさい。 教科書 p.15Q2，例3，Q3

□(1)　40　　□(2)　75

⚠ミスに注意

(1)　$40=10\times2^2$は間違いです。10はまだ素因数の積に分解できます。

□(3)　140　　□(4)　252

3 【素因数分解の利用】2つの数32と80について，次の(1)～(3)に答えなさい。 教科書 p.16たしかめ1，p.17たしかめ2

□(1)　32と80をそれぞれ素因数分解しなさい。

●キーポイント

最大公約数は，2つの数の共通な素因数をかけ合わせたものです。

最小公倍数は，2つの数の最大公約数に共通でない素因数をかけ合わせたものです。

□(2)　(1)の結果を使って，32と80の最大公約数を求めなさい。

□(3)　(1)の結果を使って，32と80の最小公倍数を求めなさい。

例題の答え **1** ①3　②$2^3$　**2** ①5　②10　③3　④150

解答▶▶ p.1

2節 正の数，負の数
① 反対向きの性質をもった数量／② 正の数と負の数

●反対向きの性質をもった数量

教科書 p.18～21

A地点を基準の0kmとして，そこから東へ2kmの地点を＋2kmと表すとき，A地点から西へ3kmの地点を＋，－を使って表しなさい。 ▸▸1 2

考え方 反対向きの性質をもった数量は，基準を決めて，一方の数量を＋(プラス)を使って表すと，他方の数量は－(マイナス)を使って表すことができます。

答え A地点から西の方向は－を使って表されるので，km

東の反対は西

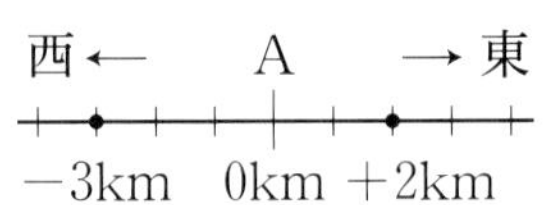

●正の数，負の数

教科書 p.22

次の数を，正(せい)の符号(ふごう)，負(ふ)の符号を使って表しなさい。 ▸▸3

(1) 0より3小さい数　　(2) 0より5大きい数

考え方 0より大きい数は正の符号＋，0より小さい数は負の符号－を使って表します。

答え (1) ①　　(2) ②

プラスワン 正の数，負の数

0より大きい数を正の数，0より小さい数を負の数といいます。

整数

……，－3，－2，－1，0，＋1，＋2，＋3，……

負の整数　　正の整数（自然数）

●数直線

教科書 p.23

次の数直線上の点A，Bが表す数を書きなさい。 ▸▸4 5

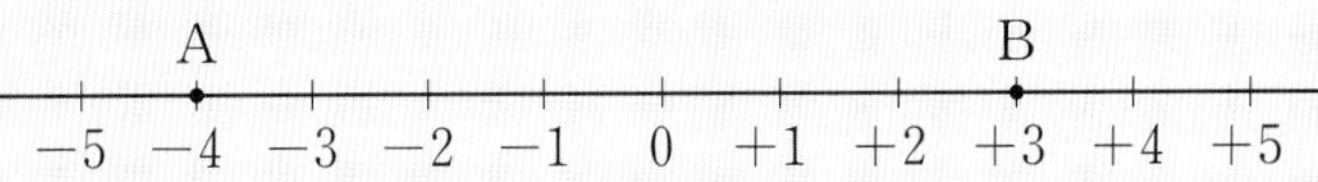

考え方 数直線の0より右側にある数は正の数，左側にある数は負の数を表しています。
数直線の左から右への向きを正の向き，これと反対の向きを負の向きといいます。

答え 点Aは負の数で ①

点Bは正の数で ②

数直線上の0の点を原点(げんてん)といいます。

絶対理解 **1** 【反対向きの性質をもった数量】東西に通じる道路上で，東へ6km進むことを＋6kmと表すとき，次の数量を，＋，－を使って表しなさい。 教科書 p.20 活動 3

□(1)　東へ 4 km進むこと　　□(2)　西へ 8 km進むこと

●キーポイント
基準は「東にも西にも進まないこと」です。

2 【反対向きの性質をもった数量】次の(1)，(2)に答えなさい。 教科書 p.21 Q3，4

□(1)　「5cm伸(の)びる」を－を使って表しなさい。

□(2)　「－13℃上がる」を－を使わないで表しなさい。

●キーポイント
数の符号を反対にしたとき，ことばも反対にすれば，もとのことばと同じ意味になります。

3 【正の数，負の数】次の数を，正の符号，負の符号を使って表しなさい。 教科書 p.22 Q1

□(1)　0より10小さい数　　□(2)　0より 8 大きい数

□(3)　0より3.4大きい数　　□(4)　0より $\frac{3}{7}$ 小さい数

4 【数直線】次の数直線上の点A，B，Cが表す数を書きなさい。 教科書 p.23 Q2

□

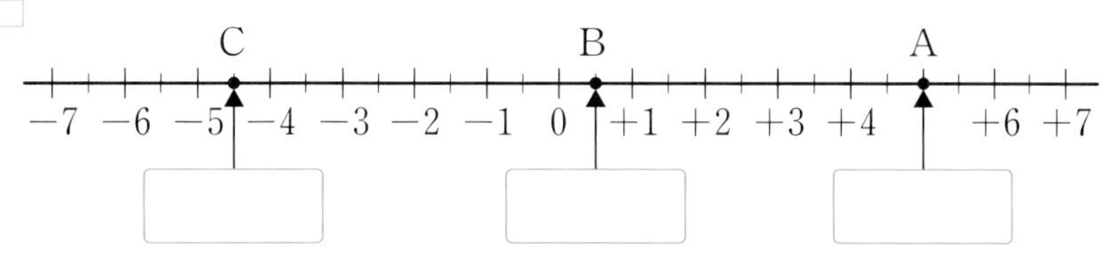

●キーポイント
数直線の0の点は原点です。正の数は原点より右，負の数は原点より左にあります。

5 【数直線】次の数を表す点を，下の数直線上に示しなさい。 教科書 p.23 Q3

□(1)　＋2.5　　□(2)　－1.5　　□(3)　$-\frac{11}{2}$

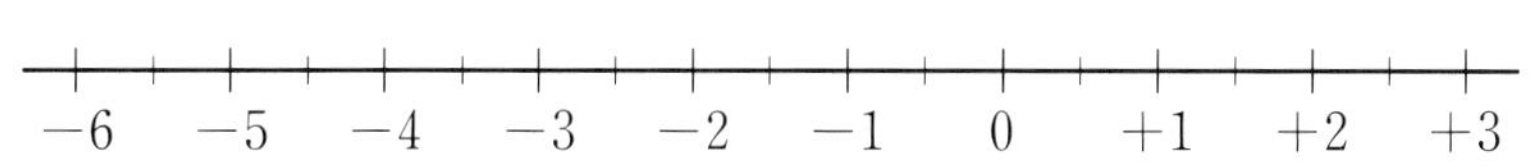

⚠ミスに注意
数直線の1めもりは，0.5を表しています。
(3)　$-\frac{11}{2}=-5.5$

例題の答え　**1** －3　**2** ①－3　②＋5　**3** ①－4　②＋3

解答▶▶ p.2

1章 数の世界のひろがり

2節 正の数，負の数
③ 数の大小

●数の大小と数直線 教科書 p.24

□ **例題 1** 数直線を利用して，次の各組の数の大小を調べ，不等号を使って表しなさい。 ▶▶1

(1) $-2,\ +3$　　(2) $-5,\ -7$

考え方 数直線上で，右側にある数のほうが大きくなります。

大きくなる
小さくなる

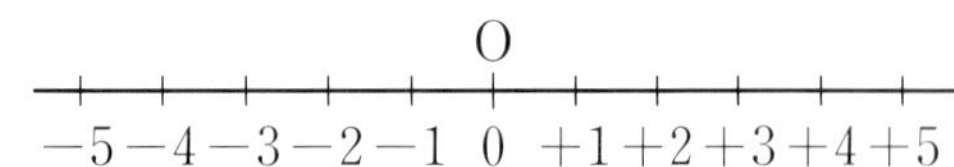

答え (1) $+3$は-2より右側にあるから，$+3$のほうが大きい。

-2 ① [　　] $+3$

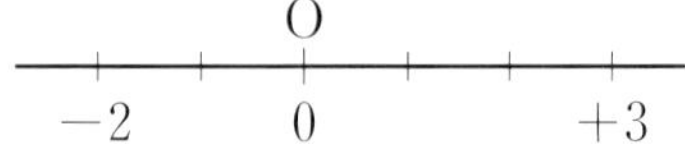

(2) -5は-7より右側にあるから，-5のほうが大きい。

-5 ② [　　] -7

−7 −5 0 +1

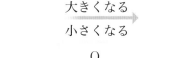

●絶対値 教科書 p.24~25

□ **例題 2** 次の数の絶対値(ぜったいち)を答えなさい。 ▶▶2 3

(1) $+3$　　(2) -5

考え方 数直線上で，その数と原点との距離(きょり)を考えます。

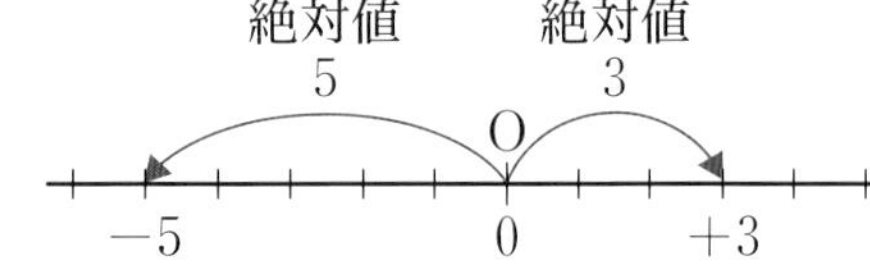

答え (1) ① [　　]　　(2) ② [　　]

□ **例題 3** 絶対値を利用して，次の各組の数の大小を，不等号を使って表しなさい。 ▶▶4

(1) $+2,\ +6$　　(2) $-2,\ -6$

考え方 同じ符号(ふごう)どうしの数の大小は，絶対値の大きさを比べます。

答え (1) $+6$は$+2$より絶対値が大きいので，

$+2$ ① [　　] $+6$

正の数は，その絶対値が大きい数ほど大きい

(2) -6は-2より絶対値が大きいので，

-2 ② [　　] -6

負の数は，その絶対値が大きい数ほど小さい

1章 教科書24～25ページ

1 【数の大小と数直線】数直線を利用して，次の各組の数の大小を調べ，不等号を使って表しなさい。

教科書 p.24 Q1

□(1)　$+4$，-4　　□(2)　-0.5，-1.5

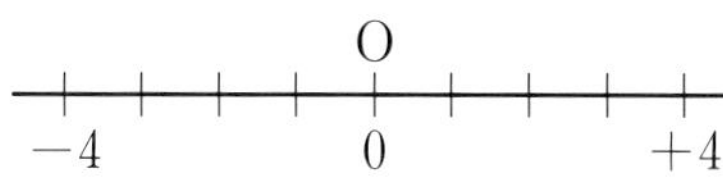

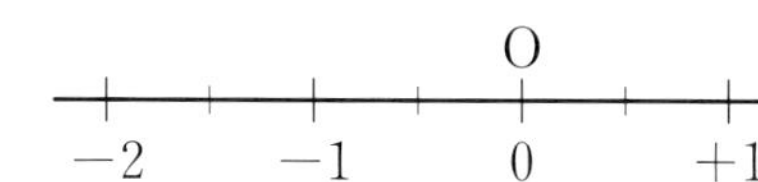

絶対理解 **2** 【絶対値】次の数の絶対値を答えなさい。

教科書 p.25 たしかめ 1

□(1)　-9　　□(2)　0

□(3)　$+0.1$　　□(4)　$-\dfrac{2}{5}$

●キーポイント
絶対値は，その数から符号を取り除いたものと考えられます。

数		絶対値
+5	→	5
−5	→	5

3 【絶対値】次の数をすべて答えなさい。

教科書 p.25 Q2

□(1)　絶対値が4である数　　□(2)　絶対値が4.7である数

□(3)　絶対値が$\dfrac{4}{5}$である数　　□(4)　絶対値が2より小さい整数

⚠ミスに注意
(1)　絶対値が4である数は正の数と負の数の2つあります。

よく出る **4** 【数の大小と絶対値】絶対値を利用して，次の各組の数の大小を，不等号を使って表しなさい。

教科書 p.25 Q4，5

□(1)　-10，-6　　□(2)　$+2$，$+1.9$

□(3)　-6，$+5$，-4.1　　□(4)　$-\dfrac{1}{2}$，$+\dfrac{3}{4}$，$-\dfrac{5}{8}$

●キーポイント
1 負の数<0<正の数
2 正の数は，その絶対値が大きい数ほど大きい。
3 負の数は，その絶対値が大きい数ほど小さい。

例題の答え **1** ①<　②>　**2** ①3　②5　**3** ①<　②>

解答▶▶ p.2

1章 数の世界のひろがり

3節 加法，減法
① 加法

●同じ符号の２つの数の和

教科書 p.26〜29

例題 1 次の計算をしなさい。 ▸▸1 2

(1) $(+2)+(+3)$　　(2) $(-4)+(-9)$

考え方 同じ符号（ふごう）の２つの数の和は，
符号 …２つの数と同じ符号
絶対値…２つの数の絶対値の和

たし算のことを加法（かほう）といいます。

答え (1) $(+2)+(+3)$
$=+(2+3)$
$=$ ①［　　］

符号を決める（同じ符号は＋）
絶対値の和を計算

(2) $(-4)+(-9)$
$=-(4+9)$
$=$ ②［　　］

符号を決める（同じ符号は－）

●異なる符号の２つの数の和

教科書 p.27〜29

例題 2 次の計算をしなさい。 ▸▸1 2

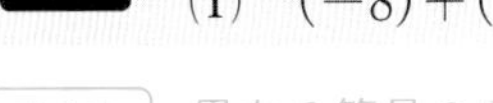

(1) $(-8)+(+3)$　　(2) $(-4)+(+5)$

考え方 異なる符号の２つの数の和は，
符号 …絶対値の大きいほうの数と同じ符号
絶対値…絶対値の大きいほうから小さいほうをひいた差

答え (1) $(-8)+(+3)$
$=-(8-3)$
$=$ ①［　　］

符号を決める（絶対値の大きいほうの符号は－）
絶対値の差を計算

－8の絶対値は8
＋3の絶対値は3

(2) $(-4)+(+5)$
$=+(5-4)=$ ②［　　］

●加法の交換法則と結合法則

教科書 p.30〜31

例題 3 $(+5)+(-9)+(+7)+(-6)$ を，加法の計算法則を使って計算しなさい。 ▸▸3

考え方 加法では，交換（こうかん）法則や結合法則が成り立つので，数をどのように組み合わせても，どのような順序でも行うことができます。

答え $(+5)+(-9)+(+7)+(-6)$
$=\{(+5)+(+7)\}+\{(-9)+(-6)\}$
$=(+12)+(-15)$
$=$［　　］

加法の交換法則　$a+b=b+a$
加法の結合法則　$(a+b)+c=a+(b+c)$

1 【2つの数の加法】次の加法を数直線を使って行いなさい。

教科書 p.26たしかめ1, p.27たしかめ2

●キーポイント
「＋△」は正の向きに△進む，「－□」は負の向きに□進むと考えます。

□(1)　$(+2)+(+7)$

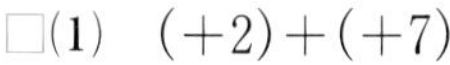

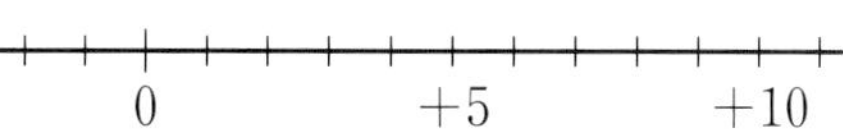

□(2)　$(-5)+(-3)$

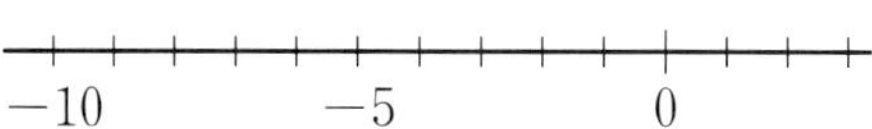

□(3)　$(+5)+(-10)$

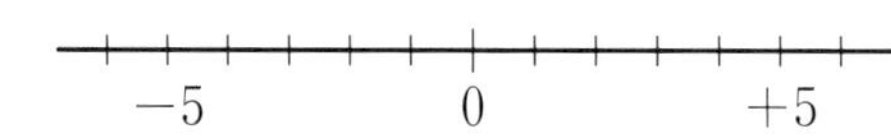

□(4)　$(-3)+(+7)$

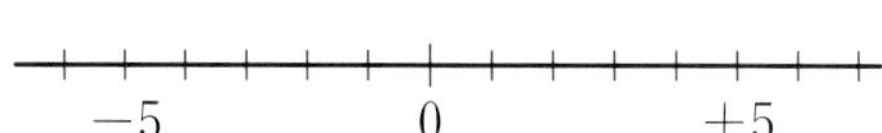

2 【2つの数の加法】次の計算をしなさい。

絶対理解

教科書 p.28 Q1, p.29 Q2〜4

●キーポイント
異なる符号
絶対値が等しい → 0
●＋0＝●
0＋■＝■

□(1)　$(+9)+(+6)$　　□(2)　$(-15)+(-8)$

□(3)　$(+7)+(-18)$　　□(4)　$(-19)+(+34)$

□(5)　$(-12)+(+12)$　　□(6)　$0+(-16)$

□(7)　$(+3.5)+(-3.5)$　　□(8)　$\left(-\frac{2}{3}\right)+\left(+\frac{4}{3}\right)$

3 【3つ以上の数の加法】次の式を，工夫(くふう)して計算しなさい。

教科書 p.31 Q7

□(1)　$(-6)+(+13)+(-8)$

□(2)　$(-2)+(-9)+(+20)+(-6)$

□(3)　$(-9)+(+4)+(-2)+(+9)+(-2)$

例題の答え　**1** ①$+5$　②-13　**2** ①-5　②$+1$　**3** -3

解答▶▶ p.2

1章　数の世界のひろがり

3節　加法，減法
②　減法

正の数の減法

教科書 p.32，34

例題 1　$(-3)-(+8)$ の計算をしなさい。　▸▸ 1

考え方　正の数をひく計算は，ひく数の符号(ふごう)を変えて，加法になおしてから計算します。

答え

加法になおす
(−3)−(+8)=(−3)+(①　　)
符号を変える
=−(3+8)
=②
「+8をひく」ことは，「−8を加える」ことと同じ
同じ符号の2つの数の和

ひき算のことを減法(げんぽう)といいます。

負の数の減法

教科書 p.33〜35

例題 2　$(-9)-(-4)$ の計算をしなさい。　▸▸ 2

考え方　負の数をひく計算は，ひく数の符号を変えて，加法になおしてから計算します。

答え

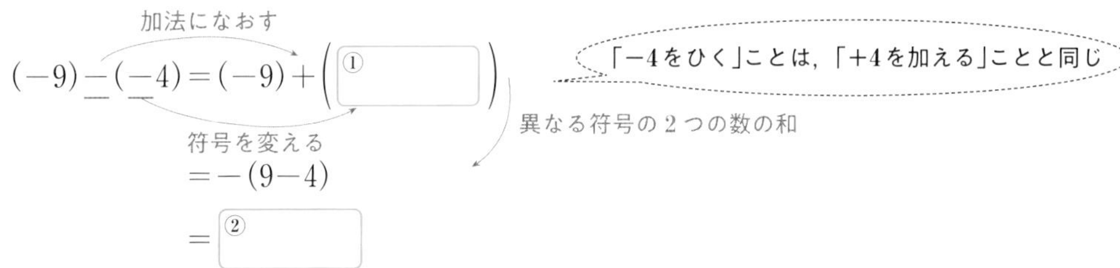

加法になおす
(−9)−(−4)=(−9)+(①　　)
符号を変える
=−(9−4)
=②
「−4をひく」ことは，「+4を加える」ことと同じ
異なる符号の2つの数の和

0と数の減法，3つの数の減法

教科書 p.33，35

例題 3　次の計算をしなさい。　▸▸ 3

(1)　$0-(+5)$　　(2)　$(-6)-(-4)-(+5)$

答え

(1)　$0-(+5)$

$=0+($ ①　　 $)$

$=$ ②

ここがポイント

0からある数をひいた差は，その数の符号を変えた数になる。

(2)　$(-6)-(-4)-(+5)$

$=(-6)+($ ③　　 $)+(-5)$

$=$ ④

絶対理解 **1** 【正の数の減法】次の計算をしなさい。

教科書 p.34例3, p.35 Q7

□(1) $(+6)-(+1)$　□(2) $(+5)-(+8)$

□(3) $(+13)-(+19)$　□(4) $(-7)-(+3)$

□(5) $(-2)-(+5)$　□(6) $(-2.7)-(+3.1)$

●キーポイント
ひく数の符号＋を－に変えて，加法の式になおします。
$-(+\triangle)=+(-\triangle)$

1章

教科書32～35ページ

よくでる **2** 【負の数の減法】次の計算をしなさい。

教科書 p.34例4, p.35 Q7

□(1) $(+4)-(-4)$　□(2) $(+6)-(-9)$

□(3) $(+17)-(-6)$　□(4) $(-8)-(-2)$

□(5) $(-14)-(-14)$　□(6) $\left(-\frac{4}{3}\right)-\left(-\frac{1}{2}\right)$

●キーポイント
ひく数の符号－を＋に変えて，加法の式になおします。
$-(-\square)=+(+\square)$

3 【0と数の減法，3つの数の減法】次の計算をしなさい。

教科書 p.34 Q5, Q6, p.35 Q7, Q9

□(1) $(+11)-0$　□(2) $0-(-12)$

□(3) $(+5)-(+4)-(-3)$　□(4) $(-8)-(-5)-(-2)$

⚠ミスに注意
(2) $0-(-12)=-12$ としないように注意します。

例題の答え **1** ① −8　② −11　**2** ① +4　② −5　**3** ① −5　② −5　③ +4　④ −7

解答▶▶ p.3

ぴたトレ 1 要点チェック

1章　数の世界のひろがり

3節　加法，減法

③　加法と減法の混じった式の計算

●加法と減法の混じった式

教科書 p.36〜37

例題 1　$(+4)-(+8)+(-3)-(-9)$ を，加法だけの式になおして計算しなさい。 ▶▶1

考え方　減法は加法になおせることを使います。

答え　$(+4)-(+8)+(-3)-(-9)$

$=(+4)+($①　$)+(-3)+($②　$)$

$=\{(+4)+(+9)\}+\{(-8)+(-3)\}$

$=(+13)+($③　$)$

$=$④

❶ 加法だけの式になおす

❷ 同じ符号(ふごう)の数を集める(加法の交換法則)

❸ 同じ符号の数の和を求める(加法の結合法則)

プラスワン　項

加法だけの式 $(+4)+(-8)+(-3)+(+9)$ の
それぞれの数を項(こう)といいます。

項… $+4$，-8，-3，$+9$

(正の項：$+4$，$+9$　負の項：-8，-3)

●項だけを並べた式の計算

教科書 p.38〜39

例題 2　$5-9-3+8$ を，項だけを並べた式とみて計算しなさい。 ▶▶2 3

考え方　$(+5)+(-9)+(-3)+(+8)$ のように，加法だけの式と考えて，同じ符号どうしの数をまとめます。

答え　$5-9-3+8=5+8-9-3$

$=13-12=$

同じ符号の項を集めて，
同じ符号の項を加えます。

●項だけを並べた式で表す計算

教科書 p.39

例題 3　$8-(+2)+(-7)-(-4)$ を，項だけを並べた式で表して計算しなさい。 ▶▶4

考え方　加法の記号＋(たす)とかっこを省きます。

答え　$8-(+2)+(-7)-(-4)$

$=8+(-2)+(-7)+($①　$)$

$=8-2-7+4$

$=8+4-2-7$

$=12-9=$②

ここがポイント

❶ 加法だけの式になおす

❷ 加法の記号＋とかっこを省く

❸ 同じ符号の項を集める

❹ 同じ符号の項を加える

絶対理解 **1** 【加法と減法の混じった式】次の式を加法だけの式で表し，正の項，負の項を書きなさい。また，その式を計算しなさい。 教科書 p.37 Q2

□(1) $(-4)-(+7)+(+6)$

□(2) $(+9)+(-8)-(+13)-(-10)$

1章

教科書36～39ページ

2 【項だけを並べた式】次の式を，加法だけの式になおしてから，項だけを並べた式で表しなさい。 教科書 p.38 Q4

□(1) $(+5)-(+9)$

□(2) $(-12)+(-3)-(-7)$

●キーポイント
式のはじめが正の項のときは，正の符号＋(プラス)も省きます。

3 【項だけを並べた式の計算】次の計算をしなさい。 教科書 p.38 例 3

□(1) $8-4+11$

□(2) $-11+6-14+12$

●キーポイント
先に同じ符号どうしの数をまとめます。

4 【項だけを並べた式で表す計算】次の計算をしなさい。 教科書 p.39 例 4，Q8

□(1) $10-(+8)+(-6)$

□(2) $-21-(+7)-(-18)-3$

□(3) $16-(-12)+(-24)+36$

□(4) $-1.5-(-6)-\frac{1}{2}+(-2.5)$

●キーポイント
加法だけの式になおす
▼
加法の記号＋(たす)とかっこを省く

例題の答え **1** ①-8 ②$+9$ ③-11 ④$+2$ **2** 1 **3** ①$+4$ ②3

解答▶▶ p.3

1 次の数を素因数分解しなさい。

□(1) 54　　□(2) 100

2 富士山の高さ 3776 m を基準の 0 m とするとき，基準より高いほうを＋として，次の高さを＋，−を使って表しなさい。

□(1) エベレスト山 8848 m　　□(2) 浅間山 2568 m

3 次の数直線上の点 A，B，C，D が表す数を書きなさい。

□

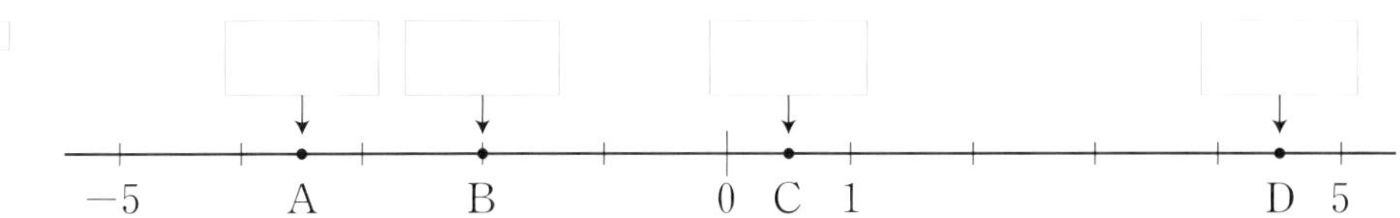

4 次の各組の数の大小を，不等号を使って表しなさい。

□(1) $-3.1,\ -3$　　□(2) $-\dfrac{6}{7},\ -1$　　□(3) $-3.6,\ -\dfrac{17}{5}$

5 次の数の中で，下の(1)~(4)にあてはまる数を選びなさい。

$+1,\ -0.2,\ -\dfrac{1}{8},\ +6.4,\ 0,\ \dfrac{13}{2},\ -0.06,\ +\dfrac{1}{5},\ 0.03$

□(1) 最も小さい数　　□(2) 最も 0 に近い分数

□(3) 最も大きい負の数　　□(4) 絶対値が最も大きい数

ヒント **1** 小さい素数でわっていきます。
4 負の数どうしの大小は，絶対値の大きいほうが小さいです。(3)$-\dfrac{17}{5}=-3.4$ として考えます。

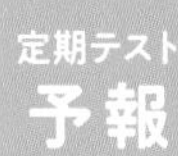

●負の数の計算には注意しよう。
ある数から正の数をひくと，差はもとの数より小さくなるけれど，負の数をひくと，差はもとの数より大きくなるよ。ひいても答えが大きくなることがあることを理解しよう。

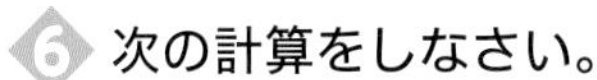

1章 教科書14～39ページ

6 次の計算をしなさい。

□(1) $(-6)+(+1)$　□(2) $(-4)+(-8)$　□(3) $\left(-\frac{3}{4}\right)+\left(+\frac{1}{4}\right)$

□(4) $(+5)-(+6)$　□(5) $(-6)-(+4)$　□(6) $\left(-\frac{3}{2}\right)-\left(-\frac{2}{3}\right)$

7 次の計算をしなさい。

□(1) $(+6)+(-8)-(-5)$　□(2) $(-4)-(-7)+(+9)$

□(3) $(-14)-(-6)+(-8)-(-16)$　□(4) $(-21)-(+15)+(-36)-(-18)$

□(5) $(-10)+(+12)+(+8)+(-10)$　□(6) $\left(+\frac{2}{5}\right)+\left(-\frac{1}{4}\right)+\left(-\frac{1}{5}\right)$

8 次の計算をしなさい。

□(1) $-6+4-3+2$　□(2) $-8+5-4-6$

□(3) $24-(+3)-14+39$　□(4) $(-36)+58-17+(+29)$

□(5) $-\frac{2}{3}-\left(-\frac{3}{4}\right)+\frac{1}{2}$　□(6) $\frac{3}{4}-\left(-\frac{5}{8}\right)-\left(+\frac{3}{2}\right)-\frac{7}{6}$

6 減法は，ひく数の符号を変えて加えればよいです。
7 減法を加法になおし，正の項どうし，負の項どうしを，それぞれ計算します。

解答▶▶ p.4

4節 乗法，除法
① 乗法

正の数，負の数の乗法

教科書 p.42〜45

例題 1 次の計算をしなさい。 ▶▶1

(1) $(-5)\times(-2)$　　(2) $(+3)\times(-6)$

考え方

1 同じ符号の2つの数の積 { 符号 …正の符号 / 絶対値…2つの数の絶対値の積

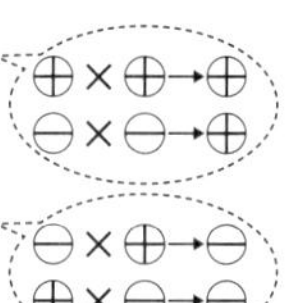

2 異なる符号の2つの数の積 { 符号 …負の符号 / 絶対値…2つの数の絶対値の積

⊖×⊕→⊖
⊕×⊖→⊖

答え

(1) $(-5)\times(-2)$
$=+(5\times2)$　符号を決める
$=$ ①□　絶対値の積を計算

ここがポイント

(2) $(+3)\times(-6)$
$=-(3\times6)$
$=$ ②□

いくつかの数の積

教科書 p.46〜48

例題 2 $(-5)\times(-1)\times(-4)\times(+2)$ を計算しなさい。 ▶▶2

考え方

符号…負の数の個数が { 偶数個のとき，＋ / 奇数個のとき，－

絶対値…かけ合わせる数の絶対値の積

答え

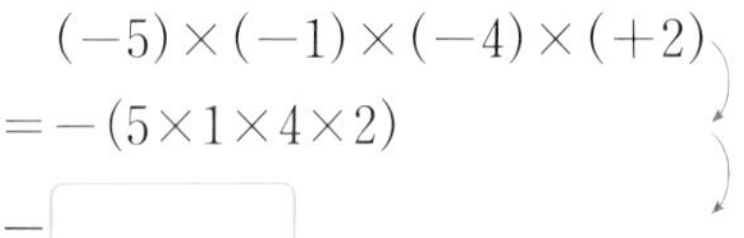

$(-5)\times(-1)\times(-4)\times(+2)$　符号を決める
$=-(5\times1\times4\times2)$　絶対値の積を計算
$=$ □

負の数が3個→符号は－（マイナス）

累乗

教科書 p.48〜49

例題 3 次の計算をしなさい。 ▶▶3 4

(1) $(-2)^2$　　(2) -2^2

考え方

(1) $(-2)^2$は，-2を2個かけ合わせることを表しています。
(2) -2^2は，2を2個かけ合わせたものに－をつけています。

答え

(1) $(-2)^2$
$=(-2)\times(-2)$
$=$ ①□

(2) -2^2
$=-(2\times2)$
$=$ ②□

1 【正の数，負の数の乗法】次の計算をしなさい。

教科書 p.44 Q5, 6, p.45 Q7，10

□(1)　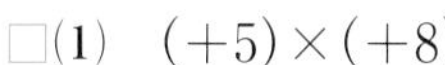$(+5)\times(+8)$　　□(2)　$(-4)\times(-6)$

□(3)　$(+10)\times(-5)$　　□(4)　$(-7)\times(+9)$

□(5)　$0\times(-8)$　　□(6)　$(-1)\times(+2)$

□(7)　$(+4)\times(-3.2)$　　□(8)　$\left(-\frac{3}{4}\right)\times(-12)$

●キーポイント

1 符号を決める

⊕×⊕、⊖×⊖ →⊕

⊕×⊖、⊖×⊕ →⊖

2 絶対値の積を計算

2 【いくつかの数の積】次の計算をしなさい。

教科書 p.46 例6, p.47 例題8

□(1)　$(+3)\times(-2)\times(+4)$

□(2)　$4\times(-9)\times2\times(-5)$

●キーポイント

積の符号は，負の数の個数で決まります。

負の数が { 偶数個→＋ / 奇数個→－ }

3 【累乗】次の式を，累乗(るいじょう)の指数を使って表しなさい。

教科書 p.48 たしかめ 1

□(1)　$(-9)\times(-9)$　　□(2)　$(-8)\times(-8)\times(-8)$

4 【累乗をふくむ乗法】次の計算をしなさい。

教科書p.48 たしかめ2, p.49 例11

□(1)　$(-7)^2$　　□(2)　$-3^2\times(-4)$

●キーポイント

(2) まず，-3^2を計算します。

例題の答え　1 ①+10　②−18　2 −40　3 ①4　②−4

解答▶▶ p.5

4節 乗法，除法 ②／③／④—(1)

●正の数，負の数の除法

教科書 p.50~51

例題 1 次の計算をしなさい。 ▸▸1

(1) $(-18)\div(-3)$　　(2) $(+24)\div(-6)$

考え方

1 同じ符号(ふごう)の2つの数の商 { 符号　…正の符号 / 絶対値…2つの数の絶対値の商

2 異なる符号の2つの数の商 { 符号　…負の符号 / 絶対値…2つの数の絶対値の商

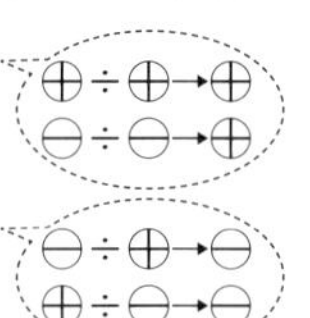

答え

(1) $(-18)\div(-3)$
$=+(18\div3)$
$=$ ①

符号を決める
絶対値の商を計算
ここがポイント

(2) $(+24)\div(-6)$
$=-(24\div6)$
$=$ ②

わり算のことを，除法(じょほう)といいます。

●除法と逆数，乗法と除法の混じった式の計算

教科書 p.52~53

例題 2 $\left(-\frac{2}{3}\right)\div(-6)\times\frac{5}{2}$ を計算しなさい。 ▸▸2 3

考え方 除法はわる数を逆数にして，乗法になおすことができます。
除法は乗法になおせることを使って，乗法だけの式になおして計算します。

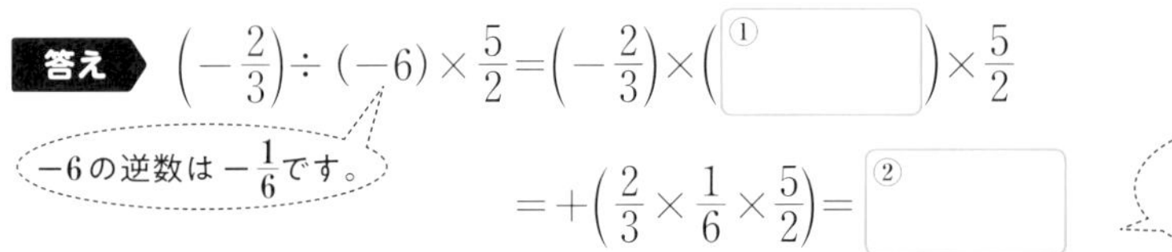

答え $\left(-\frac{2}{3}\right)\div(-6)\times\frac{5}{2}=\left(-\frac{2}{3}\right)\times\left(\text{①}\right)\times\frac{5}{2}$

−6の逆数は $-\frac{1}{6}$ です。

$=+\left(\frac{2}{3}\times\frac{1}{6}\times\frac{5}{2}\right)=$ ②

$\frac{\overset{1}{\cancel{2}}}{3}\times\frac{1}{6}\times\frac{5}{\underset{1}{\cancel{2}}}$

●四則やかっこの混じった式の計算

教科書 p.54~55

例題 3 次の計算をしなさい。 ▸▸4

(1) $8+3\times(-6)$　　(2) $4\times(-4+5^2)$

考え方
●かっこのある式は，かっこの中を先に計算する。
●累乗(るいじょう)のある式は，累乗を先に計算する。
●乗法や除法は，加法や減法よりも先に計算する。

加法，減法，乗法，除法をまとめて四則(しそく)といいます。

答え

(1) $8+3\times(-6)$
$=8+\left(\text{①}\right)$　乗法を先に計算
$=$ ②

(2) $4\times(-4+\underline{5^2})$
$=4\times(\underline{-4+25})$　累乗を先に計算
$=4\times$ ③　かっこの中を計算
$=$ ④

絶対理解 **1** 【正の数，負の数の除法】次の計算をしなさい。

教科書 p.51Q3，例3，Q4

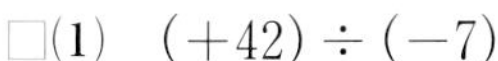
□(1) $(+42)\div(-7)$

□(2) $(-54)\div(+6)$

□(3) $0\div(-6)$

□(4) $(-13)\div(-1)$

□(5) $(-14)\div(+9)$

□(6) $(-21)\div(-49)$

●キーポイント
わりきれないときは，商を分数の形に表します。

2 【除法と逆数】次の除法を乗法になおして計算しなさい。

教科書 p.52 例 6

□(1) $\left(-\frac{5}{8}\right)\div\left(+\frac{1}{2}\right)$

□(2) $\left(+\frac{8}{9}\right)\div(-6)$

●キーポイント
わる数を逆数にして，乗法になおして計算します。

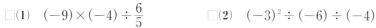

よく出る **3** 
【乗法と除法の混じった式の計算】次の計算をしなさい。

教科書 p.53 たしかめ 1, Q2

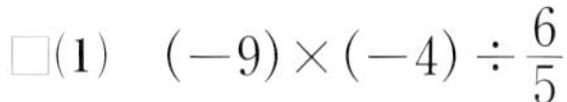
□(1) $(-9)\times(-4)\div\frac{6}{5}$

□(2) $(-3)^2\div(-6)\div(-4)$

絶対理解 **4** 【四則やかっこの混じった式の計算】次の計算をしなさい。

教科書 p.54 例1～3

□(1) $-9+15\div(-5)$

□(2) $12-(-3)\times2^2$

□(3) $(-6)\times(-7-2)$

□(4) $63\div\{(-2)^2-5^2\}$

●キーポイント
1 かっこのある式は，かっこの中を先に計算
2 累乗のある式は，累乗を先に計算
3 乗法や除法は，加法や減法より先に計算

例題の答え **1** ① $+6$ ② -4 **2** ① $-\frac{1}{6}$ ② $+\frac{5}{18}$ **3** ① -18 ② -10 ③ 21 ④ 84

解答▶▶ p.6

●分配法則

教科書 p.55

例題 1 分配法則を使って，$12\times\left(\frac{2}{3}-\frac{3}{4}\right)$を計算しなさい。 ▶▶1

考え方 分配法則$a\times(b+c)=a\times b+a\times c$を使います。

答え $12\times\left(\frac{2}{3}-\frac{3}{4}\right)=12\times$ ① $-12\times\frac{3}{4}=$ ②

●数のひろがりと四則

教科書 p.56～57

例題 2 □や△がどんな整数であっても，□÷△の計算の結果がいつでも整数になるかどうかを答えなさい。ただし，△は0でない数とします。 ▶▶2

考え方 □や△に整数をあてはめてみます。

答え 例えば，□に3，△に−7をあてはめて，計算の結果をみます。

$3\div(-7)=$ □ →整数でない ⇒いつでも整数になるとは限らない。

●正の数，負の数の利用

教科書 p.59～61

例題 3 はるかさんは，数学の問題を1週間に50題解くことを目標としています。下の表は，6週間で解いた数学の問題数を表しています。 ▶▶3

	第1週	第2週	第3週	第4週	第5週	第6週
解いた数(題)	60	54	48	56	47	53

(1) 週ごとに解いた問題数について，50題を基準として，解いた数の差を表します。㋐，㋑にあてはまる数を求めなさい。

	第1週	第2週	第3週	第4週	第5週	第6週
解いた数の差(題)	+10	㋐	−2	+6	㋑	+3

(2) 1週間あたりの解いた問題数の平均を求めなさい。

考え方 (2) (基準の値(あたい))+(解いた数の差の平均)=(平均)を使うと，簡単に求められます。まず，解いた数の差の平均を求めます。

答え (1) ㋐ 54−50= ① ㋑ 47−50= ②

(2) $\{(+10)+(+4)+(-2)+(+6)+(-3)+(+3)\}\div6=$ ③ （基準との差の平均）

50+3= ④ (題)

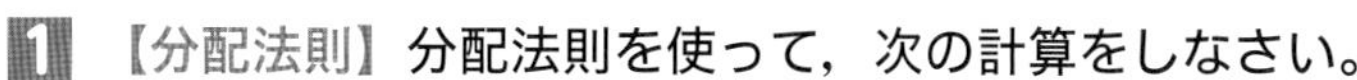

よく出る **1** 【分配法則】分配法則を使って，次の計算をしなさい。 教科書 p.55 例 5

□(1) $\left(\frac{5}{7}-\frac{3}{4}\right)\times(-28)$

□(2) $45\times(-96)+55\times(-96)$

●キーポイント
(2)は，分配法則の逆を使って，式をまとめます。
$a\times c+b\times c$
$=(a+b)\times c$

2 【数のひろがりと四則】次の(1)〜(3)の数の集合で，計算の結果がいつでもその集合にふくまれるものを，下の□の中からすべて選び，記号で答えなさい。 教科書 p.57 活動 2

㋐ 加法	㋑ 減法	㋒ 乗法	㋓ 除法

□(1) 自然数の集合

□(2) 整数の集合

□(3) 分数の形に表せる数の集合

3 【平均の求め方】下の表はA，B，C，D，Eの5人の生徒のテストの得点から，クラスの平均点をひいた差を示したものです。

生徒	A	B	C	D	E
平均点との差(点)	+3	−5	0	+8	−1

Aの得点が68点のとき，次の(1)，(2)に答えなさい。 教科書 p.59〜61

□(1) クラスの平均点を求めなさい。

●キーポイント
(1) (クラスの平均点)
=(Aの点数)−3点

□(2) 5人のテストの平均点を求めなさい。

例題の答え **1** ① $\frac{2}{3}$ ② −1 **2** $-\frac{3}{7}$ **3** ① +4 ② −3 ③ 3 ④ 53

1 次の計算をしなさい。

□(1)　$(+8)\times(-6)$　　□(2)　$(-12)\times(-3)$　　□(3)　$56\div(-8)$

□(4)　$(-21)\times\left(-\frac{3}{7}\right)$　　□(5)　$2\div\left(-\frac{2}{7}\right)$　　□(6)　$\left(+\frac{1}{6}\right)\div\left(-\frac{2}{3}\right)$

2 次の計算をしなさい。

□(1)　$(-8)\div(-4)\times(-2)$　　□(2)　$(-3)^2\times(-2)$

□(3)　$24\times(-9)\div(-18)\div4$　　□(4)　$(-68)\div17\times5\div(-4)$

□(5)　$(-8)\div\frac{6}{5}\times\left(-\frac{2}{3}\right)$　　□(6)　$\frac{2}{3}\div\left(-\frac{1}{6}\right)\div\left(+\frac{4}{9}\right)$

3 次の計算をしなさい。

□(1)　$(-6)+12\div(-9)\times6$　　□(2)　$(-84)\div(2-9)\times4$

□(3)　$-6\times(+4)-48\div(-2^2)$　　□(4)　$-10-\{(-6)\times5-(-9)\}$

□(5)　$-\frac{5}{12}+\frac{1}{2}\times\left(-\frac{1}{6}\right)$　　□(6)　$-\frac{2}{3}\times\left(-\frac{1}{2}\right)^2-\left(-\frac{5}{6}\right)$

ヒント
1 除法は，わる数の逆数をかけて計算します。
3 かっこの中→累乗→乗除→加減の順に計算します。

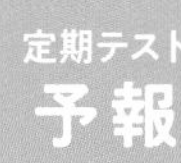

●四則の計算について，しっかり理解しよう。
四則の混じった式の計算では，①かっこの中→②累乗(るいじょう)→③乗除→④加減の順に計算するよ。
また，累乗の計算はよく出題されるよ。負の数の累乗の計算では，答えの符号(ふごう)に注意しよう。

4 分配法則を使って，次の計算をしなさい。

□(1) $(-12)\times\left(\frac{1}{3}-\frac{3}{4}\right)$

□(2) $(-71)\times86-29\times86$

5 3つの数○，△，□の間に，○×□＝(負の数)，○×△×□＝(正の数)，△＋□＝(正の数)という関係があるとき，○，△，□の符号をそれぞれ＋，－で答えなさい。
□

6 次の□や△にいろいろな自然数を入れるとき，計算の結果がいつでも自然数になるものには○を，そうでないものには×を書きなさい。
□

㋐ □＋△　　㋑ □－△　　㋒ □×△　　㋓ □÷△

7 下の表は，Aさんの計算ドリルの点数を，70点を基準として示したものです。次の(1)，(2)に答えなさい。

回数	1	2	3	4	5
70点との差(点)	－12	＋6	－5	＋7	＋14

□(1) 4回目の点数は何点ですか。

□(2) 5回の平均点を求めなさい。

6 □や△に具体的な数，例えば□＝1，△＝3などを入れて考えます。
7 (2)まず，70点との差の平均を求めます。

解答▶▶ p.7

1章　数の世界のひろがり

時間30分　／100点　合格70点

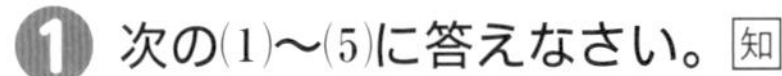

1 次の(1)〜(5)に答えなさい。知

(1)　90 を素因数分解しなさい。

(2)　「東へ -6 km 進む」を，負の数を使わないで表しなさい。

(3)　-6.2 より大きい整数のうちで，最も小さい数を答えなさい。

(4)　絶対値が 3 より小さい整数をすべて書きなさい。

(5)　数直線上で，-4 から 6 の距離（きょり）にある数をすべて書きなさい。

1　点/20点(各4点)

(1)	
(2)	
(3)	
(4)	
(5)	

2 次の数を，小さいほうから順に並べなさい。知

$-\frac{2}{5}$，-1，0.2，-1.5，0，1

2　点/4点

3 次の計算をしなさい。知

(1)　$(-27)+13$

(2)　$-31-(-15)$

(3)　$(-1.6)+(-2.3)+1.4$

(4)　$\frac{3}{8}-\frac{5}{8}-\frac{7}{8}$

(5)　$(-3)\times(-13)$

(6)　$1\div\left(-\frac{2}{5}\right)$

(7)　$(-2)^3\times(-6)\div(-12)$

(8)　$\left(-\frac{3}{4}\right)^2\times\left(-\frac{2}{3}\right)\div\left(-\frac{1}{2}\right)^3$

3　点/32点(各4点)

(1)	
(2)	
(3)	
(4)	
(5)	
(6)	
(7)	
(8)	

成績評価の観点　知…数量や図形などについての知識・技能　考…数学的な思考・判断・表現

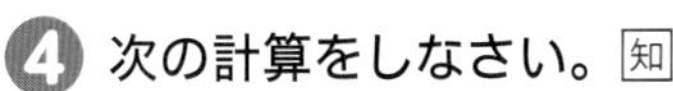

❹ 次の計算をしなさい。 知

(1) $(-46)-(-14)\times(-3)$

(2) $\{-3+2\times(-5)\}\times(-2)$

(3) $\dfrac{1}{3}\times\left\{-\dfrac{1}{6}-\left(-\dfrac{2}{3}\right)\right\}$

(4) $(-6)^2\times\dfrac{5}{9}-0.5^2\times(-16)$

❹	点/20点(各5点)
(1)	
(2)	
(3)	
(4)	

点UP **❺** 0でない3つの数○，□，△があります。次の㋐〜㋒の条件をともにみたす○，□，△は，正の数，負の数のどちらですか。それぞれ答えなさい。考

㋐ ○を□でわると，その商は負の数になる。

㋑ □に△をかけると，その積は正の数になる。

㋒ ○から△をひくと，その差は正の数になる。

❺	点/4点(完答)
○	
□	
△	

❻ 下の表は，ある1週間の正午の気温について，火曜日の20 °Cを基準として，火曜日との気温の差を示したものです。次の(1)〜(3)に答えなさい。 考

曜日	日	月	火	水	木	金	土
火曜日との差(°C)	+5	−1	0	+2	−2	−1	+4

(1) 最も気温が低かったのは何曜日で，気温は何度ですか。

(2) 最も気温の高い曜日と低い曜日の差は何度ですか。

(3) この1週間の平均気温は何度ですか。

教科書のまとめ〈1章　数の世界のひろがり〉

●素数

自然数をいくつかの自然数の積で表すとき，1とその数自身の積の形でしか表せない数を**素数**(そすう)という。1は素数には入れない。

●素因数分解

自然数を素因数(そいんすう)だけの積の形に表すことを，その自然数を**素因数分解する**という。

(例)　42を素因数分解すると，

$42=\underline{2}\times\underline{3}\times\underline{7}$

素因数

●数の大小

1　正の数は0より大きく，負の数は0より小さい。

2　正の数は，その絶対値が大きい数ほど大きい。

3　負の数は，その絶対値が大きい数ほど小さい。

●正の数，負の数の加法

1　同じ符号(ふごう)の2つの数の和

符　号……2つの数と同じ符号

絶対値……2つの数の絶対値の和

2　異なる符号の2つの数の和

符　号……絶対値の大きいほうの数と同じ符号

絶対値……絶対値の大きいほうから小さいほうをひいた差

●加法の計算法則

・加法の交換(こうかん)法則　$a+b=b+a$

・加法の結合法則　$(a+b)+c=a+(b+c)$

●正の数，負の数の減法

ひく数の符号を変えて，加法になおす。

●加法と減法の混じった式の計算

①項(こう)を並べた式になおす→②同じ符号の項を集める→③同じ符号の項を加える

●乗法の計算法則

・乗法の交換法則　$a\times b=b\times a$

・乗法の結合法則　$(a\times b)\times c=a\times(b\times c)$

●いくつかの数の積

符号……負の数の個数が｛偶数個(ぐうすうこ)のとき，＋　奇数個(きすうこ)のとき，－

絶対値……かけ合わせる数の絶対値の積

●正の数，負の数の乗法と除法

1　同じ符号の2つの数の積・商

符　号……正の符号

絶対値……2つの数の絶対値の積・商

2　異なる符号の2つの数の積・商

符　号……負の符号

絶対値……2つの数の絶対値の積・商

●四則やかっこの混じった式の計算

・乗法や除法は，加法や減法よりも先に計算する。

・かっこのある式は，かっこの中を先に計算する。

・累乗(るいじょう)のある式は，累乗を先に計算する。

(例)　$4\times(-3)+2\times\{(-2)^2-1\}$

$=-12+2\times(4-1)$

$=-12+6$

$=-6$

●分配法則

・$a\times(b+c)=a\times b+a\times c$

・$(a+b)\times c=a\times c+b\times c$

ぴたトレ
0
スタートアップ

2章　文字と式

次の学習に入る前に取り組もう。

□文字と式　← 小学6年

同じ値段のおかしを3個買います。

おかし1個の値段が50円のときの代金は，

50 × 3 = 150 で150円です。

おかし1個の値段を□，代金を△としたときの□と△の関係を表す式は，

おかし1個の値段 × 個数 = 代金 だから，

□ × 3 = △ と表されます。

さらに，□を x，△を y とすると，

x × 3 = y と表されます。

1 同じ値段のクッキー6枚と，200円のケーキを1個買います。　← 小学6年〈文字と式〉

(1) クッキー1枚の値段が80円のときの代金を求めなさい。

ヒント
ことばの式に表して考えると……

(2) クッキー1枚の値段を x 円，代金を y 円として，x と y の関係を式に表しなさい。

(3) x の値（あたい）が90のときの y の値を求めなさい。

2 右の表で，ノート1冊の値段を x 円としたとき，次の式は何を表しているかを書きなさい。　← 小学6年〈文字と式〉

・値段表・
ノート1冊……●円
鉛筆（えんぴつ）1本………40円
消しゴム1個…70円

(1) $x\times8$

(2) $x+40$

(3) $x\times4+70$

ヒント
$x\times4$ は，ノート4冊の代金だから……

解答▶▶ p.10

ぴたトレ 1 要点チェック

2章 文字と式

1節 文字と式
① 文字を使った式／② 数量を表す式／③ 式を書くときの約束

●文字を使った式

教科書 p.68〜71

例題 1　次の数量を，文字を使った式で表しなさい。 ▶▶1

(1) 1個250円のシュークリームを x 個買ったときの代金

(2) 1本100円の鉛筆(えんぴつ) a 本と，1冊120円のノート b 冊を買ったときの代金の合計

考え方　数量の関係をことばの式に表してから，数や文字をあてはめます。

(1) (シュークリームの値段)×(個数)＝(代金)

(2) (鉛筆の代金)＋(ノートの代金)＝(合計の代金)

答え (1) (① □ $\times x$)円　　(2) ($100\times a+$ ② □ $\times b$)円

鉛筆の代金　ノートの代金

●積の表し方

教科書 p.72〜73

例題 2　次の式を，記号 × を使わないで表しなさい。 ▶▶2 4 5

(1) $a\times(-4)$　　(2) $b\times a\times 6$　　(3) $y\times y\times 9$

考え方
1 乗法の記号 × を省いて書きます。
2 文字と数の積では，数を文字の前に書きます。
3 同じ文字の積は，累乗(るいじょう)の指数を使って表します。

答え (1) $a\times(-4)=$ ① □
数を文字の前に書く

(2) $b\times a\times 6=$ ② □
文字は，アルファベット順に書く

(3) $y\times y\times 9=$ ③ □
同じ文字の積は，累乗の指数を使って表す

●商の表し方

教科書 p.74〜75

例題 3　次の式を，記号÷を使わないで表しなさい。 ▶▶3〜5

(1) $a\div 2$　　(2) $(2x-5)\div 3$

考え方　除法の記号÷は使わないで，分数の形で表します。

答え

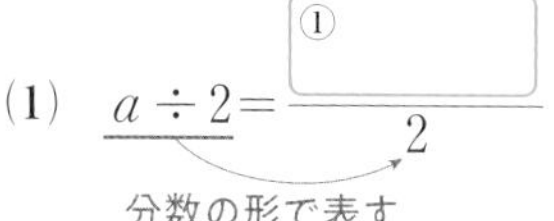

(1) $a\div 2=\dfrac{①\ \square}{2}$
分数の形で表す

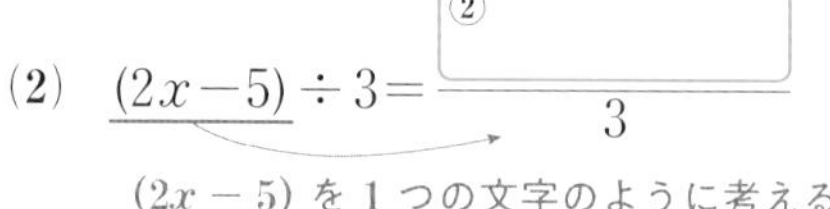

(2) $(2x-5)\div 3=\dfrac{②\ \square}{3}$
$(2x-5)$ を1つの文字のように考える

分数の形で書くとき，
$(2x-5)$ のかっこは
はずします。

絶対理解 **1** 【文字を使った式】次の数量を，文字を使った式で表しなさい。 教科書 p.71 Q3

□(1) 1個 350 円のケーキを x 個買って，1000 円を出したときのおつり

□(2) a m のテープを6等分するときの1本の長さ

2 【積の表し方】次の式を，記号×を使わないで表しなさい。 教科書 p.72〜73 例 1〜5

□(1) $n\times m\times(-5)$ □(2) $x\times(-1)-4\times y$

□(3) $x\times x\times 2$ □(4) $y\times(-2)\times y+y$

⚠ミスに注意
(2) $x\times(-1)$は，$-1x$ としないで $-x$ と書きます。

3 【商の表し方】次の式を，記号÷を使わないで表しなさい。 教科書 p.74 例 7

□(1) $4x\div 9$ □(2) $(3a-2)\div 4$

□(3) $a\div(-2)$ □(4) $3\div y$

⚠ミスに注意
(3) $a\div(-2)=\dfrac{a}{-2}$
$=-\dfrac{a}{2}$
になります。

よく出る **4** 【記号×，÷を使わない表し方】次の式を，記号×，÷を使わないで表しなさい。
教科書 p.75 例 8

□(1) $8\times a\div 5$ □(2) $4\times(x-y)\div 3$

⚠ミスに注意
(2) −の記号は省くことができません。

5 【記号×，÷を使った表し方】次の式を，記号×，÷を使って表しなさい。
教科書 p.75 例 9

□(1) $6xy$ □(2) $\dfrac{a+b}{3}$

●キーポイント
(2) $a+b$ は1つの文字のように考えて，(　)をつけます。

例題の答え **1** ①250 ②120 **2** ①$-4a$ ②$6ab$ ③$9y^2$ **3** ①a ②$2x-5$

解答▶▶ p.10

1節 文字と式
④ 式による数量の表し方／⑤ 式の値／⑥ 式の表す意味

●式による数量の表し方

教科書 p.76〜77

例題 1 次の数量を式で表しなさい。 ▶▶1

(1) 1個 x 円のパンを2個と，1本 y 円のジュースを1本買ったときの代金の合計

(2) 定価 a 円の13%の金額

(3) 時速 y km で走っている自動車が2時間で進む道のり

考え方 数量の関係をことばの式で考えてから，数や文字をあてはめます。
式を表すときは，式の表し方の約束にしたがって表します。

答え (1) $x\times$ ① $+y\times1=$ ② $+y$ 答 （③）円

パンの代金　ジュースの代金

(2) 13%は0.13です。

$a\times0.13=$ ④ 答 ④ 円

定価　割合

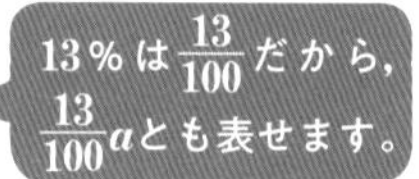

13%は$\frac{13}{100}$だから，
$\frac{13}{100}a$とも表せます。

(3) $y\times$ ⑤ $=$ ⑥ 答 ⑥ km

速さ　時間

●式の値

教科書 p.78〜79

例題 2 $x=-3$，$y=2$のときの，次の式の値（あたい）を求めなさい。 ▶▶2

(1) $5x-2$　　(2) x^2-4y

考え方 文字 x を -3 に，y を2に置きかえて計算します。

答え

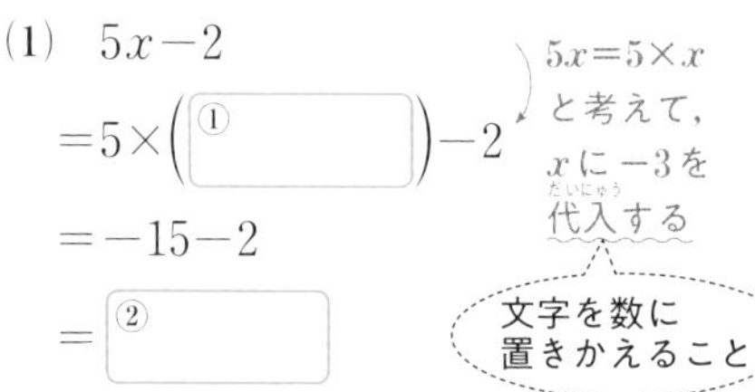

5x=5×x
と考えて，
xに−3を
代入（だいにゅう）する
文字を数に
置きかえること

(1) $5x-2$
$=5\times($ ① $)-2$
$=-15-2$
$=$ ②

(2) x^2-4y
$=($ ③ $)^2-4\times2$　（xに-3，yに2を代入する）
$=9-8$
$=$ ④

●式の表す意味

教科書 p.80

例題 3 美術館の入館料は，大人が1人 a 円，子どもが1人 b 円です。 ▶▶3 4
このとき，$(2a+3b)$ 円はどんな数量を表していますか。

答え $2a$ 円は大人2人の入館料，$3b$ 円は子ども［　　］人の入館料を表しているから，
（$2\times a=a\times2$）（$3\times b=b\times3$）
$(2a+3b)$ 円は，大人2人と子ども3人の入館料の合計を表している。

絶対理解 **1** 【式による数量の表し方】次の数量を式で表しなさい。

教科書 p.77 例3，4

□(1)　1辺が$a$cmの立方体の体積

□(2)　$x$kmの道のりを時速3kmで歩いたときの時間

□(3)　$a$kgの荷物とbgの箱の合計の重さ

⚠ミスに注意
(3)　荷物の重さと箱の重さの単位をそろえましょう。

よく出る **2** 【式の値】$x=5$，$y=-3$のときの，次の式の値を求めなさい。

□(1)　$2x-6$　　□(2)　$-y$

□(3)　$\dfrac{21}{y}$　　□(4)　$-x^2$

□(5)　$2xy-5y$　　□(6)　$-x+y^2$

●キーポイント
負の数を代入するときは，(　)をつけて計算します。

3 【式の表す意味】ある店で，1本100円の鉛筆(えんぴつ)をa本と，1本150円のペンをb本買いました。このとき，次の式は，どんな数量を表していると考えられますか。また，それぞれどんな単位がつきますか。

教科書 p.80 活動1

□(1)　$a+b$　　□(2)　$100a+150b$

4 【式による自然数の表し方】次の自然数を式で表しなさい。

教科書 p.80 Q2

□(1)　十の位の数がx，一の位の数が3である2桁(けた)の自然数

□(2)　百の位の数がx，十の位の数が5，一の位の数がyである3桁の自然数

例題の答え **1** ①2　②$2x$　③$2x+y$　④$0.13a$　⑤2　⑥$2y$　**2** ①−3　②−17　③−3　④1　**3** 3

解答▶▶ p.10

ぴたトレ **2** 練習

2章　文字と式

1節　文字と式　①〜⑥

よく出る **1** 次の式を，記号 ×，÷を使わないで表しなさい。

□(1)　$(-9)\times x\times x$　　□(2)　$7\times a-3$　　□(3)　$a\times b\times b\times a\times(-1)$

□(4)　$x\times 5\div y$　　□(5)　$a\div b\times 6$　　□(6)　$a\div 3\times b-5\times c$

□(7)　$(x+y)\times 3-(a-b)\div 2$　　□(8)　$a\times 4+b\div 2\times(x-y)$

2 次の式を，記号 ×，÷を使って表しなさい。

□(1)　$\dfrac{b}{3}$　　□(2)　$3a+\dfrac{2}{b}$　　□(3)　$\dfrac{x-1}{5}$

□(4)　$2(a+b)-3c$　　□(5)　$\dfrac{x^2}{6}-2y^2$　　□(6)　$\dfrac{a}{bc}-\dfrac{3}{d}$

3 次の数量を式で表しなさい。

□(1)　$x$kmの70%　　□(2)　amの15%

□(3)　xLの牛乳をymL飲むときの残りの牛乳の量

□(4)　1個120円のりんごx個を，100円のかごに入れてもらったときの代金の合計

□(5)　xの2倍とyの3倍との和

□(6)　$a$kmの道のりを5時間で走ったときの時速

ヒント　**2** (3)$x-1\rightarrow(x-1)$のようにかっこをつけます。
3 (1)1%を小数で表すと0.01，分数で表すと$\dfrac{1}{100}$です。

定期テスト 予報
●文字を使った式の表し方について，しっかり覚えよう。
$1\times a$は$1a$としないでaと書き，$(-1)\times a$も$-1a$としないで$-a$と書くんだよ。
加法，減法の記号＋，－は省くことができないので注意しよう。

4 右のような図形の面積を，文字を使った式で表しなさい。

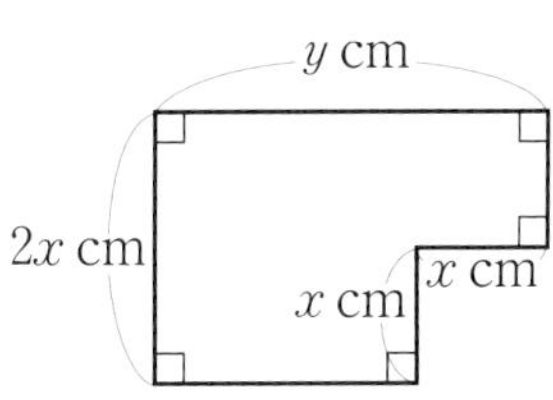

□

5 aが次の値（あたい）のときの，式$18-6a$の値を求めなさい。

□(1) 2　　□(2) -3

□(3) 0　　□(4) $-\frac{1}{3}$

6 $x=-2$のときの，次の式の値を求めなさい。

□(1) $6x$　　□(2) $-x^3$

□(3) $6-2x^2$　　□(4) x^2-5x

7 1辺の長さが$x$cm，高さが$y$cmの正三角形があります。このとき，次の式は，どんな数量を表していると考えられますか。また，それぞれどんな単位がつきますか。

□(1) $\frac{xy}{2}$　　□(2) $3x$

8 式$100a+10b+3$の表す数について，次の(1)，(2)に答えなさい。

□(1) aが8，bが5のとき，どんな数を表しますか。

□(2) aが6，bが0のとき，どんな数を表しますか。

4 長方形の面積から，へこんだ部分の正方形の面積をひきます。
6 文字に負の数を代入するときは，かっこをつけます。

2章 教科書68～80ページ

解答▶▶ p.11

2章　文字と式

2節　式の計算
①　1次式とその項／②　1次式と数との乗法／③　1次式を数でわる除法—(1)

●項と係数

教科書 p.82

例題 1　式 $-x-7$ の項（こう）とその係数（けいすう）を書きなさい。 ▶▶1

考え方　加法だけの式になおします。

答え　$-x-7=(-x)+(-7)$ だから，項は，$-x$，①［　　］

$-x=(-1)\times x$ だから，x の係数は，②［　　］

●項のまとめ方

教科書 p.83

例題 2　$3x+5-8x+1$ を計算しなさい。 ▶▶2

考え方　文字の部分が同じ項どうしは，分配法則を使って1つの項にまとめます。

答え
$3x+5-8x+1$
$=(3-8)x+5+1$
$=3x-8x+5+1$
$=-5x+$［　　］

$ax+bx=(a+b)x$

ここがポイント
文字が同じ項どうし，数の項どうしを集める
それぞれを加える

●1次式と数との乗法，1次式を数でわる除法

教科書 p.84〜87

例題 3　次の計算をしなさい。 ▶▶3〜6

(1)　$(-2x)\times3$　　(2)　$4x\div12$

(3)　$-4(x-3)$

考え方　(1)　数どうしの積に文字をかけます。
(2)　分数の形にするか，わる数の逆数をかけて計算します。
(3)　分配法則 $a(b+c)=ab+ac$ を使って，かっこのない式にします。

答え　(1)　$(-2x)\times3=(-2)\times x\times3$
$=(-2)\times3\times x$
$=$ ①［　　］

(2)　$4x\div12=\dfrac{4x}{12}$
$=\dfrac{x}{②［　　］}$　　$\dfrac{\overset{1}{\cancel{4}}\times x}{\underset{3}{\cancel{12}}}$

(3)　$-4(x-3)=(-4)\times x+(-4)\times($③［　　］$)$
$=-4x+$ ④［　　］

かっこのない式にすることを，かっこをはずすといいます。

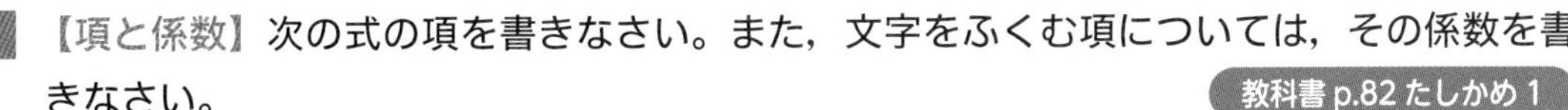

絶対理解 **1** 【項と係数】次の式の項を書きなさい。また，文字をふくむ項については，その係数を書きなさい。

教科書 p.82 たしかめ 1

□(1) $4x-6$　　□(2) $a-\dfrac{b}{3}$

●キーポイント
加法だけの式になおします。

2 【項のまとめ方】次の計算をしなさい。

教科書 p.83 例 2，3

□(1) $2a+a$　　□(2) $4x-9x$

□(3) $7x-9-5x$　　□(4) $-13y+9+13y-6$

3 【1次式と数との乗法】次の計算をしなさい。

教科書 p.84 例 2

□(1) $3x\times(-8)$　　□(2) $\left(-\dfrac{3}{4}y\right)\times(-6)$

4 【1次式を数でわる除法】次の計算をしなさい。

教科書 p.86 活動 1，例 2

□(1) $-20x\div4$　　□(2) $16x\div\left(-\dfrac{2}{3}\right)$

●キーポイント
(2) わる数の逆数をかける乗法になおして計算します。

よく出る **5** 【1次式と数との乗法】次の計算をしなさい。

教科書 p.85 例 3，4

□(1) $(5x-2)\times(-3)$　　□(2) $-(10x-9)$

●キーポイント
(2)の式は，
$(-1)\times(10x-9)$と
考えて，計算します。

よく出る **6** 【1次式を数でわる除法】次の計算をしなさい。

教科書 p.87 例 3

□(1) $(18a-6)\div6$　　□(2) $(-12x+9)\div(-3)$

●キーポイント
$(b+c)\div a=\dfrac{b+c}{a}$
$=\dfrac{b}{a}+\dfrac{c}{a}$

例題の答え **1** ①-7　②-1　**2** 6　**3** ①$-6x$　②$3$　③-3　④$12$

2章 教科書82～87ページ

解答▶▶ p.12

ぴたトレ 1 要点チェック

2章 文字と式

2節 式の計算
③ 1次式を数でわる除法—(2)／④ 1次式の加法，減法

●乗法と除法の混じった計算

教科書 p.87

□ 例題 1 $\dfrac{5x-3}{2}\times8$ を計算しなさい。 ▶▶1

考え方 まず約分してから，かっこをはずします。

答え $\dfrac{5x-3}{2}\times8=\dfrac{(5x-3)\times8}{2}=(5x-3)\times$ ① $=$ ②

プラスワン 乗法と除法の混じった計算

$\dfrac{5x-3}{2}\times8=\dfrac{(5x-3)\times\overset{4}{\cancel{8}}}{\underset{1}{\cancel{2}}}$

と計算していきます。

分子の $5x-3$ には（ ）をつけます。

●1次式の加法，減法

教科書 p.88～89

□ 例題 2 次の計算をしなさい。 ▶▶2～5

(1) $(2x-4)+(5x-7)$　　(2) $(2x-4)-(5x-7)$

考え方 (1) $+(5x-7)$ のかっこをはずすとき，各項の符号(こう・ふごう)はそのままになります。

(2) $-(5x-7)$ のかっこをはずすとき，各項の符号が変わります。

答え

(1) $(2x-4)+(5x-7)$
$=2x-4+5x-7$ （かっこをはずす）
$=2x+5x-4-7$ （文字の部分が同じ項を集める）
$=7x-$ ①

(2) $(2x-4)-(5x-7)$
$=2x-4-5x+7$ （かっこをはずす）
$=2x-5x-4+7$ （文字の部分が同じ項を集める）
$=-3x+$ ②

●いろいろな1次式の計算

教科書 p.89

□ 例題 3 $2(x-3)-3(2x-5)$ を計算しなさい。 ▶▶6

考え方 かっこをはずして計算します。

答え

$2(x-3)-3(2x-5)$
$=2\times x+2\times(-3)-3\times2x-3\times($ ① $)$ （分配法則を使って，かっこのない式にする）
$=2x-6-6x+15$
$=2x-6x-6+15$
$=-4x+$ ②

絶対理解 **1** 【乗法と除法の混じった計算】次の計算をしなさい。　教科書 p.87 例 4

□(1) $\dfrac{3x-8}{7}\times 14$　　□(2) $(-16)\times\dfrac{9a-1}{4}$

●キーポイント
$3x-8$ や $9a-1$ を1つの項のように考えます。

よく出る **2** 【1次式の加法】次の計算をしなさい。　教科書 p.88 Q1

□(1) $(4x+1)+(2x-9)$　　□(2) $(-8x+3)+(4x-5)$

3 【1次式の加法】$-3y+2$ に $-5y-3$ を加えた和を求めなさい。　教科書 p.88 活動 1

□

よく出る **4**  【1次式の減法】次の計算をしなさい。　教科書 p.89 Q2

□(1) $(5x+4)-(3x+6)$　　□(2) $(4a-6)-(-10a-3)$

⚠ミスに注意
$-($●$-$■$)=-$●$+$■
符号に注意しましょう。

5 【1次式の減法】$-3y+2$ から $-5y-3$ をひいた差を求めなさい。　教科書 p.88 活動 2

□

●キーポイント
それぞれの式に(　)をつけて，式を書きます。

6 【いろいろな1次式の計算】次の計算をしなさい。　教科書 p.89 例題 3

□(1) $2(x+5)+3(-x+2)$　　□(2) $-(-x+4)+2(3x-2)$

□(3) $4(a-2)-8(3a-1)$　　□(4) $-2(6x-9)-3(-x+1)$

●キーポイント
分配法則を使って，かっこをはずす
▼
文字が同じ項どうし，数の項どうしを集める
▼
それぞれを加える

例題の答え **1** ①4　②$20x-12$　**2** ①11　②3　**3** ①-5　②9

解答▶▶ p.12

●文字と式の利用

教科書 p.92〜93

例題1 右の図1のように，1辺にx個の碁石（ごいし）を並べて，正方形をつくりました。図2のように考えるとき，全体の碁石の個数をxを使った式で表しなさい。 ▶▶1

図1　x個　x個

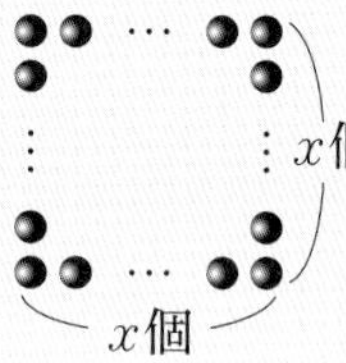

図2

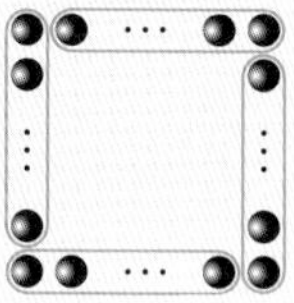

考え方　全体の碁石の個数は，図2の（　）の4倍と考えます。

答え　図2の（　）にふくまれる碁石の個数は，1辺の個数より1個少ないので，$(x-1)$個。
（　）が4個あるから，
［　　］$\times(x-1)=4(x-1)$(個)

●等しい関係を表す式

教科書 p.94

例題2 1本a円の鉛筆（えんぴつ）を3本と1本b円のペンを5本買うと，代金は900円になります。このとき，数量の関係を等式（とうしき）で表しなさい。 ▶▶2

考え方　等しい数量を，等号＝を使って式に表します。

答え　(鉛筆3本の代金)＋(ペン5本の代金)＝(代金の合計)
という関係があるから，
$3a+5b=$［　　］

●大小関係を表す式

教科書 p.95

例題3 1個120円のチョコレートをx個買うと，代金は1000円以上になります。このとき，数量の関係を不等式（ふとうしき）で表しなさい。 ▶▶3

考え方　数量の大小関係を，不等号＞，＜，≧，≦を使って式に表します。

答え　(チョコレートの代金)≧1000円
という関係があるから，
［　　］≧1000

aがbより大きい…$a>b$
aがb未満　…$a<b$
aがb以上　…$a\geqq b$
aがb以下　…$a\leqq b$

プラスワン　等式と不等式

等式…等号＝を使って，等しい関係を表した式
不等式…不等号＞，＜，≧，≦を使って，大小関係を表した式

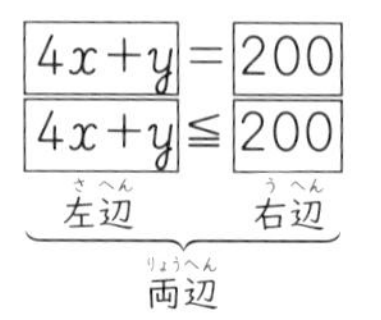

1 【文字と式の利用】右の図のように，棒を並べて，正六角形をつくっていきます。このとき，正六角形をn個つくるのに必要な棒の本数を，こうたさんとみどりさんは，次のような式で表しました。

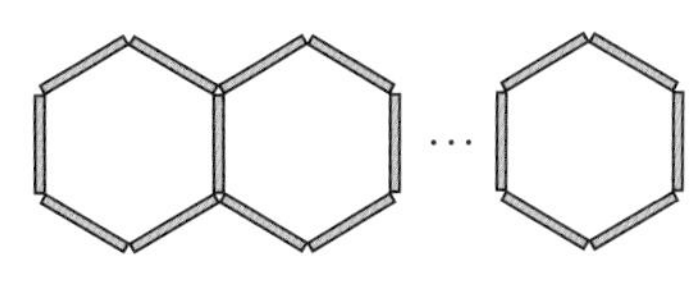

こうた…$6n-(n-1)$　みどり…$5n+1$

こうたさん，みどりさんは，下の㋐，㋑のどちらの図のように考えましたか。それぞれ記号で答えなさい。

教科書 p.92〜93

㋐

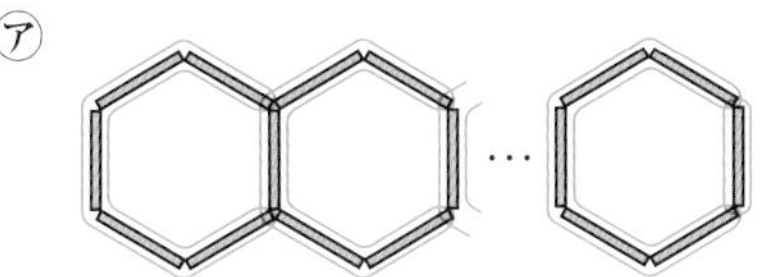

㋑

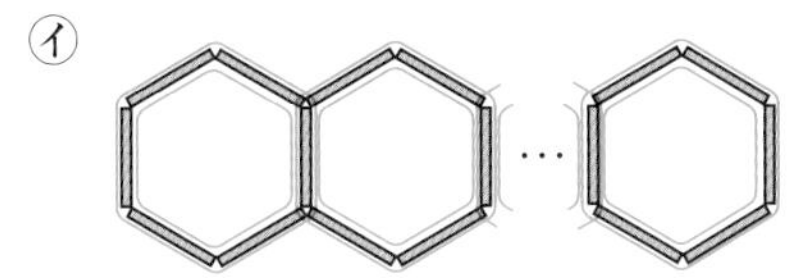

絶対理解 **2** 【等しい関係を表す式】次の数量の関係を等式で表しなさい。

教科書 p.94 例1

(1) 200枚の画用紙を30人にa枚ずつ配ったら，b枚残りました。

●キーポイント
まず，ことばの式で表します。

(2) 1冊a円のノートを4冊買って，1000円出したときのおつりはb円でした。

よく出る **3** 【大小関係を表す式】次の数量の関係を不等式で表しなさい。

教科書 p.95 活動2

(1) 1枚a円の画用紙を5枚買って，1000円払(はら)ったらおつりがもらえました。

⚠ミスに注意
(1)では，おつりがもらえるから，画用紙の代金が1000円より少なくなります。

(2) ゆかさんは1個30円のキャンディーをa個と300円のクッキーを1袋(ふくろ)買い，まさとさんは1個80円のチョコレートをb個買ったところ，ゆかさんの代金はまさとさんの代金より多くなりました。

(3) ある数xの2倍から4をひいた数は，ある数yから7をひいた数以下になります。

例題の答え **1** 4　**2** 900　**3** $120x$

2節　式の計算　①～④／3節　文字と式の利用　①
4節　関係を表す式　①

1 次の計算をしなさい。

□(1) $8x-3x$　　□(2) $a-9a$　　□(3) $\frac{2}{3}c-c$

□(4) $4x-8-x+5$　　□(5) $2m-7-5m+3$

2 次の計算をしなさい。

□(1) $6x\times3$　　□(2) $(-7)\times8a$　　□(3) $\left(-\frac{1}{4}a\right)\times(-6)$

□(4) $56x\div7$　　□(5) $(-8a)\div(-8)$　　□(6) $24b\div\left(-\frac{6}{5}\right)$

□(7) $3(x+9)$　　□(8) $(-3x-1)\times(-2)$

□(9) $(-8x-12)\div4$　　□(10) $(9a-6)\div(-3)$

□(11) $\frac{2x+5}{3}\times6$　　□(12) $\frac{4x-3}{4}\times(-12)$

3 次の計算をしなさい。

□(1) $(4x-1)+(7x+9)$　　□(2) $(-5m+3)+(2m-7)$

□(3) $(3x-2)-(2x-5)$　　□(4) $(5y-4)-(-5y-2)$

ヒント　**1** (2) aの係数は1　(3) $-c$の係数は-1です。

2 (7)～(12)は分配法則を使います。

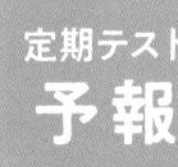

定期テスト予報
●文字式の計算について，しっかりと理解しよう。
1つの項にまとめることができるのは，文字の部分が同じ項どうしだけだよ。
また，数量の間の関係を不等式で表すときは，不等号の向きに注意しよう。

4 次の計算をしなさい。

□(1) $5(2a-1)+3(a-4)$

□(2) $2(3x-2)-3(4x-1)$

□(3) $\left(\frac{2}{3}a-\frac{5}{4}\right)+6\left(\frac{5}{24}a-\frac{1}{18}\right)$

□(4) $-\frac{1}{2}(2x-6)+\frac{1}{4}(8x+16)$

□(5) $-6(-a+2)-3(1+a)$

□(6) $8x-\{2-3(5x-1)\}$

□(7) $\frac{5x+6}{2}-\frac{4x-9}{4}$

□(8) $\frac{1-2a}{2}+\frac{6a-1}{6}$

5 次の数量の関係を等式または不等式で表しなさい。

□(1) a円のノート5冊とb円の消しゴム3個を買うと，代金は970円になります。

□(2) A地点から，分速70mでx分間歩き，続いて分速130mでy分間走ったが，3km離れたB地点には着けませんでした。

□(3) 1個x円のお菓子5個と1個y円のお菓子3個を買うと，代金は1500円を超えました。

6 今年，Aさんはx歳，Bさんはy歳です。次の式はどのような関係を表していると考えられますか。

□(1) $x+4=2(y+4)$

□(2) $y+20 \leqq x$

ヒント
4 分配法則を利用して計算する問題です。(6)はかっこの中を先に計算します。
5 (2)(3)は，2つの数量を式で表し，「着けない，超えた」を大小関係にかえて不等号で表します。

解答▶▶ p.13

2章 教科書82～95ページ

ぴたトレ

3

確認テスト

2章　文字と式

時間30分　／100点　合格70点

❶ 次の式を，記号×，÷を使わないで表しなさい。知

(1)　$a\times(-8)$　　(2)　$x\times3\times x\times y\times x$

(3)　$-6-a\div4$　　(4)　$x\times5-y\div4$

❷ 次の数量を式で表しなさい。知

(1)　150ページある本を1日6ページずつx日間読んだときの残りのページ数

(2)　a円の品物を30%引きで買うときの代金

(3)　国語と社会の平均点が60点，数学と理科と英語の平均点がa点であるときの5科目の平均点

❷　点/12点(各4点)

(1)

(2)

(3)

❸ 次の(1)，(2)に答えなさい。知

(1)　$x=6$のときの，$-2x^2$の値(あたい)を求めなさい。

(2)　$a=-7$のときの，$-7-\frac{a}{14}$の値を求めなさい。

❹ 次の計算をしなさい。知

(1)　$10a-7a$　　(2)　$x-11x$

(3)　$11x-4-16x+13$　　(4)　$-21-17a-12+9a$

成績評価の観点　知…数量や図形などについての知識・技能　考…数学的な思考・判断・表現

5 次の計算をしなさい。知

(1) $(-5x)\times(-3)$　　(2) $-54a\div6$

(3) $-6(3x-4)$　　(4) $(-6x+4)\times3$

(5) $(20y-12)\div(-4)$　　(6) $\dfrac{4x-5}{7}\times(-21)$

5　点/18点(各3点)

(1)	
(2)	
(3)	
(4)	
(5)	
(6)	

6 次の計算をしなさい。知

(1) $(4x-1)+(-2x+3)$　　(2) $(-a+4)-(5-a)$

(3) $6(x+5)-8(x-3)$　　(4) $\dfrac{1}{2}(4x-8)-\dfrac{2}{3}(9-6x)$

6　点/16点(各4点)

(1)	
(2)	
(3)	
(4)	

7 次の数量の関係を等式または不等式で表しなさい。考

(1) 一の位の数がx，十の位の数がyである2桁(けた)の自然数があります。一の位の数と十の位の数を入れかえた数は，もとの数より36大きくなります。

(2) 7 km離(はな)れた目的地に行くのに，はじめの45分は時速$x$kmで進みましたが，まだ，目的地までは，$y$km残っていました。

(3) 1個x円のケーキ4個と1個y円のケーキ3個を買うと，代金は2000円以下でした。

7　点/12点(各4点)

(1)	
(2)	
(3)	

8 1個a円のお菓子と1本b円のジュースがあります。このとき，次の式はどんな数量や関係を表していますか。考

(1) $1000-(3a+2b)$

(2) $4a+6b\leqq1500$

8　点/10点(各5点)

(1)	
(2)	

知　/78点	考　/22点

2章

教科書66～97ページ

解答▶▶ p.15

教科書のまとめ〈2章　文字と式〉

●文字を使った式の表し方

・文字を使った式では，乗法の記号×を省いて書く。

※$b\times a=ab$ のように，アルファベット順に並べて書くことが多い。

・文字と数との積では，数を文字の前に書く。

※$1\times a$ は a，$(-1)\times a$ は $-a$ と表す。

・同じ文字の積は，累乗（るいじょう）の指数を使って表す。

・商は，除法の記号÷は使わないで，分数の形で書く。

[注意] ＋，－の記号は，省くことができない。

●式の値

・式の中の文字を数に置きかえることを，文字に数を**代入する**という。

・代入して計算した結果を，その**式の値**（あたい）という。

(例) $x=-3$ のときの，$2x+1$ の値は，

x に -3 を代入して，

$$2x+1=2\times(-3)+1$$
$$=-5$$

●式の表す意味

x を1から9までの整数，y を0から9までの整数とすると，十の位の数が x，一の位の数が y である2桁（けた）の自然数は，$10x+y$ と表すことができる。

●項と係数

・式 $3x+1$ で，加法の記号＋で結ばれた $3x$ と1を，その式の**項**（こう）という。

・文字をふくむ項 $3x$ の3を x の**係数**という。

・文字を1つだけふくむ項を1次の項という。

●項をまとめて計算する

・文字の部分が同じ項は，分配法則 $ax+bx=(a+b)x$ を使って，1つの項にまとめることができる。

・文字をふくむ項と数の項が混じった式は，文字が同じ項どうし，数の項どうしを集めて，それぞれをまとめる。

(例) $8x+4-6x+1$

$=8x-6x+4+1$

$=(8-6)x+4+1$

$=2x+5$

●1次式の減法

ひく式の各項の符号（ふごう）を変えて，ひかれる式に加える。

●項が2つ以上の1次式に数をかける

・分配法則 $a(b+c)=ab+ac$ を使って計算する。

・かっこの前が－(マイナス)のとき，かっこをはずすと，かっこの各項の符号が変わる。

(例) $-(-a+1)=a-1$

●項が2つ以上の1次式を数でわる

分数の形にして，$\dfrac{b+c}{a}=\dfrac{b}{a}+\dfrac{c}{a}$ を使って計算するか，わる数の逆数をかければよい。

●かっこがある式の計算

分配法則を使って，かっこをはずし，項をまとめて計算する。

●数量の関係を表す式

等号を使って，数量の等しい関係を表した式を**等式**といい，不等号を使って，数量の大小関係を表した式を**不等式**という。

ぴたトレ 0 スタートアップ

3章　1次方程式

□速さ・道のり・時間　　← 小学5年

速さ，道のり，時間について，次の関係が成り立ちます。

速さ＝道のり÷時間

道のり＝速さ×時間

時間＝道のり÷速さ

□比の値（あたい）　　← 小学6年

a：b で表される比で，a が b の何倍になっているかを表す数を比の値といいます。

3章

1 次の速さや道のり，時間を求めなさい。　　← 小学5年〈速さ〉

(1)　400 m を 5 分で歩いた人の分速

(2)　時速 60 km の自動車が 1 時間 20 分で進む道のり

(3)　秒速 75 m の新幹線が 54 km 進むのにかかる時間

ヒント
単位をそろえて考えると……

2 次の比の値を求めなさい。　　← 小学6年〈比と比の値〉

(1)　2：5　　(2)　4：2.5　　(3)　$\frac{2}{3}$：$\frac{4}{5}$

ヒント
a：b の比の値は，a が b の何倍になっているかを考えて……

3 A さんのクラスは，男子が 17 人，女子が 19 人です。　　← 小学6年〈比と比の値〉

(1)　男子の人数と女子の人数の比を書きなさい。

(2)　クラス全体の人数と女子の人数の比を書きなさい。

ヒント
クラス全体の人数は，男子と女子の合計人数だから……

解答▶▶ p.17

ぴたトレ 1

要点チェック

3章 1次方程式

1節 方程式
① 方程式とその解／② 等式の性質

●方程式とその解

教科書 p.102〜103

□ **例題 1** 次の方程式(ほうていしき)のうち，その解(かい)が2であるものはどちらですか。 ▶▶1 2

㋐ $3x-1=5$ ㋑ $4x=x-6$

考え方 それぞれの方程式のxに2を代入して，左辺の値(あたい)と右辺の値が等しくなるかどうかを調べます。

答え ㋐ xに2を代入すると，

左辺$=3\times$ ① □ $-1=$ ② □

右辺$=5$

㋑ xに2を代入すると，

左辺$=4\times$ ③ □ $=8$

右辺$=$ ④ □ $-6=$ ⑤ □

左辺の値と右辺の値が等しくなるのは，

⑥ □ である。

プラスワン 方程式，解

方程式…xの値によって成り立ったり成り立たなかったりする等式。

解…方程式を成り立たせる文字の値。

方程式の解を求めることをその方程式を解(と)くといいます。

●等式の性質

教科書 p.104〜105

□ **例題 2** 等式の性質を使って，方程式$3x-7=5$を変形しなさい。 ▶▶3

考え方 等式の性質

1 $A=B$ ならば $A+C=B+C$

2 $A=B$ ならば $A-C=B-C$

3 $A=B$ ならば $AC=BC$

4 $A=B$ ならば $\dfrac{A}{C}=\dfrac{B}{C}$ ただし，$C\neq0$

「$C\neq0$」は「Cが0でないこと」を表しています。

答え

$3x-7=5$

$3x-7+$ ① □ $=5+$ ① □ 　等式の性質1を使う 両辺に7を加える

$3x=12$

$\dfrac{3x}{3}=\dfrac{12}{②\ \square}$ 　等式の性質4を使う 両辺を3でわる

$x=$ ③ □

等式では，「等式の両辺を入れかえても，等式は成り立つ」という性質もあります。

絶対理解 **1** 【方程式とその解】次の数のうち，方程式$6x-7=x+3$の解はどれですか。

□

教科書 p.103 たしかめ 2

㋐ $x=-2$　　㋑ $x=0$　　㋒ $x=2$

●キーポイント
xの値を代入して，左辺＝右辺となるかを調べます。

2 【方程式とその解】次の方程式のうち，その解が-3であるものはどれですか。すべて選

□ び，記号で答えなさい。

教科書 p.103 Q2

㋐ $4x+5=17$　　㋑ $-2x+7=13$

㋒ $-3x=6+x$　　㋓ $5x+8=2x-1$

●キーポイント
負の数を代入するときは，(　)をつけて計算します。

よくでる **3** 【等式の性質】次の方程式を，等式の性質を使って変形します。□にあてはまる数を書きなさい。

教科書 p.105 Q1

●キーポイント
方程式を，等式の性質を使って変形しても，その解は変わりません。

等式の性質

$A=B$ならば

1　$A+C=B+C$　　2　$A-C=B-C$

3　$AC=BC$　　4　$\dfrac{A}{C}=\dfrac{B}{C}\ (C\neq0)$

□(1)　$4x+3=19$
$4x+3-3=19-3$　等式の性質 2 を使って，両辺から ① □ をひく。

$4x=16$
$\dfrac{4x}{4}=\dfrac{16}{4}$　等式の性質 4 を使って，両辺を ② □ でわる。

$x=$ ③ □

□(2)　$\dfrac{1}{4}x=-3$
$\dfrac{1}{4}x\times4=-3\times4$　等式の性質 3 を使って，両辺に ① □ をかける。

$x=$ ② □

例題の答え **1** ①2　②5　③2　④2　⑤−4　⑥㋐　**2** ①7　②3　③4

解答▶▶ p.17

2節　1次方程式の解き方
①　等式の性質を使った方程式の解き方／②　1次方程式の解き方

●等式の性質を使った解き方

教科書 p.106～107

□ 例題 1　次の方程式を解きなさい。　▶▶1

(1)　$x-6=3$　　(2)　$x+4=7$

(3)　$\frac{1}{5}x=-4$　　(4)　$6x=42$

考え方　等式の性質を使って，$x=\square$の形に変形します。

答え

(1)　$x-6=3$

両辺に6をたすと，

$x-6+6=3+$ ①□

$x=$ ②□

(2)　$x+4=7$

両辺から4をひくと，

$x+4-$ ③□ $=7-4$

$x=$ ④□

(3)　$\frac{1}{5}x=-4$

両辺に5をかけると，

$\frac{1}{5}x\times5=(-4)\times$ ⑤□

$x=$ ⑥□

(4)　$6x=42$

両辺を6でわると，

$\frac{6x}{⑦\square}=\frac{42}{⑦\square}$

$x=$ ⑧□

(3)や(4)は，左辺のxの係数を1にすると考えます。

●移項の考えを使った解き方

教科書 p.108～109

□ 例題 2　方程式$3x-25=-2x$を解きなさい。　▶▶2

考え方　文字の項(こう)や数の項を移項(いこう)して，左辺をxをふくむ項だけ，右辺を数の項だけにします。

答え

$3x-25=-2x$

$3x+2x=$ ①□

$5x=25$

$x=$ ②□

❶　文字xをふくむ項はすべて左辺に，数だけの項はすべて右辺に移項する
❷　両辺を計算して，$ax=b$の形にする
❸　両辺をxの係数でわる

左辺の-25と右辺の$-2x$を移項

ここがポイント

プラスワン　移項

等式の一方の辺にある項を，その符号(ふごう)を変えて他方の辺に移すことを**移項する**といいます。

$x-3=-2x+6$
$x+2x=6+3$

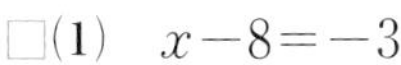

1 【等式の性質を使った解き方】等式の性質を使って，次の方程式を解きなさい。

教科書 p.106 例1，p.107 例3，Q3

□(1)　$x-8=-3$　　□(2)　$x+6=4$

●キーポイント
(5)と(6)は，等式の変形を2回ずつ使って解きます。

□(3)　$\dfrac{x}{3}=4$　　□(4)　$-2x=14$

□(5)　$8x-9=7$　　□(6)　$-7x+13=-8$

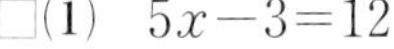

2 【移項の考えを使った解き方】次の方程式を解きなさい。

教科書 p.108 例2，p.109 例3

□(1)　$5x-3=12$　　□(2)　$8x=2x+12$

●キーポイント
移項して，左辺を文字をふくむ項だけ，右辺を数の項だけにします。
移項するときは，項の符号が変わります。

□(3)　$5x-9=2x$　　□(4)　$4-3x=-2x$

□(5)　$3x+5=x+3$　　□(6)　$8-12x=-7x+8$

例題の答え　**1** ①6　②9　③4　④3　⑤5　⑥−20　⑦6　⑧7　**2** ①25　②5

ぴたトレ 1 要点チェック

3章　1次方程式

2節　1次方程式の解き方
③　いろいろな1次方程式の解き方

●かっこがある1次方程式

教科書 p.110

□ 例題 1　方程式 $4x-15=-3(x-2)$ を解きなさい。 ▶▶1

考え方　かっこをはずしてから解きます。

答え

$4x-15=-3(x-2)$

$4x-15=-3x+$ ①

$4x+3x=6+15$

$7x=21$

$x=$ ②

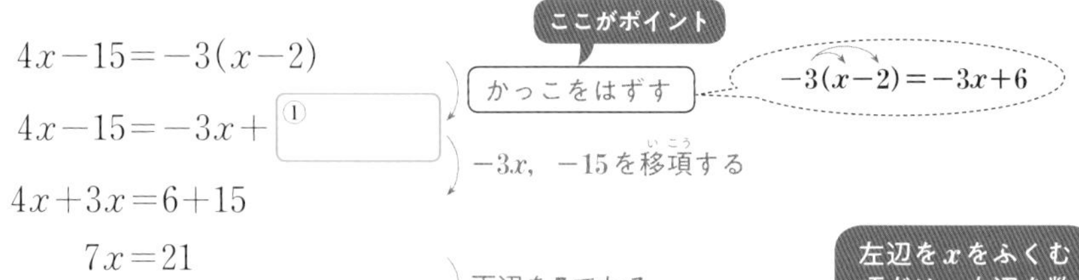
ここがポイント
かっこをはずす
$-3(x-2)=-3x+6$
$-3x$，-15 を移項する
両辺を7でわる

左辺を x をふくむ項だけ，右辺を数の項だけにします。

●小数がある1次方程式

教科書 p.110〜111

□ 例題 2　方程式 $1.8x=0.4x-4.2$ を解きなさい。 ▶▶2

考え方　両辺に10や100などをかけて，係数を整数になおしてから解きます。

答え

$1.8x=0.4x-4.2$

$1.8x\times10=(0.4x-4.2)\times$ ①　　両辺に10をかけて，係数を整数にする（ここがポイント）

$18x=4x-42$　　かっこをはずす

$18x-4x=-42$　　$4x$ を移項する

$14x=-42$

$x=$ ②　　両辺を14でわる

●分数がある1次方程式

教科書 p.111〜112

□ 例題 3　方程式 $\frac{2}{3}x-2=\frac{1}{2}x$ を解きなさい。 ▶▶3

考え方　両辺に分母の最小公倍数をかけて，係数を整数になおしてから解きます。

答え

$\frac{2}{3}x-2=\frac{1}{2}x$

$\left(\frac{2}{3}x-2\right)\times6=\frac{1}{2}x\times$ ①　　両辺に3と2の最小公倍数の6をかけて，係数を整数にする（ここがポイント）

$4x-12=3x$　　かっこをはずす

$4x-3x=12$　　$3x$，-12 を移項する

$x=$ ②

絶対理解 **1** 【かっこがある1次方程式】次の方程式を解きなさい。

□(1) $7x+4=4(x-5)$　□(2) $x-2(2x-7)=5$

□(3) $2(4x-5)=7(x-1)$　□(4) $-(2x+1)=3(x+3)$

教科書 p.110 たしかめ 1

●キーポイント
かっこをはずす。
▼
移項して，文字の項どうし，数の項どうしを集める。
▼
$ax=b$の形にする。
▼
両辺をxの係数でわる。

2 【小数がある1次方程式】次の方程式を解きなさい。

□(1) $1.6x=0.8x-1.6$　□(2) $0.04x+0.48=0.2x$

教科書 p.111 たしかめ 2

●キーポイント
両辺に10や100などをかけて，係数を整数になおします。
(2) 100をかけます。

よく出る **3** 【分数がある1次方程式】次の方程式を解きなさい。

□(1) $\frac{x}{4}+1=\frac{1}{2}$　□(2) $\frac{1}{2}x-3=\frac{2}{3}x+2$

□(3) $\frac{x-2}{3}=\frac{x}{6}+2$　□(4) $\frac{2x+1}{3}=\frac{3x-1}{4}$

教科書 p.111 たしかめ 3, p.112 例題 4

●キーポイント
分母の最小公倍数を両辺にかけて，係数を整数になおします。
(3)は，両辺に6をかけると，左辺は
$\frac{x-2}{\cancel{3}_1}\times\cancel{6}^2=(x-2)\times 2$
になります。

例題の答え **1** ①6 ②3 **2** ①10 ②−3 **3** ①6 ②12

解答▶▶ p.17

ぴたトレ 1
要点チェック

3章 1次方程式

2節 1次方程式の解き方
④ 比例式とその解き方

●比の値を使った比例式の解き方

教科書 p.113

例題 1

比例式(ひれいしき)$x:7=6:14$を解きなさい。 ▶▶1 2

考え方 $a:b$の比の値(あたい)$\frac{a}{b}$と，$c:d$の比の値$\frac{c}{d}$とが等しいことを使います。

答え

$x:7=6:14$

$\frac{x}{7}=$ ①

$2x=6$

$x=$ ②

比例式
$a:b=c:d \leftrightarrow \frac{a}{b}=\frac{c}{d}$

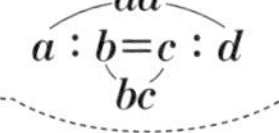

●比の性質を使った比例式の解き方

教科書 p.114

例題 2

比の性質を使って，次の比例式を解きなさい。 ▶▶3

(1) $12:3=8:x$　　(2) $2:5=16:(x-5)$

考え方 比例式の性質
$a:b=c:d$ ならば $ad=bc$
を使って方程式にします。

(ad / $a:b=c:d$ / bc)

答え

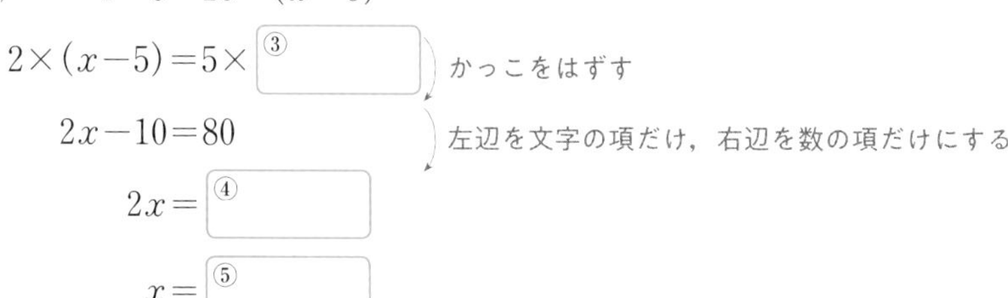

(1) $12:3=8:x$

$12\times x=3\times$ ① 　← $a:b=c:d$ ならば $ad=bc$

$12x=24$

$x=$ ②

(2) $2:5=16:(x-5)$

$2\times(x-5)=5\times$ ③ 　← かっこをはずす

$2x-10=80$ 　← 左辺を文字の項だけ，右辺を数の項だけにする

$2x=$ ④

$x=$ ⑤

かっこがある比例式でも，
比の性質を使って解きます。

1 【比の値と比例式】次の比で，比の値が等しいものを見つけて，比例式で表しなさい。

□ 教科書 p.113 活動 1

㋐ $3:9$　㋑ $7:6$　㋒ $20:45$

㋓ $6:7$　㋔ $4:9$　㋕ $12:36$

●キーポイント
$a:b$で表された比の値は，$\frac{a}{b}$です。

2 【比の値を使った比例式の解き方】比の値を使って，次の比例式を解きなさい。

教科書 p.113 Q1

□(1) $x:6=4:3$　□(2) $5:2=x:10$

□(3) $20:8=x:12$　□(4) $x:15=7:3$

3章

教科書113～114ページ

絶対理解 **3** 【比の性質を使った比例式の解き方】比の性質を使って，次の比例式を解きなさい。

教科書 p.114 Q2

□(1) $4:7=16:x$　□(2) $x:36=5:6$

●キーポイント
$a:b=c:d$ならば
$ad=bc$を使って，
方程式の形にします。
(5)$(25+x)$は，1つのまとまりと考えます。

□(3) $5.6:x=4:5$　□(4) $5:3=x:2.7$

□(5) $3:8=x:(25+x)$　□(6) $(x-1):(x+2)=3:4$

例題の答え **1** ① $\frac{6}{14}$　② 3　**2** ① 8　② 2　③ 16　④ 90　⑤ 45

解答▶▶ p.18

1節　方程式　①, ②
2節　1次方程式の解き方　①～④

1 次の方程式のうち，その解が-5であるものをすべて選び，記号で答えなさい。

□

㋐ $a+3=-8$	㋑ $2a=a-5$	㋒ $3x+10=-x$
㋓ $\frac{x}{10}=-x+5$	㋔ $0.2m+6=-m$	㋕ $\frac{y}{2}-y=-\frac{5}{2}$

2 次の方程式を解く手順で，①，②の部分は右の等式の性質ア～エのどれを使っていますか。記号で答えなさい。

□(1) $6x+2=20$
　　$6x=18$ ①
　　$x=3$ ②

□(2) $\frac{x-3}{5}=-2$
　　$x-3=-10$ ①
　　$x=-7$ ②

$A=B$ならば
- ア　$A+C=B+C$
- イ　$A-C=B-C$
- ウ　$AC=BC$
- エ　$\frac{A}{C}=\frac{B}{C}\ (C\neq 0)$

3 -1，0，1のうち，次の方程式の解はどれか答えなさい。

□(1) $6x-6=0$　　□(2) $3(x-1)-9=-9$　　□(3) $2x+1=-1$

□(4) $3x-7=-4$　　□(5) $8x=13-5x$　　□(6) $0.6x-7=\frac{4}{5}x-7$

4 次の方程式を解きなさい。

□(1) $x+6=2$　　□(2) $x-9=-5$　　□(3) $-a+3=10$

□(4) $-8+y=-2$　　□(5) $x-\frac{2}{3}=\frac{1}{4}$　　□(6) $0.9-b=7.1$

ヒント
1 方程式に解-5を代入して，(左辺)=(右辺)となるかどうかを確かめます。
4 等式の性質を利用したり，移項したりして解きます。符号に注意します。

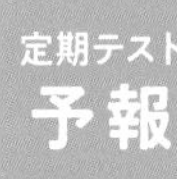

定期テスト 予報

●方程式を解く問題は，よく出題されるよ。
方程式を解くときの移項(いこう)のミスが多いよ。移項したら，符号(ふごう)を変えることを忘れないように。
また，係数に小数，分数があるときは，整数になおしてから解こう。

よく出る **5** 次の方程式を解きなさい。

□(1) $2x+1=5$　□(2) $2x-6=3x-1$　□(3) $-2a=9+a$

□(4) $m+3=7-m$　□(5) $4x+5=20-x$　□(6) $a+3=9a+5$

3章

教科書102～114ページ

よく出る **6** 次の方程式を解きなさい。

□(1) $3(x-3)+1=x$　□(2) $1-a=3(a-5)$

□(3) $3(4x+5)=7x$　□(4) $8-3(2y-1)=2-3y$

□(5) $0.07x-0.4=0.2x-3$　□(6) $a+0.08=0.6(1.2a-5)$

□(7) $\frac{x}{2}-3=\frac{x}{6}+2$　□(8) $\frac{a}{3}=4-\frac{20-a}{7}$

7 次の比例式を解きなさい。

□(1) $9:7=x:28$　□(2) $(x+1):21=6:7$　□(3) $7:5=8.4:x$

ヒント

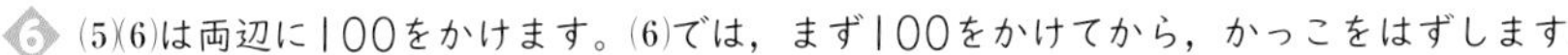

6 (5)(6)は両辺に100をかけます。(6)では，まず100をかけてから，かっこをはずします。

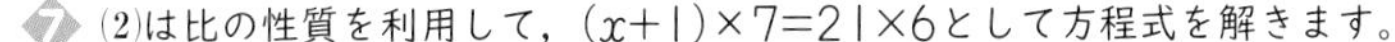

7 (2)は比の性質を利用して，$(x+1)\times7=21\times6$として方程式を解きます。

解答▶▶ p.19

3章 1次方程式

3節 1次方程式の利用
①／②／③／④

●代金の問題

教科書 p.116

□ 220円のジュース1本と，お菓子を4個買って1000円を出したら，おつりが460円になりました。お菓子1個の値段を求めなさい。 ▶▶1 2 4

考え方 お菓子1個の値段をx円として，等しい関係にある数量を見つけます。

答え お菓子1個の値段をx円とすると，

$1000-(220+4x)=$ ①____

$1000-220-4x=460$

$-4x=460-780$

$-4x=-320$

$x=$ ②____

お菓子1個の値段を80円とすると，
代金の合計は ③____ 円で，
1000円を出したときのおつりは460円になる。したがって，80円は問題の答えとしてよい。 答 80円

❶ わかっている数量と求める数量を明らかにし，何をxにするかを決める
❷ 等しい関係にある数量を見つけて，方程式をつくる
(出したお金)−(代金)=(おつり)
❸ 方程式を解く
❹ 方程式の解を問題の答えとしてよいかどうかを確かめ，答えを決める

ここがポイント

●速さの問題

教科書 p.118

□ 弟は，家を出発して900m離(はな)れた図書館に向かいました。その9分後に，兄が弟を自転車で追いかけました。弟の歩く速さを分速60m，兄の自転車の速さを分速240mとすると，兄は家を出発してから何分後に弟に追いつきますか。 ▶▶3

考え方 兄が弟に追いつくまでの時間をx分として，図や表に整理します。

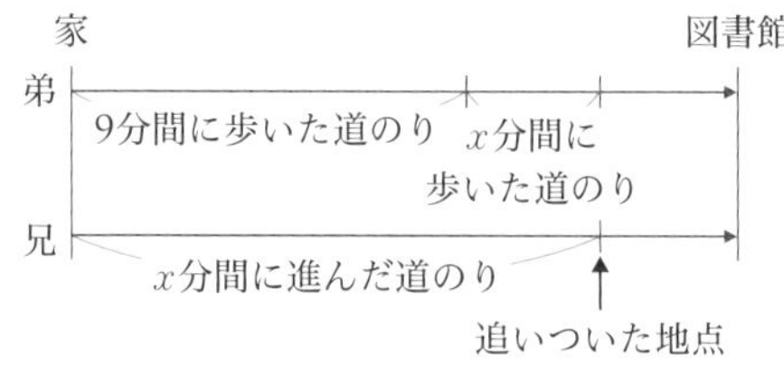

	弟	兄
道のり (m)	$60(9+x)$	$240x$
速さ (m/min)	60	240
時間 (min)	$9+x$	x

答え 兄が弟に追いつくまでの時間をx分とすると，

$60(9+x)=$ ①____

これを解くと，$x=$ ②____

弟が進んだ道のりと兄が進んだ道のりが等しいことから方程式をつくります。

追いつくまでの時間 ②____ 分は，問題の答えとしてよい。 答 ②____ 分

1 【代金の問題】兄は800円，弟は500円を持って，お菓子を買いに出かけました。同じ値段のお菓子を兄は2個，弟は1個買ったところ，兄の残金と弟の残金が等しくなりました。お菓子1個の値段を求めなさい。

教科書 p.116 活動 1

●キーポイント
等しい関係にある数量は，兄と弟の残金です。

2 【過不足の問題】何人かの子どもにあめを配ります。あめを1人に4個ずつ配ると40個たりなくなり，3個ずつ配ると45個余ります。子どもの人数を求めなさい。

教科書 p.117 活動 2

□(1) 子どもの人数をx人として，あめの個数を2通りの式で表します。□にあてはまる数や式を書きなさい。

4個ずつ配るとき　$4x-$ ①□（個）

3個ずつ配るとき　②□（個）

●キーポイント
等しい関係にある数量は，あめの個数です。

□(2) 方程式をつくって，子どもの人数を求めなさい。

3 【速さの問題】地点P，Q間を，行きは時速60kmの自動車で，帰りは時速40kmの自動車で往復したら，帰りは行きより2時間多くかかりました。地点P，Q間の道のりを求めなさい。

教科書 p.118 活動 1

●キーポイント
等しい関係にある数量は，行きと帰りにかかった時間の差が2時間であることです。

4 【解の意味】現在姉は23歳（さい），弟は17歳です。姉の年齢（ねんれい）が弟の年齢の3倍になるのはいつですか。

教科書 p.119 活動 1

□(1) 今からx年後に3倍になるとして，方程式をつくりなさい。

□(2) (1)の方程式を解いて，答えを求めなさい。

●キーポイント
等しい関係にある数量は，x年後の姉の年齢と弟の年齢の3倍です。

例題の答え **1** ①460　②80　③540　**2** ①$240x$　②3

解答▶▶ p.21

3節 1次方程式の利用 ①~④

1 ある数に6をかけて12を加えると48になります。

□(1) ある数をxとして方程式をつくりなさい。

□(2) (1)の方程式を解いて，ある数を求めなさい。

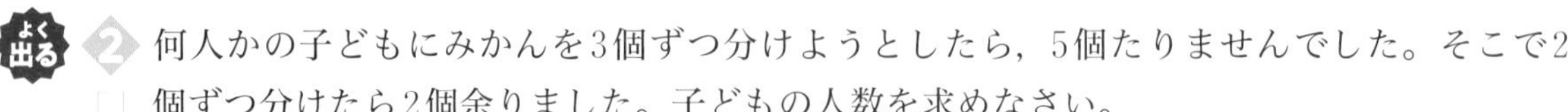

よく出る **2** 何人かの子どもにみかんを3個ずつ分けようとしたら，5個たりませんでした。そこで2個ずつ分けたら2個余りました。子どもの人数を求めなさい。

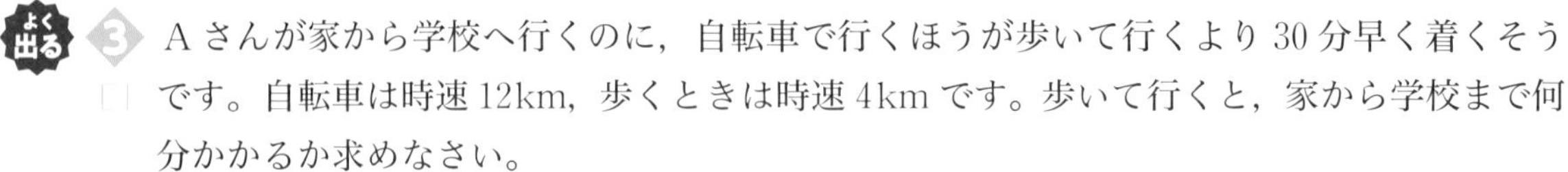

よく出る **3** Aさんが家から学校へ行くのに，自転車で行くほうが歩いて行くより30分早く着くそうです。自転車は時速12km，歩くときは時速4kmです。歩いて行くと，家から学校まで何分かかるか求めなさい。

4 20km離(はな)れたP，Q両地点があり，AさんはP地点を時速4kmの速さでQ地点に向かって出発します。BさんはAさんが出発して2時間後にQ地点を出発し，時速5kmの速さでP地点に向かいます。2人はBさんが出発してから何時間何分後に出会うことになりますか。

ヒント **3** 家から学校までの道のりを$x$kmとして，時間の関係から方程式をつくります。
4 Aさんの進んだ道のりとBさんの進んだ道のりの合計が20kmになります。

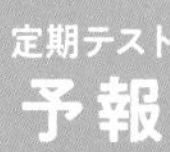

定期テスト予報

●方程式の文章題の式のつくり方を理解しよう。
方程式の文章題では，代金と個数の問題，速さの問題がよく出題されるよ。何をxにするかをよく考え，文章をよく読んで何と何を「=」で結ぶか図などに表すといいよ。

5 バナナ8本と120円のオレンジ1個を買ったときの代金は，同じバナナ1本と150円のりんご1個を買ったときの代金の2倍になりました。このバナナ1本の値段を求めなさい。

6 ある中学校の全生徒数は578人で，1年生の生徒数は，2年生よりも8人少なく，3年生の生徒数は2年生よりも13人多いそうです。2年生の生徒数を求めなさい。

7 ある商品に仕入れ値の3割の利益を見込んで定価をつけました。売るときには定価の2割引きで売って18円の利益を得ました。この商品の仕入れ値を求めなさい。

8 110円のプリンを4個と240円のケーキを何個か買って，代金がちょうど1500円になるようにしたいと思います。このような買い方はできますか。

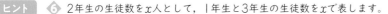

ヒント 6 2年生の生徒数をx人として，1年生と3年生の生徒数をxで表します。
7 仕入れ値をx円とすると，定価は$1.3x$(円)と表されます。

解答▶▶ p.21

ぴたトレ
3
確認テスト

3章　1次方程式

1 次の方程式のうち，その解が2であるものをすべて選び，記号で答えなさい。知

㋐ $2x-4=0$	㋑ $5m=-3m-4$
㋒ $8=-7y-20$	㋓ $\frac{4}{m}=2$
㋔ $\frac{a}{4}+1=a+\frac{1}{4}$	㋕ $b+2=\frac{b}{2}+3$

2 次の方程式を解きなさい。知

(1) $-3x=6$　　(2) $2x-6=3x+1$

(3) $7m-10=3m-6$　　(4) $-3y+6=12-9y$

(5) $6x-2(x-2)=16$　　(6) $8x-5=3(4x+1)$

3 次の方程式を解きなさい。知

(1) $1.2x=0.7x-3.5$　　(2) $0.2x-7=3.2x-8$

点UP (3) $x-1.5=0.25x-3$　　(4) $\frac{2x-1}{3}=5$

(5) $\frac{3}{4}a+\frac{2}{3}=a-\frac{4}{3}$　　(6) $\frac{x}{2}-\frac{3}{4}=\frac{3x-1}{4}$

4 次の比例式を解きなさい。知

(1) $x:63=2:7$

(2) $(2x+1):(x+3)=5:3$

1	点/5点

2	点/30点(各5点)
(1)	
(2)	
(3)	
(4)	
(5)	
(6)	

3	点/30点(各5点)
(1)	
(2)	
(3)	
(4)	
(5)	
(6)	

4	点/10点(各5点)
(1)	
(2)	

成績評価の観点　知…数量や図形などについての知識・技能　考…数学的な思考・判断・表現

5 xについての方程式$\frac{x+a}{2}=ax+7$の解が2であるとき，aの値(あたい)を求めなさい。考

5 点/5点

6 横が縦より4cm長く，周の長さが68cmの長方形があります。この長方形の縦と横の長さをそれぞれ求めなさい。考

6 点/5点(完答)

縦

横

7 何人かの子どもに鉛筆(えんぴつ)を6本ずつ分けようとしたら，7本たりませんでした。そこで4本ずつ分けると5本余りました。子どもの人数を求めなさい。考

7 点/5点

8 ある品物に2割の利益を見込(こ)んで定価をつけましたが，売れないので定価の2割引きで売ったら400円の損失になりました。この品物はいくらで仕入れたか求めなさい。考

8 点/5点

点UP **9** ある人は，車で時速30kmで走って約束の時刻ちょうどに目的地に着く予定でしたが，30分出発するのが遅れたので，時速45kmで走りました。目的地に着いたのは約束の時刻の5分前でした。この目的地までの道のりを求めなさい。考

9 点/5点

知 /75点	考 /25点

解答▶▶ p.22

教科書のまとめ〈3章　1次方程式〉

●方程式

・等式 $4x+2=14$ のように，x の値(あたい)によって成り立ったり成り立たなかったりする等式を，x についての**方程式**という。

・方程式を成り立たせる文字の値を，その方程式の**解**という。

・方程式の解を求めることを，その方程式を**解く**という。

●等式の性質

1　等式の両辺に同じ数や式を加えても，等式は成り立つ。

$A=B$　ならば　$A+C=B+C$

2　等式の両辺から同じ数や式をひいても，等式は成り立つ。

$A=B$　ならば　$A-C=B-C$

3　等式の両辺に同じ数をかけても，等式は成り立つ。

$A=B$　ならば　$AC=BC$

4　等式の両辺を同じ数でわっても，等式は成り立つ。

$A=B$　ならば　$\frac{A}{C}=\frac{B}{C}$　$(C\neq 0)$

●移項

等式の一方の辺にある項(こう)を，その符号(ふごう)を変えて他方の辺に移すことを**移項**(いこう)するという。

(例)　$3x-4=2x+1$

$2x$，-4 を移項すると，

$3x-2x=1+4$

$x=5$

●かっこがある方程式の解き方

分配法則 $a(b+c)=ab+ac$ を使って，かっこをはずしてから解く。

[注意]　かっこをはずすとき，符号に注意。

●係数に小数がある方程式の解き方

両辺に 10 や 100 などをかけて，係数を整数になおしてから解く。

●係数に分数がある方程式の解き方

・両辺に分母の最小公倍数をかけて，係数を整数になおしてから解く。

・方程式の両辺に分母の最小公倍数をかけて，係数を整数になおすことを，**分母をはらう**という。

●1次方程式を解く手順

❶　係数に小数や分数があるときは，両辺に適当な数をかけて整数にする。かっこがあればはずす。

❷　移項して，一方の辺を文字がある項だけ，他方の辺を数の項だけにする。

❸　両辺を計算して，$ax=b$ の形にする。

❹　両辺を x の係数 a でわる。

●比例式の性質

$a:b=c:d$ ならば $ad=bc$

(例)　$x:18=2:3$

比例式の性質を使って，

$x\times 3=18\times 2$

$x=12$

●方程式を使って問題を解く手順

❶　わかっている数量と求める数量を明らかにし，何を x にするかを決める。

❷　等しい関係にある数量を見つけて，方程式をつくる。

❸　方程式を解く。

❹　方程式の解を問題の答えとしてよいかどうかを確かめ，答えを決める。

ぴたトレ
0
スタートアップ

4章　量の変化と比例，反比例

□比例　◀小学6年

ともなって変わる2つの量 x，y があります。x の値(あたい)が2倍，3倍，4倍，…になると，y の値も2倍，3倍，4倍，…になります。

関係を表す式は，y=決まった数×x になります。

□反比例　◀小学6年

ともなって変わる2つの量 x，y があります。x の値が2倍，3倍，4倍，…になると，y の値は $\frac{1}{2}$ 倍，$\frac{1}{3}$ 倍，$\frac{1}{4}$ 倍，…になります。

関係を表す式は，y=決まった数÷x になります。

1 次の x と y の関係を式に表し，比例するものには○，反比例するものには△をつけなさい。　◀小学6年〈比例と反比例〉

(1)　1000円持っていて，x 円を使ったときの残っているお金が y 円

(2)　分速 90 m で x 分歩いたときの道のりが y m

(3)　面積 100cm^2 の長方形の縦の長さが $x$cm，横の長さが $y$cm

ヒント
一方を何倍かすると，
他方は……

2 下の表は，高さが 6 cm の三角形の底辺を x cm，その面積を y cm^2 として，面積が底辺に比例するようすを表したものです。表のあいているところにあてはまる数を書きなさい。　◀小学6年〈比例〉

x(cm)	1		3	4	5		7	
y(cm^2)		6		12		18		

ヒント
決まった数を求めて
……

3 下の表は，面積が決まっている平行四辺形の高さ y cm が底辺 x cm に反比例するようすを表したものです。表のあいているところにあてはまる数を書きなさい。　◀小学6年〈反比例〉

x(cm)	1	2	3		5	6	
y(cm)			16	12			

ヒント
決まった数を求めて
……

4章

解答▶▶ p.24

●関数

教科書 p.126〜127

例題 1 次の(1)，(2)で，y は x の関数であるといえますか。 ▸▸1

(1) 1個90円のクッキーを x 個買うときの代金が y 円

(2) 周の長さが $x$cm の長方形の横の長さが $y$cm

考え方 x の値を決めると，y の値がただ1つに決まるとき，y は x の関数であるといえます。

答え (1) クッキーの個数を決めると，代金が1つに決まる。

だから，y は x の関数と ① ［　　　　］。

(2) 周の長さを決めても，横の長さは1つに決まらない。

だから，y は x の関数と ② ［　　　　］。

いろいろな値をとる文字を変数といいます。

●変域

教科書 p.128〜129

例題 2 x の変域が -3 以上2以下のとき，この変域を，不等号を使って表しなさい。 ▸▸2 3

−3　−2　−1　0　1　2　3

考え方 変数 x の変域は，不等号 <，>，≦，≧ や数直線を使って表します。

答え -3 ① ［　　］ x ② ［　　］ 2

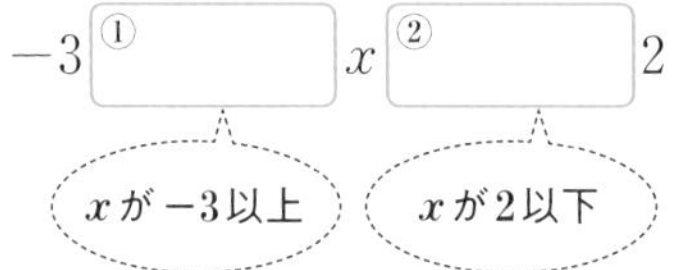

プラスワン　変域

変数のとりうる値の範囲を，その変数の変域といいます。

●比例と比例定数

教科書 p.130〜133

例題 3 1個120円のなしを x 個買ったときの代金を y 円とします。 ▸▸4 5

(1) y を x の式で表しなさい。

(2) y が x に比例するかどうかを調べ，比例する場合には，比例定数を答えなさい。

考え方 (2) $y=ax$ という式で表されるとき，y は x に比例するといいます。
だから，$y=ax$ という式で表されるかどうかを調べます。

答え (1) (代金) y ＝ (1個の値段) 120 × (個数) x だから，$y=$ ① ［　　］

(2) $y=120x$ という式で表されるから，

y は x に比例 ② ［　　］。

y が x に比例する ⇔ $y=ax$　ここがポイント

比例定数は ③ ［　　］

$y=\boxed{a}x$
$y=\boxed{120}x$

プラスワン　比例定数

$y=ax$ の文字 a を，比例定数といいます。

絶対理解 **1** 【関数】次の㋐〜㋒で，y が x の関数であるといえるものをすべて選び，記号で答えなさい。

教科書 p.127 例 2，Q4

□

㋐ 20cmのろうそくが $x$cm燃えたときの残りの長さが $y$cm
㋑ 体重が $x$kgの人の身長が $y$cm
㋒ 1辺の長さが $x$cmの正三角形の周の長さが $y$cm

●キーポイント
xの値を決めると，yの値がただ1つに決まるものを選びます。

2 【変域】x の変域が -2 より大きく6より小さいとき，その変域を，不等号を使って表しなさい。また，その変域を数直線上に表しなさい。

教科書 p.129 例 2，Q1

□

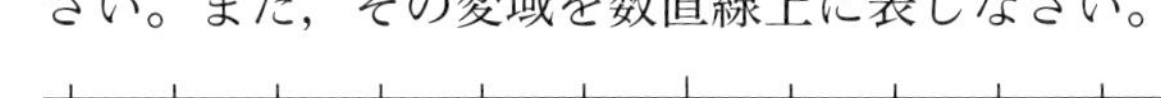

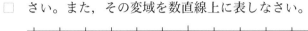

●キーポイント
数直線上の○は，その数をふくまないことを表します。

3 【変域】8 Lの水を x L使ったときの残りの量を y Lとするとき，x，y の変域を不等号を使ってそれぞれ表しなさい。

教科書 p.128 活動1，p.129 Q1

□

●キーポイント
水を使わないときは，$x=0$となります。

よく出る **4** **【比例と比例定数】次の(1)，(2)について，yをxの式で表しなさい。また，yがxに比例するものには○，比例しないものには×を書き，比例する場合には比例定数を書きなさい。**

教科書 p.131 Q3

□(1) 時速40kmで走る自動車が，x 時間に進む道のりが $y$km

□(2) 長さ6mの針金から xm切り取った残りの長さが ym

5 **【比例の式と表】関数$y=-3x$について，次の(1)，(2)に答えなさい。**

教科書 p.132 活動 1

□(1) 下の表の□をうめて，x と y の関係をまとめなさい。

x	……	-2	-1	0	1	2	……
y	……	6	①	0	-3	②	……

□(2) $x \neq 0$のとき，対応する x と y の商 $\frac{y}{x}$ の値を求めなさい。

例題の答え **1** ①いえる ②いえない **2** ①≦ ②≦ **3** ①$120x$ ②する ③120

4章 教科書126〜133ページ

解答▶▶ p.24

2節 比例
③ 座標／④ 比例のグラフ―(1)

●座標

教科書 p.134〜135

例題 1 右の図の点A，B，C，Dの座標(ざひょう)を書きなさい。 ▶▶1 2

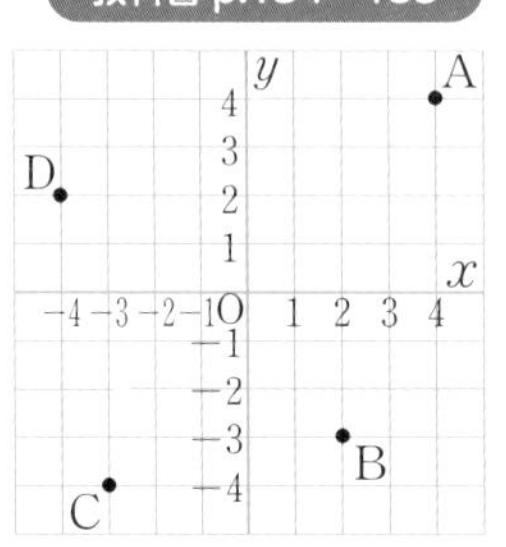

考え方 座標は，(x座標，y座標)と表します。

答え 点Aの座標は(①　，②　)

点Bの座標は(③　，④　)

点Cの座標は(⑤　，⑥　)

点Dの座標は(⑦　，⑧　)

プラスワン　座標

右の図の点Pは，x軸(じく)上の -2 と y 軸上の2を組み合わせて $(-2,\ 2)$ と表します。これを点Pの座標，-2 を点Pの x 座標，2を点Pの y 座標といいます。

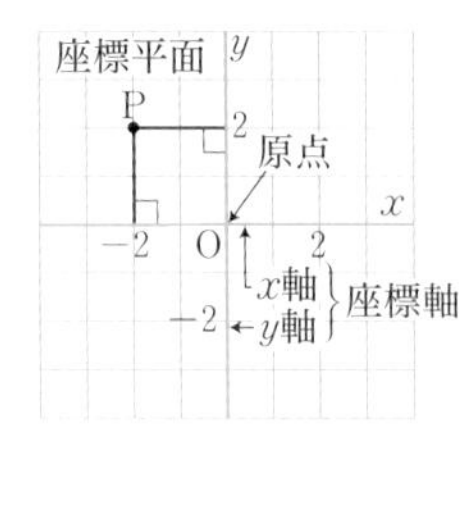

座標が(4, 4)である点Aを
A(4, 4)と表します。

● $y=ax$ のグラフ

教科書 p.136〜139

例題 2 $y=-3x$ で，xの値(あたい)が1増加すると，対応するyの値はどのように変化しますか。 ▶▶3

x	……	-3	-2	-1	0	1	2	3	……
y	……	9	6	3	0	-3	-6	-9	……

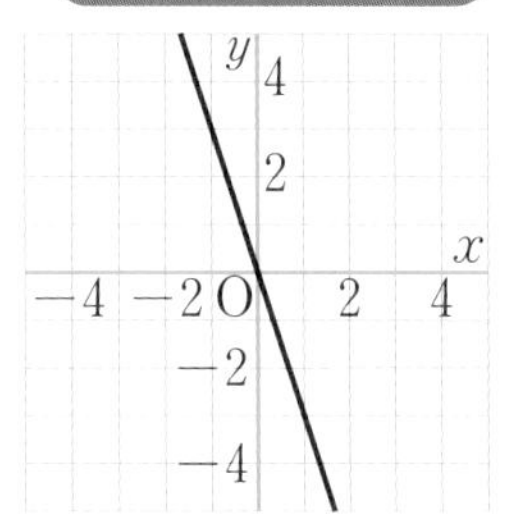

考え方 表やグラフを見て，yの値の変化を考えます。

答え xの値が1増加すると，対応するyの値は　　減少する。

変化は「増加する」と
「減少する」があります。

プラスワン　$y=ax$ のグラフ

原点を通る直線です。

1 $a>0$ のとき　　2 $a<0$ のとき

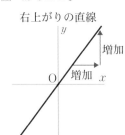

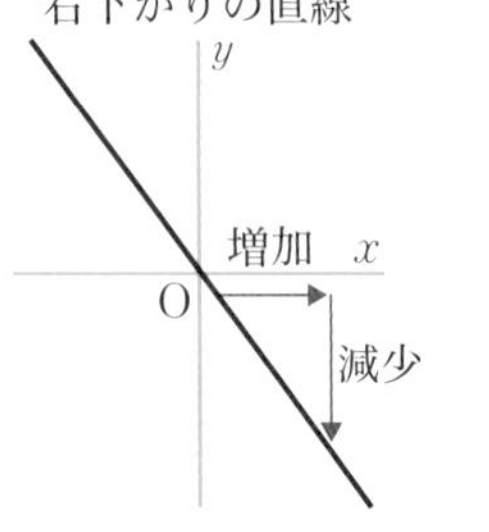

絶対理解 **1** 【座標】下の図の点A，B，C，D，Eの座標を，それぞれ書きなさい。 教科書 p.135 Q1

□

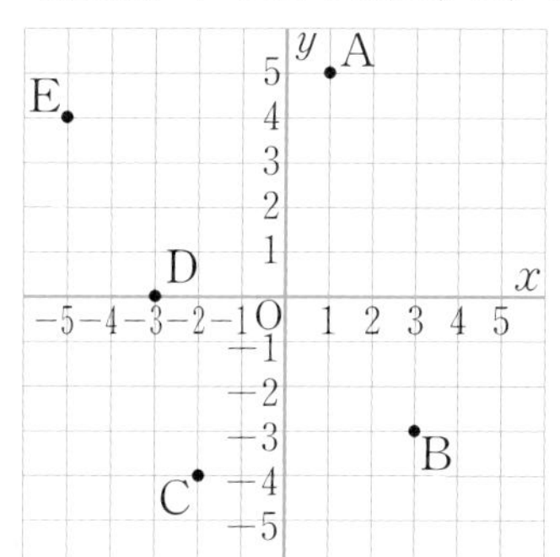

●キーポイント
座標は，x座標，y座標の順に書きます。
逆に書かないように注意しましょう。

2 【座標】次の点の位置を，右の座標平面上に示しなさい。

□ 教科書 p.135 Q2

F(3，3)　　G(−2，5)
H(5，0)　　I(0，−4)

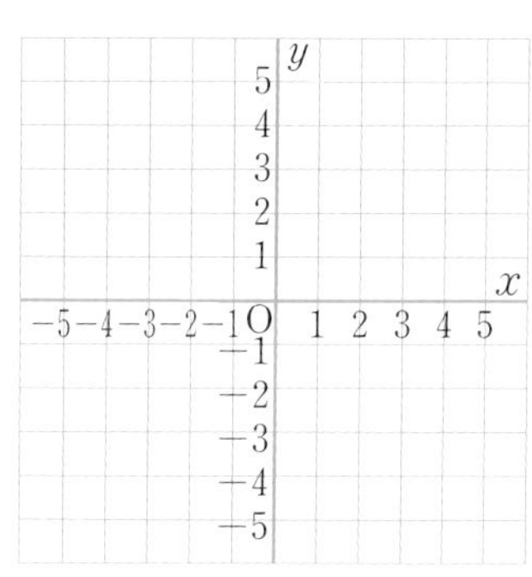

絶対理解 **3** 【$y=ax$のグラフ】$y=3x$について，次の(1)，(2)に答えなさい。 教科書 p.137 Q1

□(1) 下の表の□をうめて，xとyの関係をまとめなさい。

x	……	−2	−1	0	1	2	……
y	……	−6	①	0	3	②	……

□(2) グラフを右の図にかきなさい。

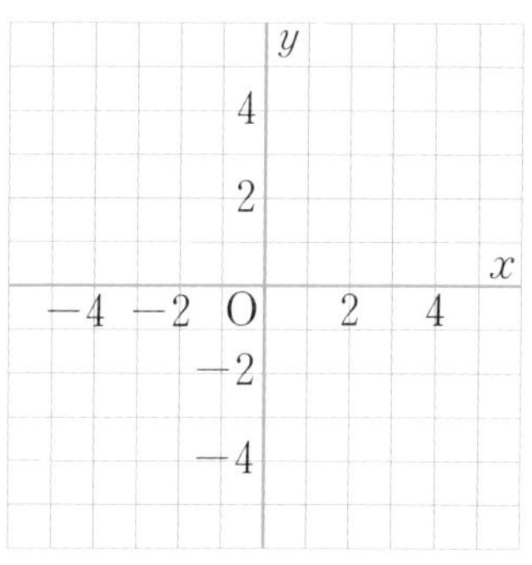

●キーポイント
(2)のグラフは，(1)の表のxとyの値の組を座標とする点をとって，その点を通る直線をひきます。

4章

教科書134～139ページ

例題の答え **1** ①4 ②4 ③2 ④−3 ⑤−3 ⑥−4 ⑦−4 ⑧2 **2** 3

解答▶▶ p.24

4章　量の変化と比例，反比例

2節　比例
④　比例のグラフ―(2)／⑤　比例の式の求め方

●比例のグラフのかき方

教科書 p.140〜141

□ 例題 1　$y=3x$ のグラフのかき方を説明しなさい。 ▸▸1

考え方　原点とそれ以外の1つの点を決めて直線をひきます。

答え　$x=1$ のとき，$y=$ □ だから，$y=3x$ のグラフは原点と点 $(1,\ 3)$ を通る直線をひけばよい。

●比例の式を求める

教科書 p.142

□ 例題 2　y が x に比例し，$x=4$ のとき $y=24$ です。このとき，y を x の式で表しなさい。 ▸▸2

考え方　y は x に比例するから，$y=ax$ と表されます。このときの比例定数 a の値(あたい)を求めます。

答え　y は x に比例するから，比例定数を a とすると，$y=ax$ と表すことができる。

$x=4$ のとき $y=24$ だから，

$24=a\times$ ① □

$a=$ ② □

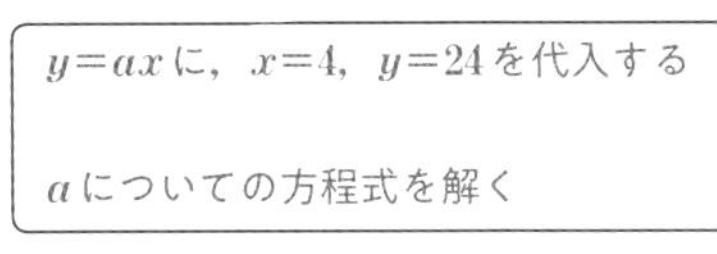

したがって，求める式は，$y=$ ③ □

●グラフから比例の式を求める

教科書 p.143

□ 例題 3　グラフが右の直線であるとき，x と y の関係を表す式を求めなさい。 ▸▸3

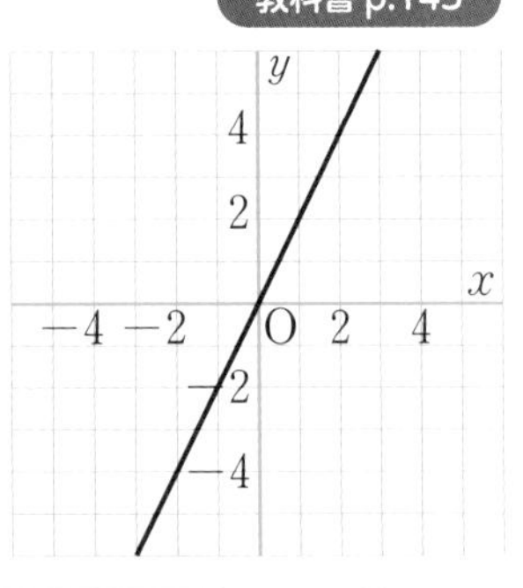

考え方　求める式を $y=ax$ として，a の値を求めます。

答え　求める式を $y=ax$ とする。グラフは点 $(1,\ 2)$ を通るから，この式に $x=1$，$y=2$ を代入すると，

$2=a\times1$

$a=$ □　したがって，求める式は $y=2x$

直線が通る原点以外の1つの点の座標をもとにして求めるよ。

1 【比例のグラフのかき方】次のグラフを，下の図にかきなさい。 教科書 p.141 Q3，例6

□(1)　$y=-2x$

□(2)　$y=\frac{2}{3}x$

□(3)　$y=-0.5x$

□(4)　$y=x\,(-2\leqq x\leqq 3)$

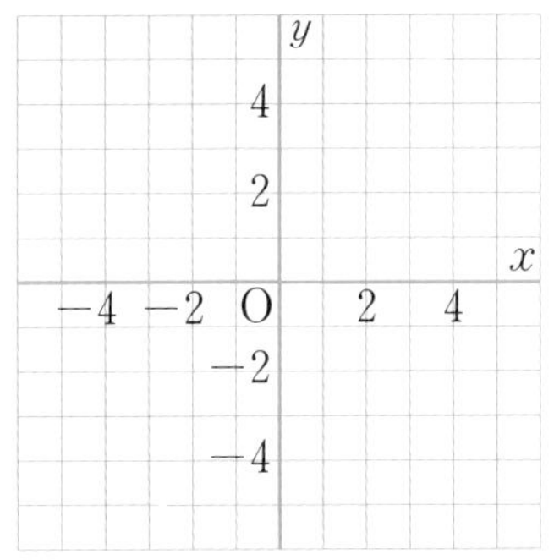

●キーポイント
原点とそれ以外の1つの点を決めて直線をひきます。
(4)　変域が与えられているグラフは，変域内を実線で，変域外を点線で表します。

2 【比例の式を求める】yがxに比例しています。次の場合について，yをxの式で表しなさい。 教科書 p.142 例題1

□(1)　$x=4$のとき$y=-28$

●キーポイント
比例定数をaとすると，$y=ax$と表されます。

□(2)　$x=-4$のとき$y=3$

4章

教科書140～143ページ

3 【グラフから比例の式を求める】グラフが下の(1)，(2)の直線であるとき，xとyの関係を表す式をそれぞれ求めなさい。 教科書 p.143 Q2

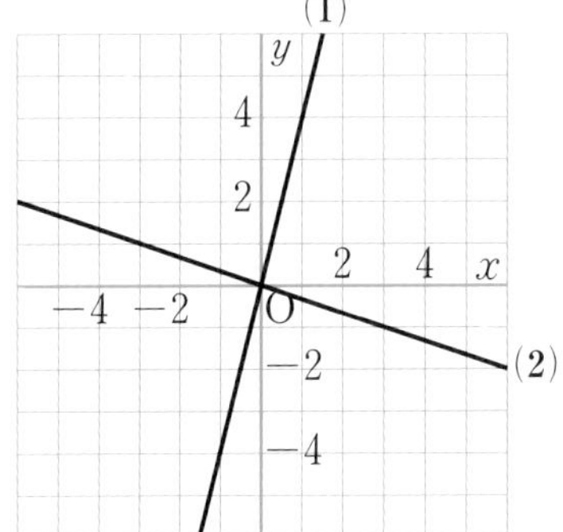

●キーポイント
原点以外の1つの点の座標をもとにします。x座標もy座標も整数である点をもとにすると，読みとりやすいです。

 例題の答え **1** 3　**2** ①4　②6　③$6x$　**3** 2

解答▶▶ p.24

ぴたトレ **2** 練習

4章　量の変化と比例，反比例

1節　量の変化　①，②
2節　比例　①～⑤

よく出る **1** 次の㋐～㋒で，y が x の関数であるといえるものをすべて選び，記号で答えなさい。

□ ㋐　1辺が $x$cmの正六角形の周の長さが $y$cm

㋑　1辺の長さが $x$cmの長方形の面積が $y$cm^2

㋒　誕生日が同じ日で，年の差が5歳の兄弟の，兄の年齢が x 歳のときの弟の年齢が y 歳

2 次の表で，y は x に比例しています。このとき，次の(1)～(3)に答えなさい。

x	-3	-2	-1	0	1	2	3
y			4				

□(1)　上の表を完成させなさい。

□(2)　y を x の式で表しなさい。

(3)　次の x の値に対応する y の値を求めなさい。

□①　$x=4$　　□②　$x=-10$

3 次の(1)～(3)について，y を x の式で表し，y が x に比例するものを1つ選びなさい。また，その比例定数を答えなさい。

□(1)　縦の長さが $x$cm，横の長さが7cmの長方形の周の長さが $y$cm

□(2)　50L入る空の水槽に，1分間に5Lの割合で水を入れるときの，水を入れ始めてから x 分後の水槽の中の水の量が yL

□(3)　1個450円のケーキを x 個買って，60円の箱につめたときの代金が y 円

ヒント　**2** 比例の関係では，xの値が2倍，3倍，…になると，yの値も2倍，3倍，…になります。

3 yがxに比例するとき，$y=ax$の形の式で表されます。

定期テスト
予報

●比例$y=ax$では，比例定数に着目しよう。
比例でのxとyの対応のようすは，すべて比例定数によって決まるよ。また，$y=ax$のグラフは，比例定数が正の数と負の数のときの特徴(とくちょう)に気をつけてかこう。

4 右の図の点A，B，C，Dの座標を，それぞれ書きなさい。

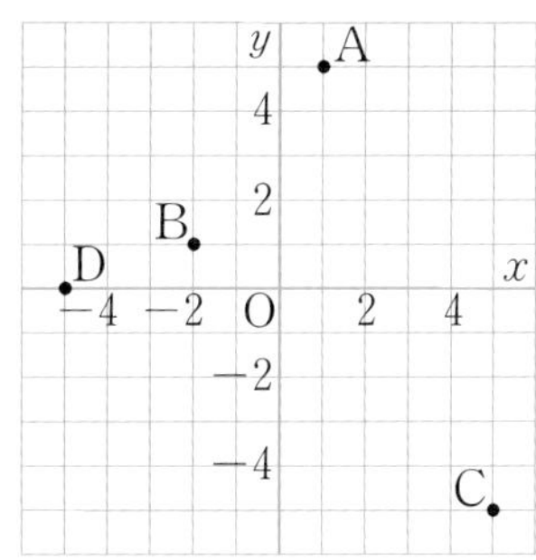

□(1) 点A　　□(2) 点B

□(3) 点C　　□(4) 点D

5 次のグラフをかきなさい。

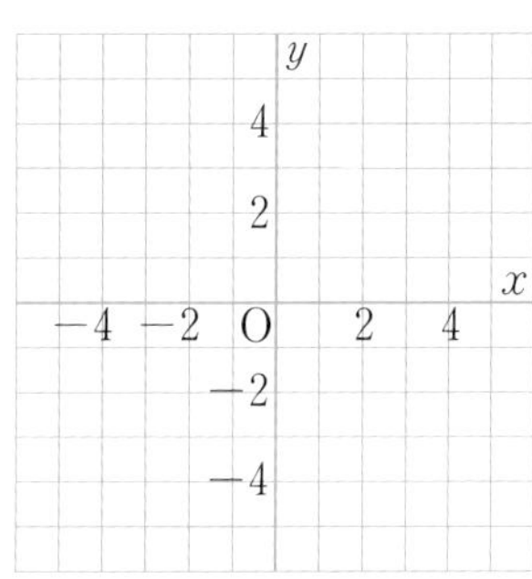

□(1) $y=-3x$　　□(2) $y=\frac{5}{4}x$

6 yがxに比例し，$x=-3$のとき$y=-15$です。このとき，次の(1)，(2)に答えなさい。

□(1) yをxの式で表しなさい。

□(2) $x=2$のときのyの値を求めなさい。

7 グラフが次の(1)，(2)の直線であるとき，xとyの関係を表す式をそれぞれ求めなさい。

□(1)

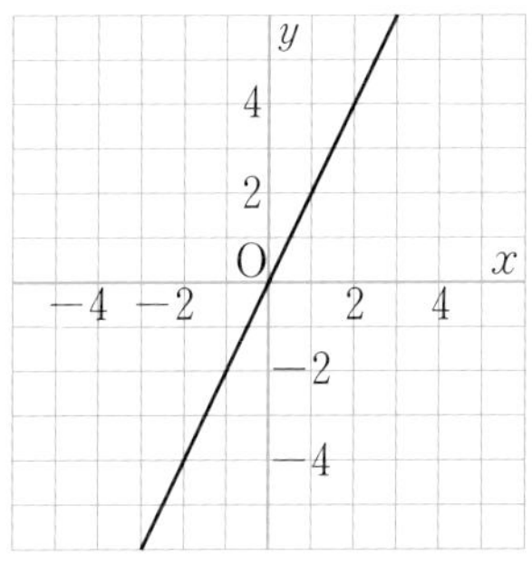

□(2)

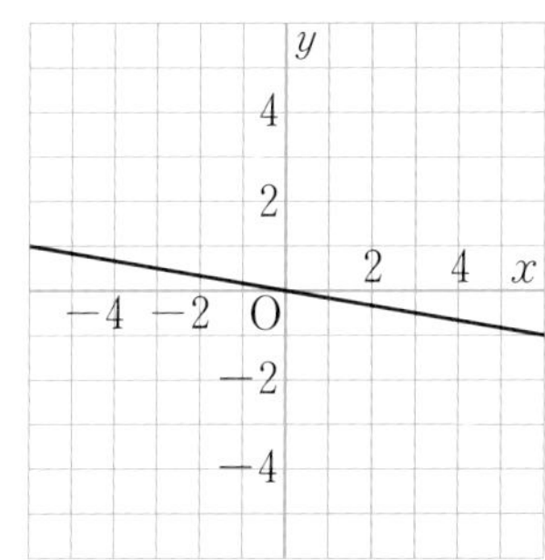

ヒント
4 (4)x軸上にある点のy座標は0です。
5 原点とそれ以外の1つの点を求めて，グラフをかきます。

4章
教科書126～143ページ

解答▶▶ p.25

3節　反比例
①　反比例の意味／②　反比例のグラフ—(1)

●反比例の意味

教科書 p.145〜147

例題 1 **24kmの道のりを時速 x kmで移動すると，y 時間かかります。** ▶▶1 2

(1)　y を x の式で表しなさい。

(2)　y が x に反比例するかどうかを調べ，反比例する場合には，比例定数を答えなさい。

考え方　(2)　$y=\dfrac{a}{x}$ という式で表されるとき，y は x に反比例するといいます。
だから，$y=\dfrac{a}{x}$ という式で表されるかどうかを調べます。

答え　(1)　(時間)＝(道のり)÷(速さ)だから，$y=\dfrac{24}{①\square}$
　　　　(y)　　(24)　　(x)

(2)　$y=\dfrac{24}{x}$ という式で表されるから，
y は x に反比例 ②□。
比例定数は ③□

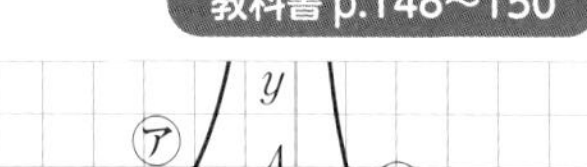

プラスワン　比例定数
$y=\dfrac{a}{x}$ の文字 a を，比例定数といいます。

●反比例のグラフ

教科書 p.148〜150

例題 2 **$y=\dfrac{4}{x}$ について，次の(1)，(2)に答えなさい。** ▶▶3

(1)　$y=\dfrac{4}{x}$ について，下の表の□にあてはまる数を書きなさい。

x	…	-4	…	-2	-1	…	1	2	…	4	…
y	…	-1	…	□	-4	…	4	2	…	1	…

(2)　$y=\dfrac{4}{x}$ のグラフは，右の図のㇱア，イのどちらですか。

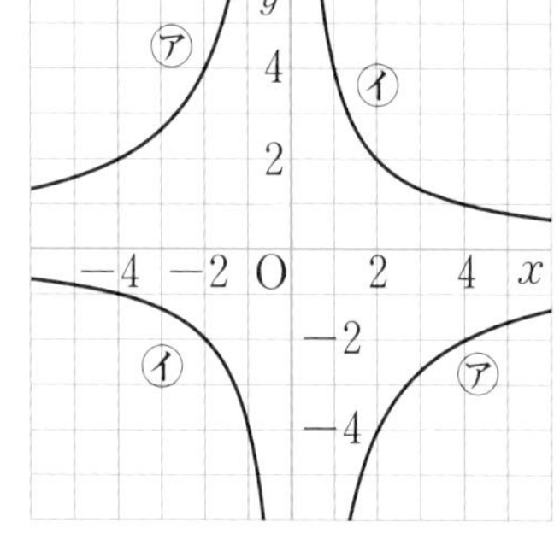

考え方　(2)　表の対応する x，y の値の組を座標とする点を通る曲線です。

答え　(1)　$y=\dfrac{4}{x}$ に $x=-2$ を代入して，$y=\dfrac{4}{①\square}=$ ②□

(2)　$(-4,\ -1)$，$(-2,\ -2)$，$(-1,\ -4)$，$(1,\ 4)$，$(2,\ 2)$，$(4,\ 1)$ などを通るグラフだから，③□

1 【反比例の意味】$y=-\dfrac{36}{x}$について，次の(1)〜(3)に答えなさい。

教科書 p.146 活動 2

●キーポイント
(2)，(3)は，(1)の表から考えます。

□(1) 下の表の㋐〜㋓にあてはまる数を書きなさい。

x	-4	-3	-2	-1	0	1	2	3	4
y	㋐	12	18	㋑	×	-36	㋒	-12	㋓

□(2) xの値が2倍，3倍，4倍，……になると，対応するyの値はどのように変わりますか。

□(3) 対応するxとyの積xyの値は，何を表していますか。

2 【反比例と比例定数】次の(1)〜(3)について，yをxの式で表し，yがxに反比例するものには○，反比例しないものには×を書きなさい。また，反比例する場合には，比例定数を書きなさい。

教科書 p.147 Q5

□(1) 90cmの針金を$x$cm使ったときの残りの長さが$y$cm

□(2) 底辺$x$cm，高さ$y$cmの平行四辺形の面積が18cm^2

□(3) 50cmのリボンをx等分したときの1本分の長さが$y$cm

3 【反比例のグラフ】次の(1)，(2)のグラフをかきなさい。

教科書 p.150 Q1

●キーポイント
グラフは，なめらかな1組の曲線になります。

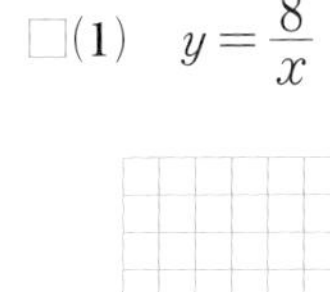

□(1) $y=\dfrac{8}{x}$

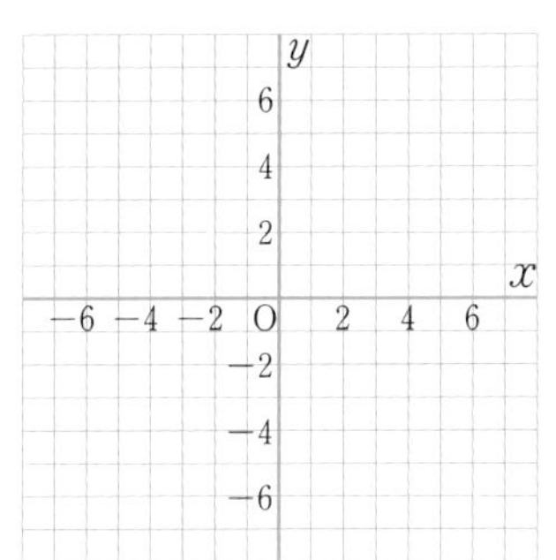

□(2) $y=-\dfrac{9}{x}$

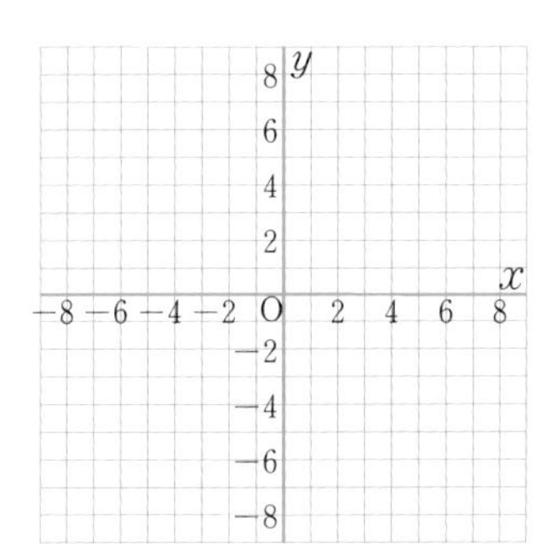

例題の答え **1** ①x ②する ③24 **2** ①-2 ②-2 ③㋑

4章
教科書145〜150ページ

解答▶▶ p.26

3節 反比例
② 反比例のグラフ―(2)／③ 反比例の式の求め方

●反比例のグラフ

教科書 p.150〜151

例題 1 $y=-\dfrac{8}{x}$のグラフについて，次の(1)，(2)に答えなさい。 ▶▶1

(1) $x>0$の範囲内で，xの値が増加すると，yの値は増加しますか，それとも減少しますか。

(2) $x<0$の範囲内で，xの値が増加すると，yの値は増加しますか，それとも減少しますか。

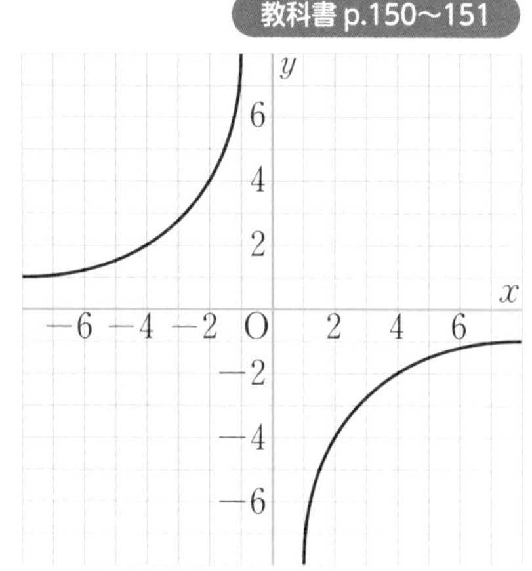

考え方 グラフを見て，yの値の変化を考えます。

答え (1) xの値が1から2に増加すると，yの値は-8から-4に増加する。
したがって，xの値が増加すると，
yの値は ① する。

(2) xの値が-2から-1に増加すると，yの値は4から8に増加する。
したがって，xの値が増加すると，
yの値は ② する。

プラスワン $y=\dfrac{a}{x}$のグラフ

双曲線という曲線です。

1 $a>0$のとき　2 $a<0$のとき

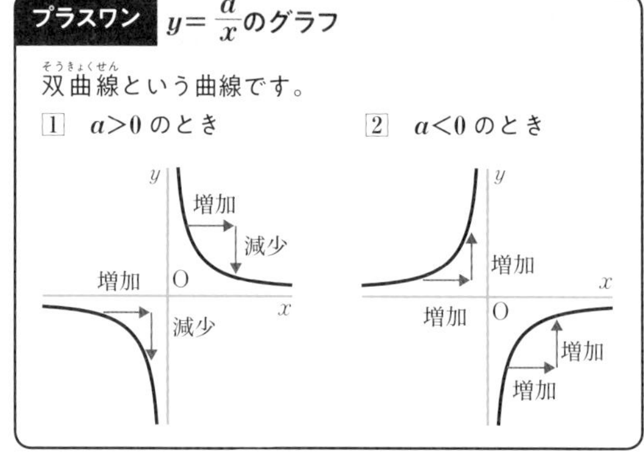

●反比例の式を求める

教科書 p.152

例題 2 yがxに反比例し，$x=2$のとき$y=-8$です。このとき，yをxの式で表しなさい。 ▶▶2 3

考え方 yはxに反比例するから，$y=\dfrac{a}{x}$と表されます。このときの比例定数aの値を求めます。

答え yはxに反比例するから，比例定数をaとすると，$y=\dfrac{a}{x}$と表すことができる。
$x=2$のとき，$y=-8$だから，

$-8=\dfrac{a}{①}$

$a=$ ②

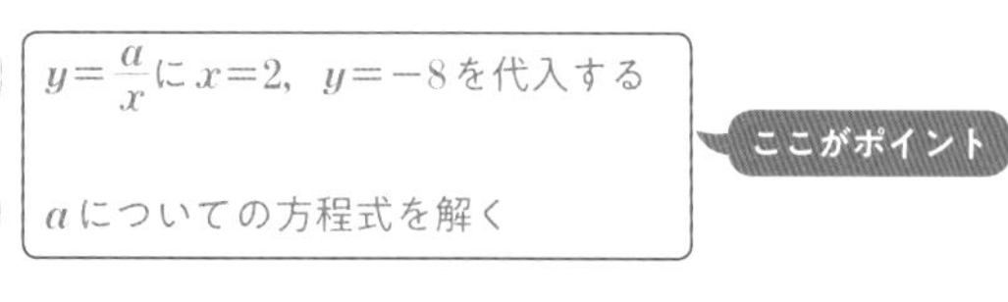

したがって，求める式は，$y=-\dfrac{③}{x}$

1 【反比例のグラフ】$y=\dfrac{16}{x}$のグラフについて，次の(1)，(2)に答えなさい。

教科書 p.150 活動 3

□(1)　$x>0$の範囲内で，xの値が増加すると，yの値は増加しますか，それとも減少しますか。

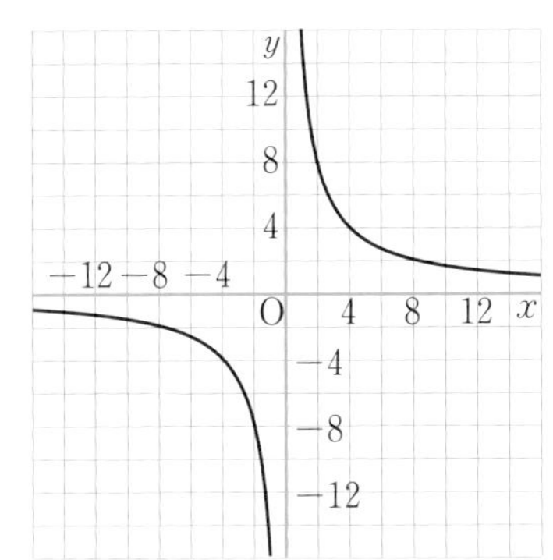

●キーポイント
グラフがx軸(じく)，y軸と交わることはありません。

□(2)　$x<0$の範囲内で，xの値が増加すると，yの値は増加しますか，それとも減少しますか。

よく出る **2** 【反比例の式を求める】yがxに反比例しています。次の場合について，yをxの式で表しなさい。

教科書 p.152 例題 1

□(1)　$x=6$のとき$y=8$

□(2)　$x=-2$のとき$y=-15$

3 【グラフから反比例の式を求める】グラフが下の(1)，(2)の双曲線であるとき，xとyの関係を表す式をそれぞれ求めなさい。

教科書 p.153 Q2

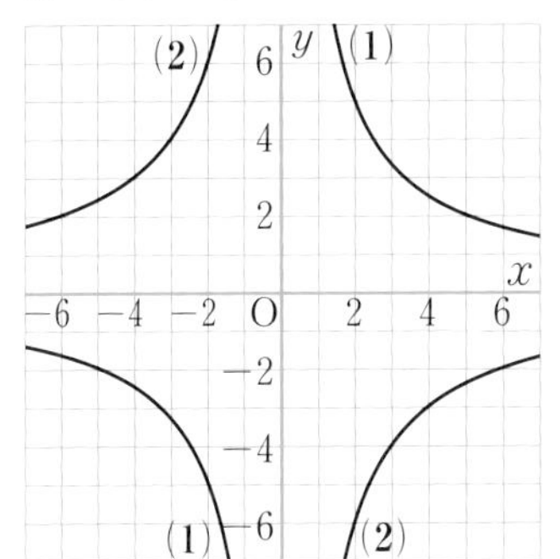

●キーポイント
双曲線が通る1つの点の座標をもとにして，比例定数を求めます。

例題の答え **1** ①増加　②増加　**2** ①2　②-16　③16

4章 教科書150〜153ページ

解答▶▶ p.26

4節 関数の利用 ①／②／③

●進行のようす

教科書 p.156〜157

例題 1 家から1200 m離(はな)れた駅まで，同じ道を弟は自転車で，姉は歩いて行きました。右のグラフは，弟と姉の進行のようすを示したものです。 ▸▸1

(1) 家を出発してから4分後に，弟と姉は何m離れていますか。

(2) 弟が駅に着いてから何分後に姉は駅に着きましたか。

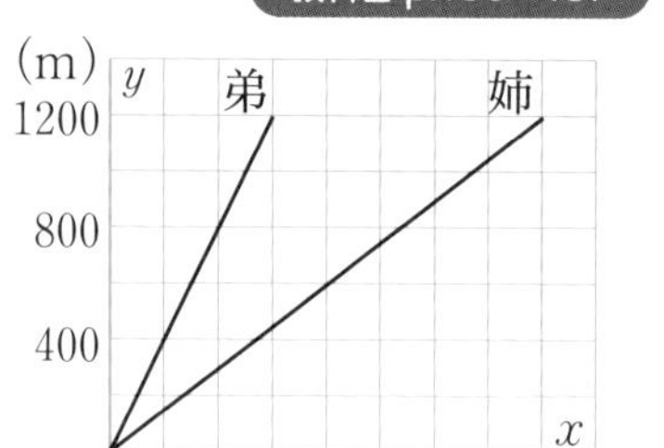

考え方 道のりは時間に比例することを使います。

答え (1) 弟と姉が家を出発してからx分後にym進むとすると，yはxに比例するから，$y=ax$と表すことができる。それぞれyをxの式で表すと，

弟…$x=6$，$y=1200$を代入して，$a=$ ① だから，$y=200x$

姉…$x=16$，$y=1200$を代入して，$a=$ ② だから，$y=75x$

4分後の家からの道のりは，弟が ③ m，姉が ④ mだから，
($y=200\times4$)　($y=75\times4$)

2人は ⑤ m離れている。

(2) グラフより，16－ ⑥ ＝ ⑦ (分後)

●図形の面積の変わり方

教科書 p.159

例題 2 面積24cm²の平行四辺形ABCDがあります。底辺を$x$cm，高さを$y$cmとして，次の(1)〜(3)に答えなさい。 ▸▸2 3

(1) yをxの式で表しなさい。

(2) xの変域が$1\leqq x\leqq24$のとき，yの変域を求めなさい。

(3) 高さが8cmになるのは，底辺が何cmのときですか。

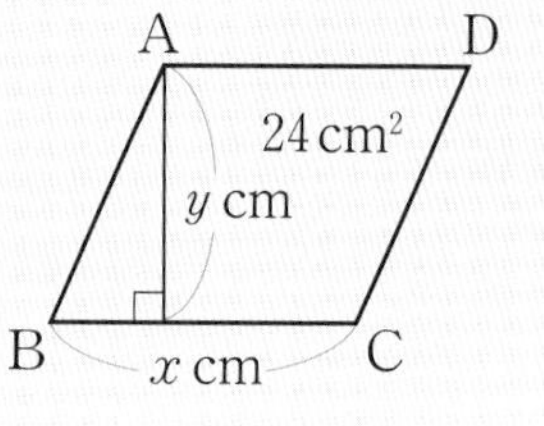

考え方 (底辺)×(高さ)＝(平行四辺形の面積)より，反比例の関係があることを使います。

答え (1) $xy=24$だから，$y=\dfrac{①}{x}$

(2) $x=1$のとき，$y=24$，$x=24$のとき，$y=\dfrac{24}{24}=1$だから，

② $\leqq y\leqq$ ③

(3) $y=\dfrac{24}{x}$に$y=8$を代入して，$x=$ ④

答 ④ cm

1 【進行のようす】列車Aと列車Bは，山町駅を同時刻に出発し，列車Aは15km離れた東町駅に，列車Bは10km離れた西町駅に向かいました。下のグラフは，出発してからx分後の山町駅から東へ$y$km進むとして，列車A，Bの進行のようすを示したものです。

教科書 p.156〜157

□(1) 列車Aと列車Bの進行について，それぞれyをxの式で表しなさい。

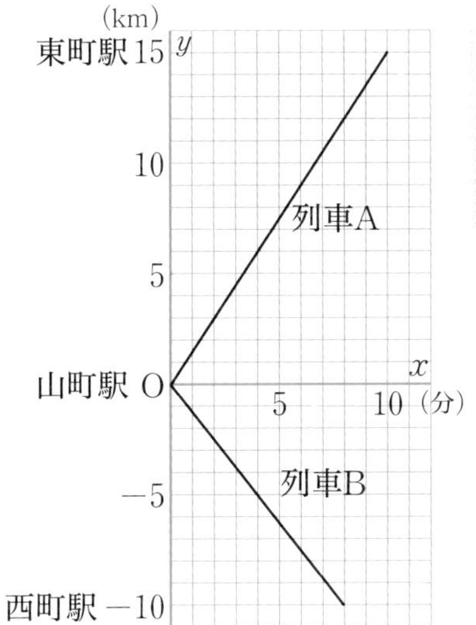

●キーポイント
「西へ○km進むこと」は，「東へ−○km進むこと」と表されます。

□(2) 山町駅を出発して6分後に，列車Aと列車Bは何km離れていますか。

よく出る **2** 【身のまわりの問題】直方体の空の水槽(すいそう)に1分間に2Lの割合で水を入れると，水槽をいっぱいにするのに30分かかります。毎分xLの割合で水を入れるとき，水槽をいっぱいにするまでにかかる時間をy分として，次の(1)，(2)に答えなさい。 教科書 p.158 活動 1

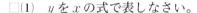

□(1) yをxの式で表しなさい。

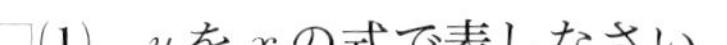

□(2) 水槽を12分でいっぱいにするには，毎分何Lの割合で水を入れればよいですか。

絶対理解 **3** 【図形の面積の変わり方】右のような長方形ABCDの辺BC上を，点PがBを出発してCまで進みます。BPの長さが$x$cmのときの三角形ABPの面積を$y$cm^{2}として，次の(1)〜(3)に答えなさい。 教科書 p.159 活動 1

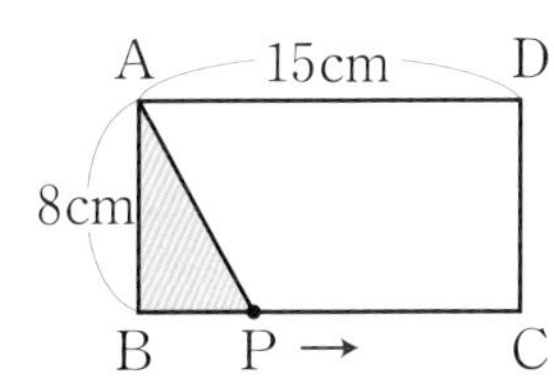

□(1) yをxの式で表しなさい。

□(2) x，yの変域をそれぞれ求めなさい。

□(3) xとyの関係を右のグラフにかきなさい。

(cm²) y 60 50 40 30 20 10 O 2 4 6 8 10 12 14 16 x (cm)

例題の答え **1** ①200 ②75 ③800 ④300 ⑤500 ⑥6 ⑦10 **2** ①24 ②1 ③24 ④3

解答▶▶ p.27

ぴたトレ 2 練習

4章　量の変化と比例，反比例

3節　反比例　①～③
4節　関数の利用　①～③

1 次の(1)，(2)で，yはxに反比例しています。表を完成させなさい。

□(1)

x	-4	-2	2	4
y		-4		2

□(2)

x	-12	-6	-4	3	6
y		2			

2 次の(1)～(3)について，yをxの式で表しなさい。また，yがxに反比例するといえるものを1つ選び，その比例定数を答えなさい。

□(1)　面積が10cm^2の三角形の底辺を$x$cmとしたときの高さが$y$cm

□(2)　縦$x$cm，横5cm，高さ10cmの直方体の体積が$y\text{cm}^3$

□(3)　1個120円のなしをx個買ったときの代金がy円

よく出る **3** yがxに反比例し，$x=-5$のとき$y=8$です。このとき，次の(1)，(2)に答えなさい。

□(1)　yをxの式で表しなさい。

□(2)　$x=4$のときのyの値(あたい)を求めなさい。

4 右の図の㋐～㋓は，いずれも双曲線(そうきょくせん)の一部です。次の(1)～(4)のグラフは，㋐～㋓のどれですか。記号で答えなさい。

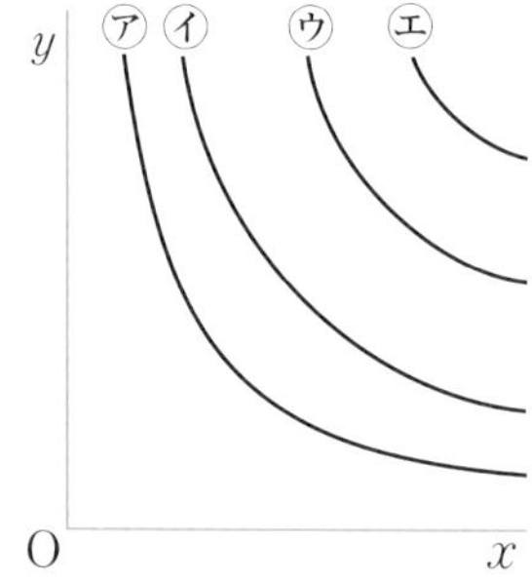

□(1)　$xy=24$

□(2)　$xy=6$

□(3)　$y=\dfrac{12}{x}$

□(4)　$y=\dfrac{36}{x}$

ヒント　**2** yがxに反比例するとき，$y=\dfrac{a}{x}$という式で表されます。

4 比例定数の絶対値が小さいほど，グラフはx軸やy軸に近い双曲線になります。

定期テスト予報

●比例と反比例のちがいをしっかりと理解しよう。
比例の学習と同じように，反比例の性質と式を関連づけて覚えよう。また，反比例のグラフは双曲線になり，比例のグラフは直線になることに注意しよう。

よく出る

5 次の(1)，(2)のグラフをかきなさい。

□(1)　$y=\dfrac{4}{x}$　　□(2)　$y=-\dfrac{10}{x}$

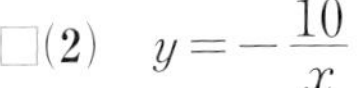

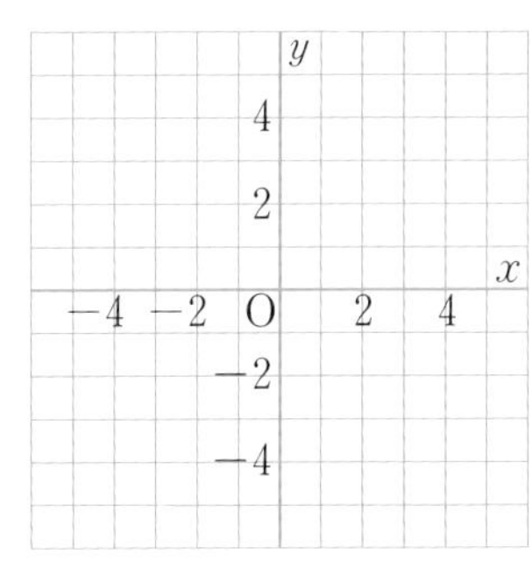

6 グラフが下の(1)，(2)の双曲線であるとき，xとyの関係を表す式をそれぞれ求めなさい。

□(1)

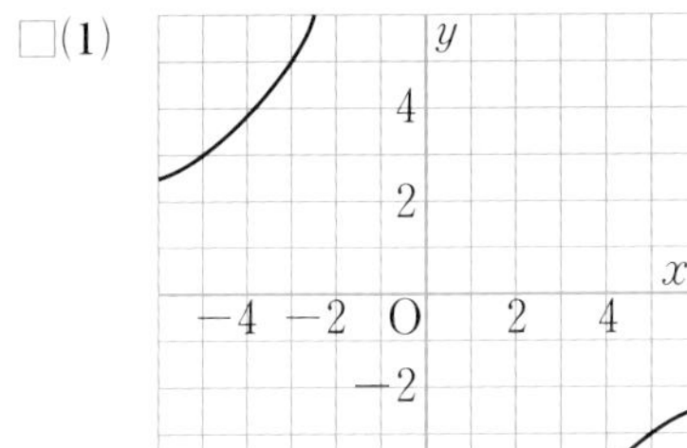

□(2)

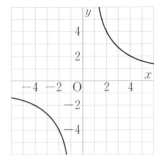

7 面積が12cm²で，底辺が$x$cm，高さが$y$cmの三角形があります。このとき，次の(1)，(2)に答えなさい。

□(1)　yをxの式で表しなさい。

□(2)　xとyの関係を表すグラフをかきなさい。

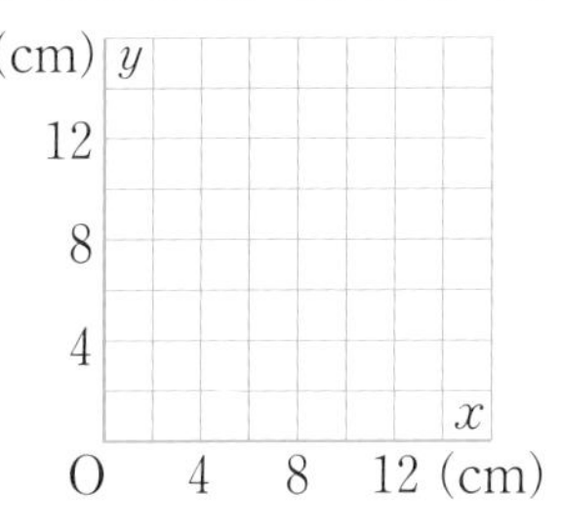

8 厚さが一定の大きな板から，右の㋐，㋑のような形を切り取り，それぞれの重さをはかると，㋐は640g，㋑は800gでした。このとき，㋑の面積を求めなさい。

㋐

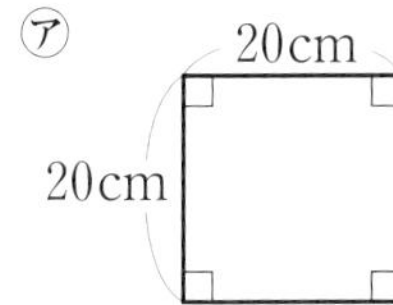

㋑

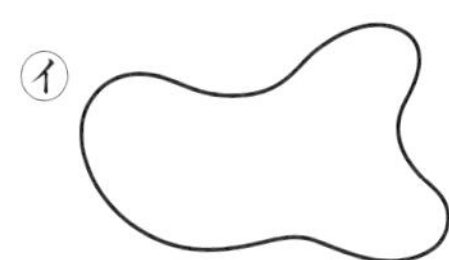

ヒント　**8**　この板の重さは，面積に比例します。板$x$cm²の重さをygとすると，$y=ax$。㋐から，$20\times20=400$(cm²)の重さが640gなので，$x=400$，$y=640$を代入してaの値を求めます。

解答▶▶ p.27

ぴたトレ
3
確認テスト

4章　量の変化と比例，反比例

1 次の㋐～㋓について，下の(1)，(2)にあてはまるものをすべて選び，記号で答えなさい。知

㋐　底辺が8cm，高さが$x$cmの三角形の面積は$y$cm²である。

㋑　20個あったみかんをx個食べたら，y個残った。

㋒　あるクラスの数学のテストで，男子の平均点はx点で，女子の平均点はy点であった。

㋓　2000mの道のりを，分速xmで進むとy分かかる。

(1)　yはxに比例する。　　(2)　yはxに反比例する。

1	点／10点(各5点)
(1)	
(2)	

2 次の㋐～㋕の式で表される関数のうち，下の(1)～(4)のそれぞれにあてはまるものをすべて選び，記号で答えなさい。知

㋐　$y=3x$　　㋑　$\frac{y}{3}=-x$　　㋒　$y=\frac{x}{3}$

㋓　$y=\frac{3}{x}$　　㋔　$xy=-1$　　㋕　$y=-\frac{3}{x}$

(1)　yはxに比例する。　　(2)　yはxに反比例する。

(3)　グラフは点(6，2)を通る。

(4)　$x<0$の範囲内(はんいない)でxの値(あたい)が増加すると，対応するyの値は減少する。

2	点／20点(各5点)
(1)	
(2)	
(3)	
(4)	

3 次のxとyの関係について，yをxの式で表しなさい。知

(1)　yがxに比例し，比例定数が9

(2)　yがxに反比例し，$x=6$のとき$y=3$

3	点／10点(各5点)
(1)	
(2)	

4 次の(1)，(2)に答えなさい。知

(1)　$y=\frac{a}{x}$の関係で，$x=3$のとき$y=6$です。xの変域が$2 \leqq x \leqq 12$のときのyの変域を求めなさい。

(2)　yはxに比例し，$x=6$のとき$y=-\frac{2}{3}$です。$x=-9$のときのyの値を求めなさい。

4	点／10点(各5点)
(1)	
(2)	

成績評価の観点　知…数量や図形などについての知識・技能　考…数学的な思考・判断・表現

5 グラフが下の(1)〜(3)の直線や双曲線であるとき，yをxの式で表しなさい。[知]

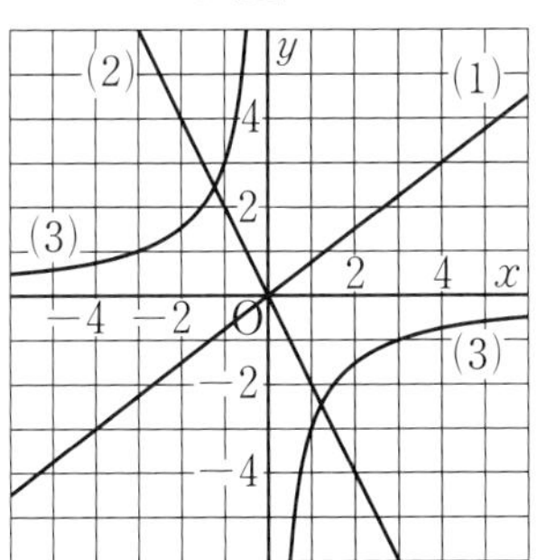

5 点/15点(各5点)

(1)	
(2)	
(3)	

6 次の(1)，(2)のグラフをかきなさい。[知]

(1)　$y=-\frac{3}{2}x$

(2)　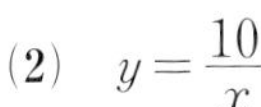 $y=\frac{10}{x}$

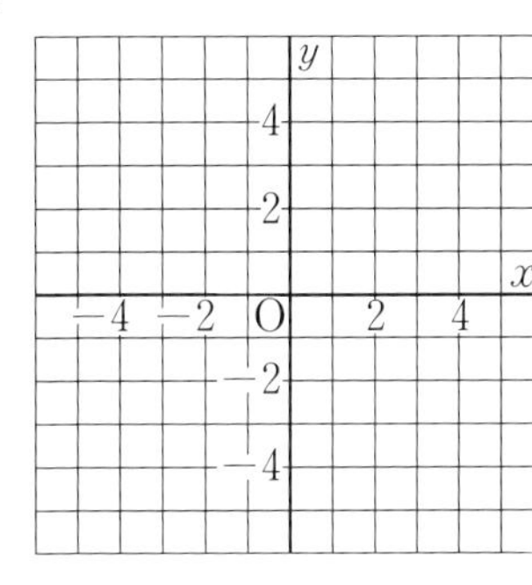

6 点/10点(各5点)

(1)	左の図にかき入れる
(2)	左の図にかき入れる

7 A町から80km離(はな)れたB町まで行くのに，時速$x$kmの自動車で行くとy時間かかります。次の(1)，(2)に答えなさい。[考]

(1)　yをxの式で表しなさい。

(2)　2時間で行くには，時速何kmで走ればよいか求めなさい。

7 点/10点(各5点)

(1)	
(2)	

[点UP] **8** 右の図のような，歯数35の歯車Aが毎分6回転しています。この歯車とかみ合う歯数xの歯車Bが毎分y回転しているとき，次の(1)〜(3)に答えなさい。[考]

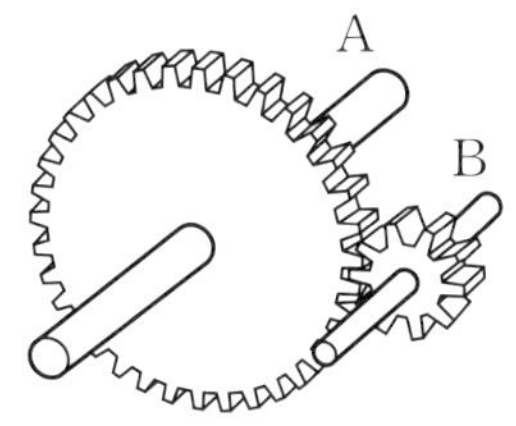

(1)　yをxの式で表しなさい。

(2)　Bの歯数が10のとき，Bは毎分何回転しますか。

(3)　Bが毎分30回転するとき，Bの歯数は何個ですか。

8 点/15点(各5点)

(1)	
(2)	
(3)	

知 /75点	考 /25点

解答▶▶ p.28

教科書のまとめ〈4章　量の変化と比例，反比例〉

●関数

2つの変数 x，y があって，x の値(あたい)を決めると，それに対応して y の値がただ1つに決まるとき，**y は x の関数である**という。

●変域

変数のとりうる値の範囲(はんい)を，その変数の**変域**といい，不等号<，>，≦，≧を使って表す。

●比例の式

y が x の関数で，$y=ax$（a は定数，$a≠0$）という式で表されるとき，**y は x に比例する**といい，a を**比例定数**という。

●比例の関係

比例の関係 $y=ax$ では，

- x の値が2倍，3倍，4倍，……になると，対応する y の値も2倍，3倍，4倍，……になる。
- $x≠0$ のとき，$\frac{y}{x}$ の値は一定で，比例定数 a に等しい。

●座標

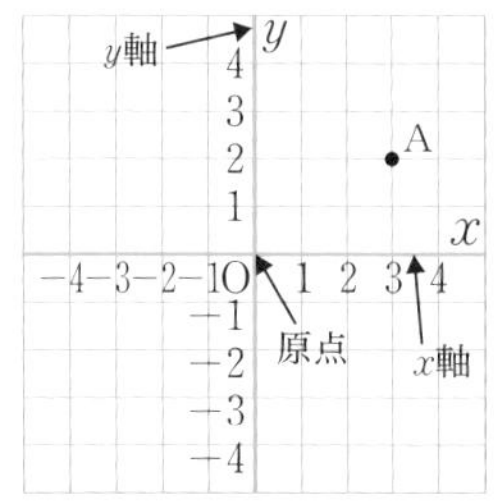

- x 軸(じく)と y 軸を合わせて**座標軸**(ざひょうじく)という。
- 座標軸のかかれている平面を**座標平面**という。
- 上の図の点Aを表す数の組（3，2）を点Aの**座標**という。

●関数 $y=ax$ のグラフ

原点を通る直線である。

$a>0$ のとき　　　$a<0$ のとき

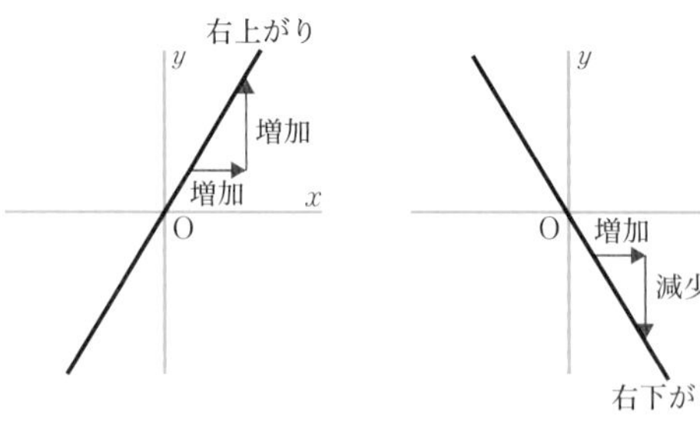

●反比例の式

y が x の関数で，$y=\frac{a}{x}$（a は定数，$a≠0$）という式で表されるとき，**y は x に反比例する**といい，a を**比例定数**という。

●反比例の関係

反比例の関係 $y=\frac{a}{x}$ では，

- x の値が2倍，3倍，4倍，……になると，対応する y の値は $\frac{1}{2}$ 倍，$\frac{1}{3}$ 倍，$\frac{1}{4}$ 倍，……になる。
- xy の値は一定で，比例定数 a に等しい。

●関数 $y=\frac{a}{x}$ のグラフ

原点について対称(たいしょう)な双曲線(そうきょくせん)である。

$a>0$　　　$a<0$

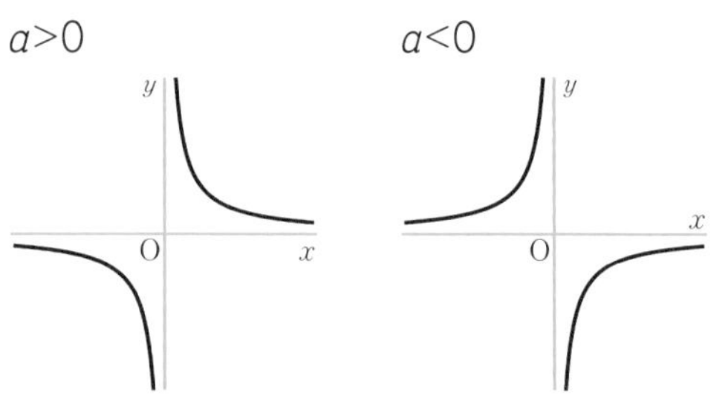

5章　平面の図形

次の学習に入る前に取り組もう。

□線対称(たいしょう)な図形の性質　◀ 小学6年

・対応する2点を結ぶ直線は，対称の軸(じく)と垂直に交わります。
・その交わる点から，対応する2点までの長さは等しくなります。

□点対称な図形の性質　◀ 小学6年

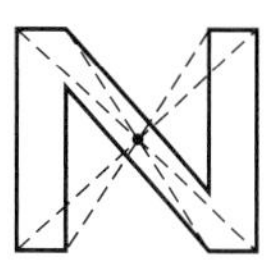

・対応する2点を結ぶ直線は，対称の中心を通ります。
・対称の中心から，対応する2点までの長さは等しくなります。

1 右の図は，線対称な図形です。次の(1)〜(3)に答えなさい。　◀ 小学6年〈対称な図形〉

ヒント
2つに折ると，両側がぴったりと重なるから……

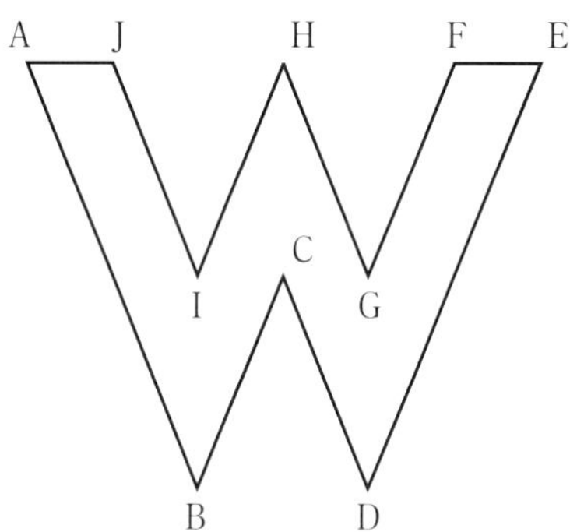

(1) 対称の軸を図にかき入れなさい。

(2) 点BとDを結ぶ直線BDと，対称の軸とは，どのように交わっていますか。

(3) 直線AHの長さが3cmのとき，直線EHの長さは何cmになりますか。

2 右の図は，点対称な図形です。次の(1)〜(3)に答えなさい。　◀ 小学6年〈対称な図形〉

ヒント
対応する点を結ぶ直線をかくと……

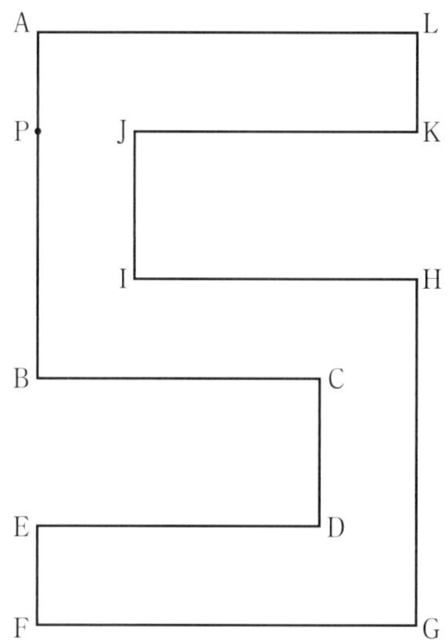

(1) 対称の中心Oを図にかき入れなさい。

(2) 点Bに対応する点はどれですか。

(3) 右の図のように，辺AB上に点Pがあります。この点Pに対応する点Qを図にかき入れなさい。

解答▶▶ p.30

●点と直線

教科書 p.166〜171

右の図のひし形について，次の(1)〜(4)に答えなさい。 ▶▶1〜3

(1)　辺ABと辺BCの長さが等しいことを，記号＝を使って表しなさい。

(2)　㋐の角を，角の記号とA，B，Dを使って表しなさい。

(3)　辺ABと辺CDが平行であることを，記号∥を使って表しなさい。

(4)　対角線ACとBDが垂直であることを，記号⊥を使って表しなさい。

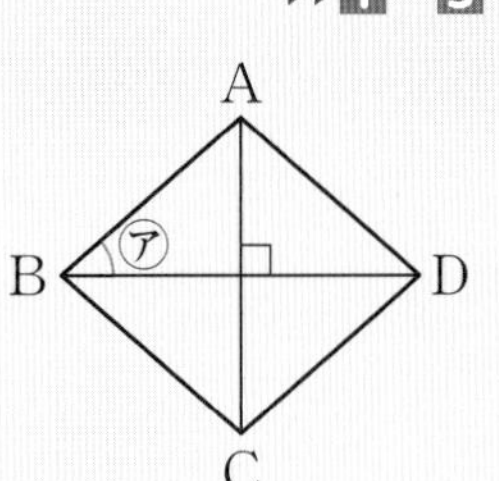

考え方　(2)　㋐の角は，1つの点Bから一方だけにのびた2直線BA，BDによってできた角です。角を表す記号は∠です。

答え　(1)　AB ① BC

(2)　② ABD

(3)　AB ③ CD

(4)　AC ④ BD

プラスワン　∠，∥，⊥

∠ABCは「角ABC」と読みます。
AD∥BCは「AD平行BC」と読みます。
AB⊥CDは「AB垂直CD」と読みます。

●円と直線

教科書 p.172〜173

右の図の円Oについて，次の(1)〜(3)に答えなさい。 ▶▶4

(1)　2点A，Bを両端(りょうたん)とする弧(こ)を，記号を使って表しなさい。

(2)　円の弦(げん)が最も長くなるのは，どんなときですか。

(3)　直線ℓは，円O上の点Cを通る円の接線(せっせん)です。直線ℓと半径OCの位置の関係を，記号を使って表しなさい。

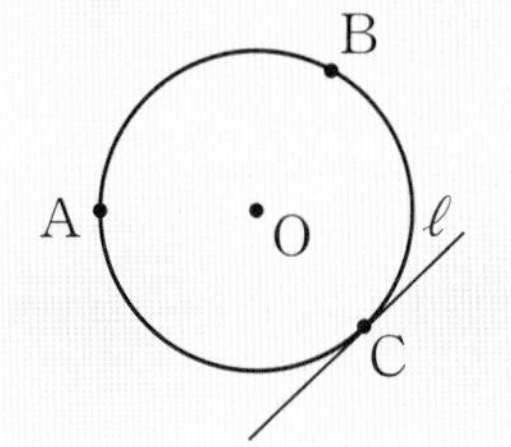

考え方　(3)　円の接線は，接点(せってん)を通る半径に垂直であることを使います。
└円と直線が接する点

答え　(1)　⌒①

(2)　弦が ② になるとき

(3)　ℓ ③ OC

プラスワン　弧，弦

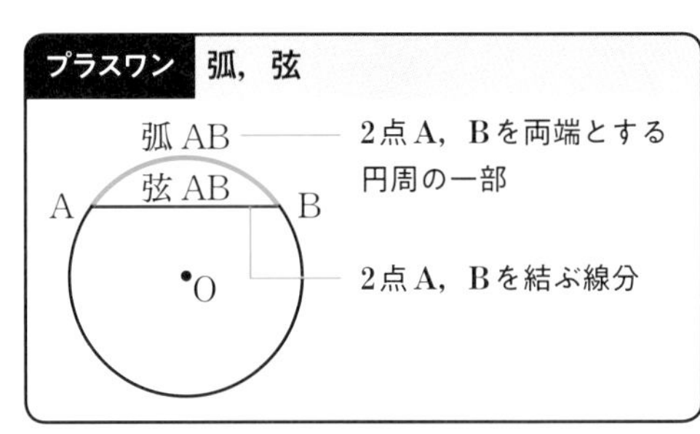

1 【直線，半直線，線分】次の線を下の図にかきなさい。　教科書 p.167 Q1

□(1) 直線BC

□(2) 半直線DC

□(3) 線分AD

B
A
C
D

●キーポイント
線分ABは，2点A，Bを両端とするものです。
半直線ABは，線分ABをAからBの方向に延長したものです。

絶対理解 **2** 【線分，角，2直線の位置の関係】下の図の四角形**ABCD**は長方形です。次の(1)～(4)に答えなさい。　教科書 p.168～170

□(1) 辺ABと辺ADの長さの関係を記号を使って表しなさい。

□(2) ㋐の角を，角の記号とA，B，Cを使って表しなさい。

□(3) 辺ADと辺BCの位置の関係を記号を使って表しなさい。

□(4) 辺ABと辺BCの位置の関係を記号を使って表しなさい。

A　6cm　D
3cm
㋐
B　C

よく出る **3** 【点と点，点と直線，直線と直線の距離】下の図の平行四辺形について，次の距離を求めなさい。　教科書 p.168，p.171

□(1) 点Cと点D

□(2) 点Aと辺BC

□(3) 辺ADと辺BC

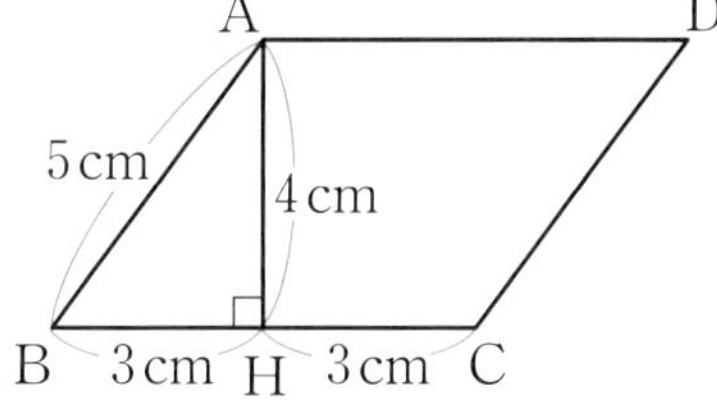

●キーポイント
2点A，B間の距離
A　B
P
点Pと直線ℓの距離
ℓ
H
平行な2直線m，nの距離
m　A　C
n　B　D

4 【円と直線】右の図に，弦ABと長さが等しい弦ACをかきなさい。　教科書 p.172 Q1

□

A　B
O

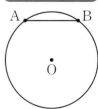

例題の答え **1** ①＝　②∠　③//　④⊥　**2** ①AB　②直径　③⊥

解答▶▶ p.30

1節 平面図形とその調べ方
⑥ 円とおうぎ形

●円周の長さと円の面積

教科書 p.174

例題 1 半径が8cmの円で，円周の長さと面積を求めなさい。 ▸▸1

考え方 半径rの円で，円周の長さをℓ，面積をSとすると，
円周の長さ　$\ell=2\pi r$（円周率はπ（パイ）で表します。）
面積　$S=\pi r^2$

答え 円周の長さ　$2\pi\times$ ① ＝ ② (cm)

円の面積　$\pi\times$ ① ^{2} ＝ ③ (cm^2)

●おうぎ形の弧の長さと面積

教科書 p.175～176

例題 2 半径が8cm，中心角が45°のおうぎ形（がた）の弧（こ）の長さと面積を求めなさい。 ▸▸2

考え方 半径r，中心角a°のおうぎ形の弧の長さをℓ，面積をSとすると，
弧の長さ　$\ell=2\pi r\times\frac{a}{360}$　面積　$S=\pi r^2\times\frac{a}{360}$

答え 弧の長さ　$2\pi\times$ ① $\times\frac{②}{360}$ ＝ ③ (cm)

面積　$\pi\times$ ① $^2\times\frac{②}{360}$ ＝ ④ (cm^2)

プラスワン　中心角

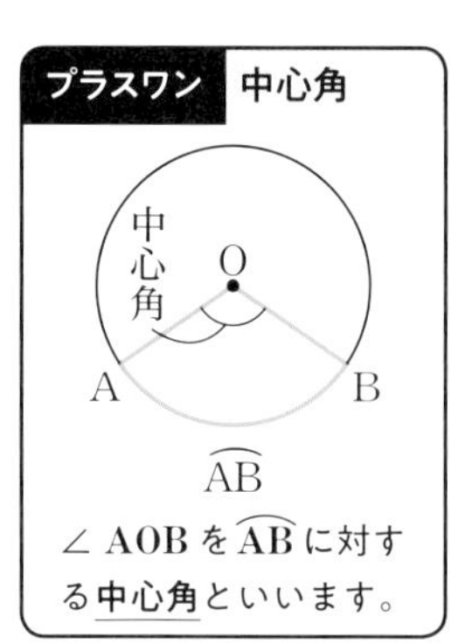

∠AOB を$\overparen{AB}$に対する**中心角**といいます。

●おうぎ形の中心角

教科書 p.177

例題 3 半径が6cm，弧の長さが5πcmのおうぎ形の中心角の大きさを求めなさい。 ▸▸3 4

考え方 中心角をx°として，おうぎ形の弧の長さの公式にあてはめます。
xについての方程式を解きます。

答え 中心角をx°とすると，

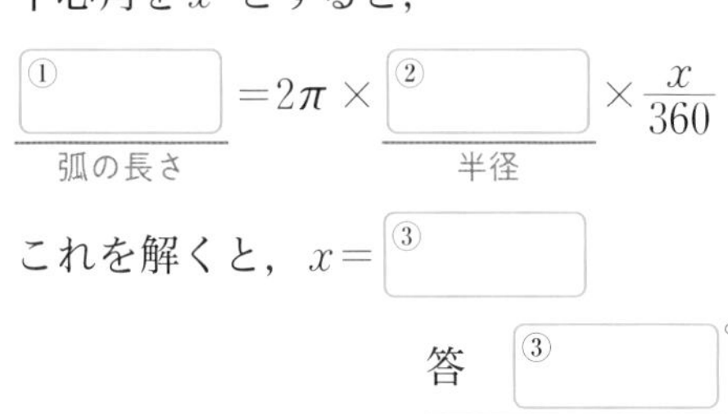

① ＝$2\pi\times$ ② $\times\frac{x}{360}$
（①：弧の長さ　②：半径）

これを解くと，x＝ ③

答 ③ °

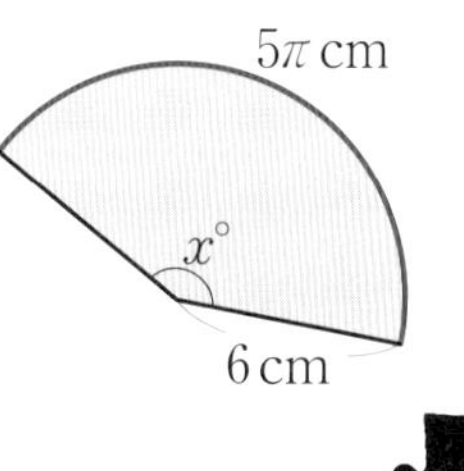

中心角が弧の長さに比例することを使うと，中心角の大きさを求める式は$360\times\frac{5\pi}{12\pi}$です。

絶対理解 **1** 【円周の長さと円の面積】次の円の円周の長さと面積を求めなさい。 教科書 p.174 例 1

□(1) 半径が5cmの円　　□(2) 直径が9cmの円

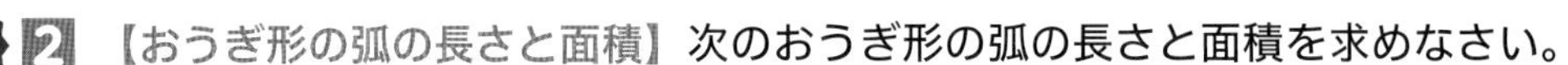

よく出る **2** 【おうぎ形の弧の長さと面積】次のおうぎ形の弧の長さと面積を求めなさい。

教科書 p.176 例 4

□(1) 半径が10cm，中心角が72°のおうぎ形

□(2) 半径が6cm，中心角が210°のおうぎ形

3 【おうぎ形の中心角】次のおうぎ形の中心角の大きさを求めなさい。 教科書 p.177 活動 5

□(1) 半径が5cm，弧の長さが4πcmのおうぎ形

□(2) 半径が12cm，弧の長さが16πcmのおうぎ形

●キーポイント

中心角の大きさの求め方は，次の2通りあります。

1 おうぎ形の弧の長さの公式を使う。

2 中心角が弧の長さに比例することを使う。

4 【おうぎ形の面積】半径が4cm，弧の長さが3πcmのおうぎ形の面積を求めなさい。

□

教科書 p.177 Q6，7

●キーポイント

おうぎ形の面積Sは，半径をr，弧の長さをℓとすると，$S=\frac{1}{2}\ell r$

例題の答え **1** ①8 ②$16\pi$ ③$64\pi$ **2** ①8 ②45 ③$2\pi$ ④$8\pi$ **3** ①$5\pi$ ②6 ③150

解答▶▶ p.30

ぴたトレ 2 練習

5章　平面の図形

1節　平面図形とその調べ方 ①～⑥

1 右の図について，次の(1)～(4)に答えなさい。

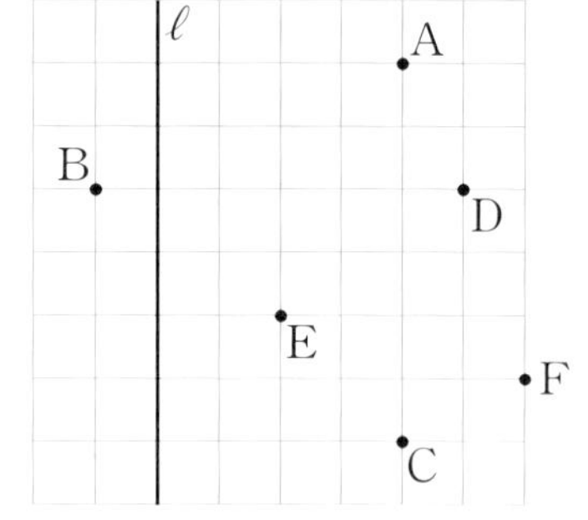

□(1)　直線 ℓ と直線 AC の位置の関係を記号を使って表しなさい。

□(2)　点 A～F のうちの 2 点を通る直線で，直線 ℓ と垂直の関係にあるものはどれですか。

□(3)　直線 ℓ との距離(きょり)が最も短い点を答えなさい。

□(4)　直線 ℓ との距離が最も長い点を答えなさい。

2 右の数直線について，次の(1)，(2)に答えなさい。

□(1)　AC＝2AB となる点 C をかき入れなさい。

□(2)　AD＝4AB となる点 D をかき入れなさい。

3 右の図の平行四辺形 **ABCD** について，次の(1)～(4)に答えなさい。

□(1)　辺 AB と辺 DC の位置の関係を記号を使って表しなさい。

□(2)　辺 BC と線分 DF の位置の関係を記号を使って表しなさい。

□(3)　㋐の角を記号を使って表しなさい。

□(4)　点 D と辺 AB との距離を表す線分はどれですか。

ヒント　**2** (1)2ABは，ABの2倍の長さを表します。
3 (1)平行四辺形の向かい合う辺は平行です。

定期テスト
予報

●直線の位置の関係を覚えておこう。
2直線が平行であるのは，その2直線が交わらないとき，2直線が垂直であるのは，その2直線が90°に交わるときだよ。平行と垂直を表す記号も覚えておこう。

4 右の図の円 O に，円周上の点 P を通る接線を
□ 定規と分度器を使ってひきなさい。

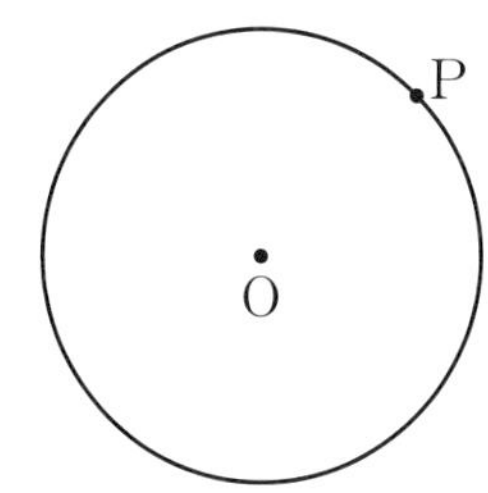

5 半径が 2cm で，中心角∠AOB＝150°の
□ おうぎ形 OAB をかきなさい。

6 次の(1)～(4)に答えなさい。

□(1) 直径が 10cm の円の円周の長さと面積を求めなさい。

□(2) 半径が 8cm，中心角が 225°のおうぎ形の弧（こ）の長さと面積を求めなさい。

□(3) 半径が 6cm，弧の長さが 9π cm のおうぎ形の中心角と面積を求めなさい。

□(4) 半径が 10cm，弧の長さが 6π cm のおうぎ形の中心角と面積を求めなさい。

4 円の接線は，その接点を通る半径に垂直なので，線分OPと接線は90°で交わります。
6 (2)半径 r，中心角 a°の，おうぎ形の弧の長さは $2\pi r\times\frac{a}{360}$，面積は $\pi r^2\times\frac{a}{360}$ です。

解答▶▶ p.31

ぴたトレ 1 要点チェック

5章 平面の図形

2節 図形と作図
① 条件を満たす点の集合／② 線分の垂直二等分線／③ 角の二等分線

●条件を満たす点の集合

教科書 p.178～179

□ **例題1** **点Pを中心とする半径が8cmの円があります。この円を，点の集合ということばを使っていい表しなさい。** ▸▸1

考え方 円は，中心から等しい距離にある点の集合です。

答え 点Pから [ ] cmの距離にある点の集合である。

●線分の垂直二等分線の作図

教科書 p.180～181

□ **例題2** **線分ABの垂直二等分線PQの作図のしかたを説明しなさい。** ▸▸2

答え
❶ 点Aを中心として，適当な半径の円をかく。
❷ 点 [ ] を中心として，❶と等しい半径の円をかき，❶との交点をP，Qとする。
❸ 直線PQをひく。

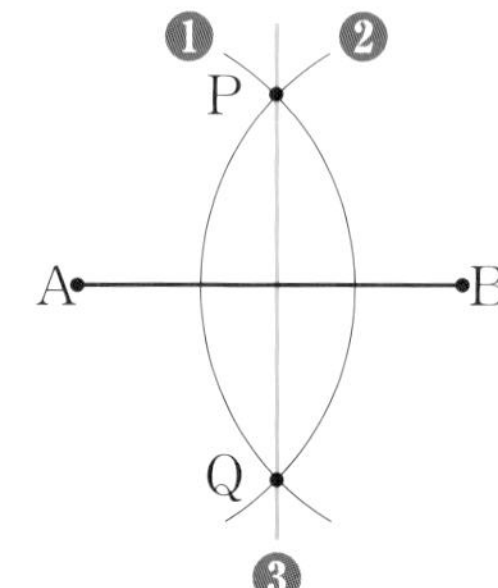

プラスワン 線分の垂直二等分線

線分ABの垂直二等分線上の点は，2点A，Bまでの距離が等しくなります。また，2点A，Bから等しい距離にある点は，いつでも線分ABの垂直二等分線上にあります。

●角の二等分線の作図

教科書 p.182～183

□ **例題3** **右の図の∠AOBの二等分線の作図のしかたを説明しなさい。** ▸▸3

答え
❶ 点Oを中心とする円をかき，半直線OA，OBとの交点をそれぞれC，Dとする。
❷ 点C，[ ] をそれぞれ中心とし，半径が等しい円を交わるようにかき，∠AOBの内部にあるその交点をPとする。
❸ 半直線OPをひく。

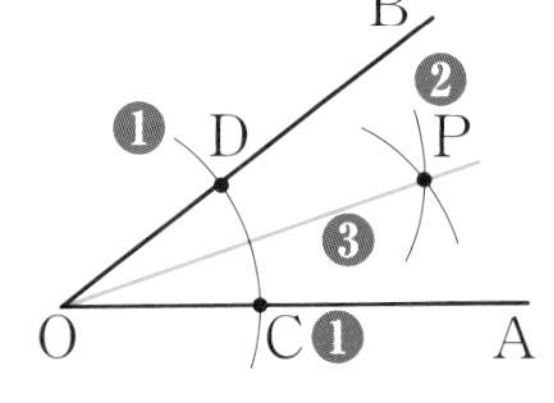

プラスワン 角の二等分線

∠AOBの二等分線上の点は，2つの半直線OA，OBまでの距離が等しくなります。また，∠AOBの2つの半直線OA，OBから等しい距離にある点は，いつでも∠AOBの二等分線上にあります。

作図のときにかいた線は，残しておきましょう。

1 【条件を満たす点の集合】下の図に，直線 ℓ にそってを転がる円Oの中心の集合をかきなさい。

教科書 p.179 Q4

●キーポイント
直線 ℓ 上を転がしても，中心Oと直線 ℓ との距離は変わりません。

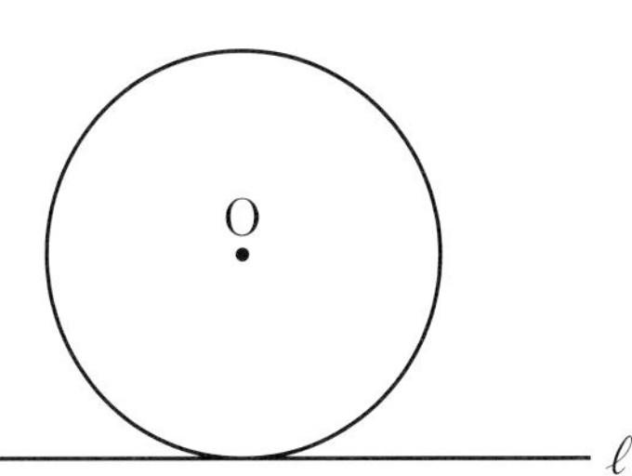

2 【線分の垂直二等分線の作図】（絶対理解）

右の図に，線分ABの垂直二等分線を作図しなさい。

教科書 p.181 Q1，2

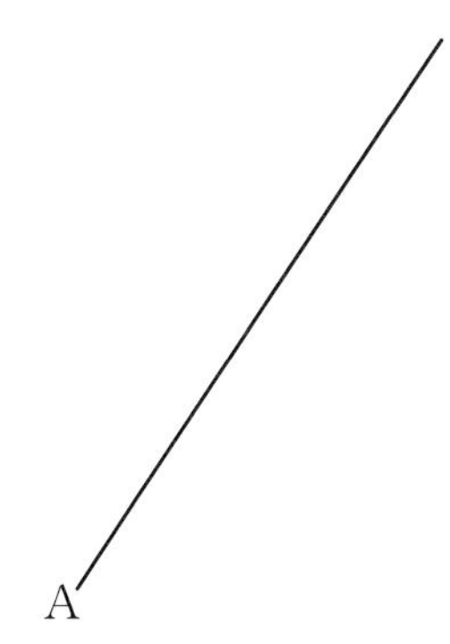

⚠ミスに注意
作図でかいた線は，消さずに残しておきましょう。

3 【角の二等分線の作図】（よく出る）下の図に，∠AOBの二等分線をそれぞれ作図しなさい。

教科書 p.183 Q2

□(1)

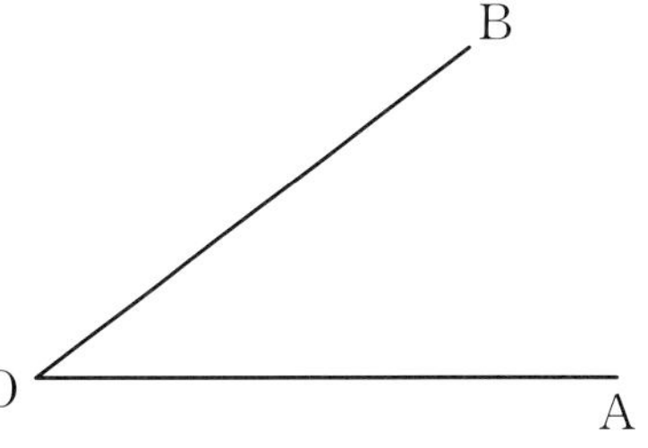

□(2)

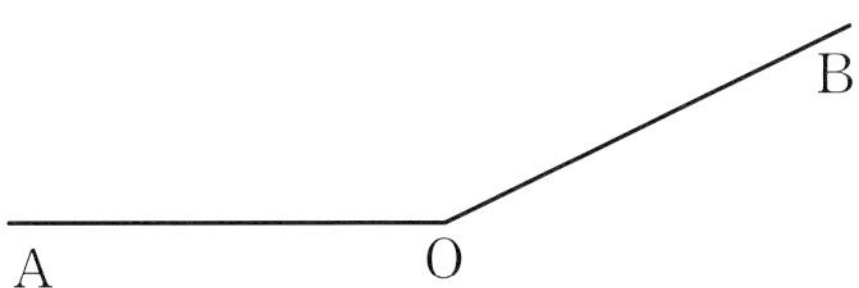

例題の答え **1** 8 **2** B **3** D

解答▶▶ p.32

ぴたトレ **1**
要点チェック

5章　平面の図形

2節　図形と作図
④ いろいろな作図／⑤ 75°の角をつくろう

●いろいろな作図

教科書 p.184〜185

直線ℓ上の点Pを通るℓの垂線の作図のしかたを説明しなさい。 ▶▶1 2

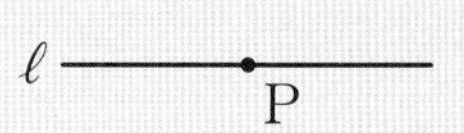

答え
❶ 点Pを中心とする円をかき，その円と直線ℓとの交点をA，Bとする。
❷ 点A，［　　　］をそれぞれ中心とする等しい半径の円をかき，その交点をQとする。
❸ 直線PQをひく。

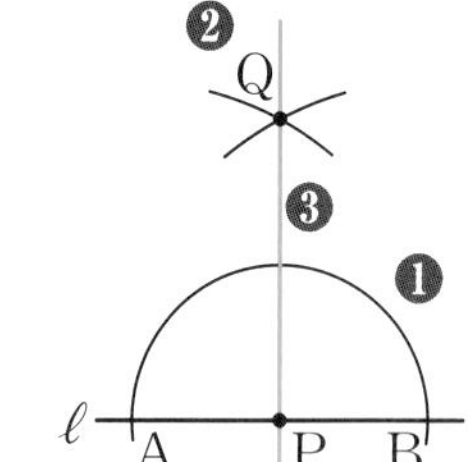

例題 2

直線ℓ上にない点Pを通るℓの垂線の作図のしかたを説明しなさい。 ▶▶1 2

答え
❶ 点Pを中心とする円をかき，その円と直線ℓとの交点をA，Bとする。
❷ 点A，Bをそれぞれ中心とする等しい半径の円をかき，その交点をQとする。
❸ 直線［　　　］をひく。

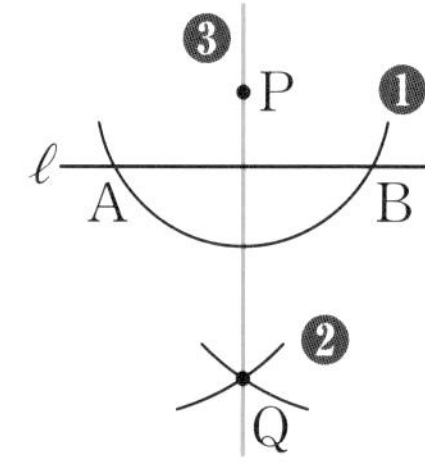

プラスワン　直線ℓ上にない点Pを通るℓの垂線の作図（別解）

❶ 直線ℓ上に適当な点Aをとり，半径APの円をかく。
❷ 直線ℓ上に適当な点Bをとり，半径BPの円をかいて，点P以外の❶の円との交点をQとする。
❸ 直線PQをひく。

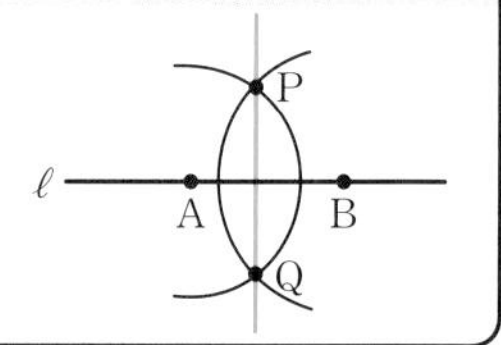

●角の作図

教科書 p.186〜187

∠AOB＝30°となる作図のしかたを説明しなさい。 ▶▶3

考え方　正三角形の1つの角が60°であることを使います。

答え
❶ 点O，Aをそれぞれ中心として，半径OAの円をかき，その交点をCとする。
❷ ∠AOCの［　　　］をひく。

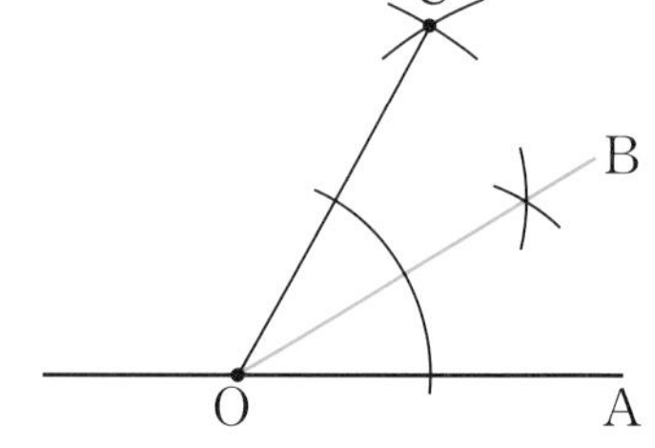

絶対理解 **1** 【垂線の作図】下の図に，点Pを通る直線 ℓ の垂線をそれぞれ作図しなさい。

教科書 p.184 Q1

□(1)

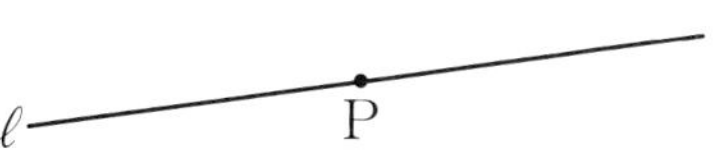

□(2)

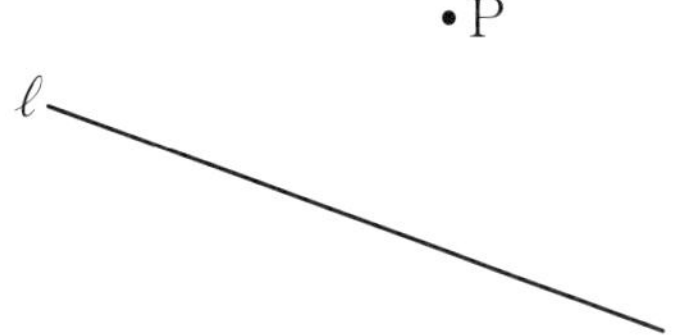

2 【いろいろな作図】下の図に，円Oの円周上の点Aを通る接線を作図しなさい。

□

教科書 p.185 Q3

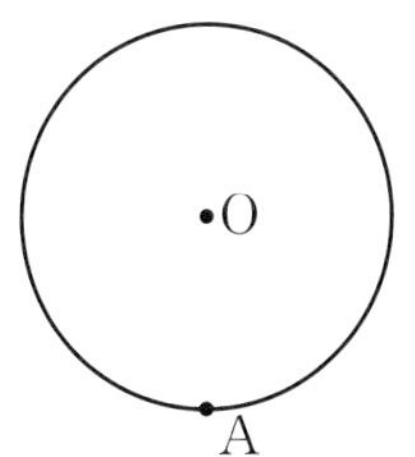

●キーポイント
円の接線は，接点を通る円の半径に垂直です。

3 【角の作図】次の線分ABについて，下の(1)，(2)に答えなさい。 教科書 p.186～187

□(1) ∠AOC＝45°になるように作図しなさい。

□(2) ∠AOD＝120°になるように作図しなさい。

●キーポイント
(1) 45°は90°の半分です。
(2) 120°は90°+30°です。

例題の答え **1** B **2** PQ **3** 二等分線

解答▶▶ p.32

ぴたトレ 1
要点チェック

5章 平面の図形
3節 図形の移動
①／②／③／④

●平行移動

教科書 p.190〜195

例題1 右の図で，△A′B′C′は，△ABCを矢印の方向に，その長さだけ平行移動（へいこういどう）したものです。
次の(1)，(2)に答えなさい。 ▶▶1 4

(1) 線分AA′と長さの等しい線分を答えなさい。
(2) 線分AA′と平行な線分を答えなさい。

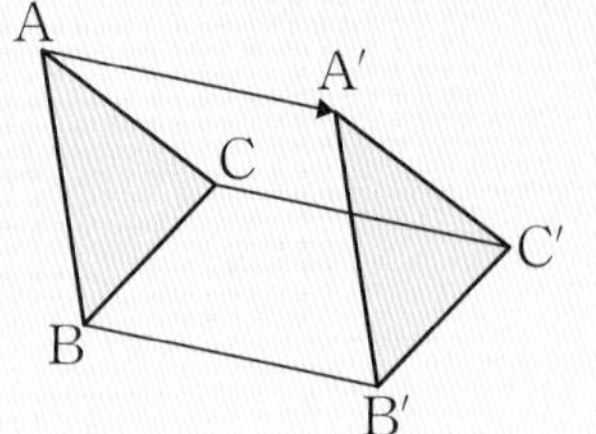

考え方 平行移動では，対応する2点を結ぶ線分は，どれも平行で長さが等しいです。
└図形をある方向に一定の長さだけずらす移動

答え (1) 線分BB′，線分①［　　］ AA′＝BB′＝CC′
(2) 線分BB′，線分②［　　］ AA′//BB′//CC′

●回転移動

教科書 p.190〜195

例題2 右の図で，△A′B′C′は，△ABCを点Oを中心として，反時計回りに回転移動（かいてんいどう）したものです。
次の(1)，(2)に答えなさい。 ▶▶2

(1) 線分OAと長さの等しい線分を答えなさい。
(2) ∠BOB′と大きさの等しい角を答えなさい。

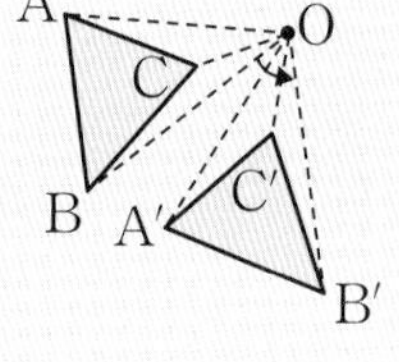

考え方 (1) 回転の中心は，対応する2点から等しい距離（きょり）にあります。
(2) 対応する2点と回転の中心を結んでできる角の大きさはすべて等しいです。

答え (1) 線分①［　　］ OA＝OA′
(2) ∠AOA′，∠②［　　］ ∠AOA′＝∠BOB′＝∠COC′

●対称移動

教科書 p.190〜195

例題3 右の図で，△A′B′C′は，△ABCを直線ℓを対称軸（たいしょうじく）として対称移動（たいしょういどう）したものです。線分AA′，BB′，CC′と直線ℓとの交点をそれぞれP，Q，Rとします。次の(1)，(2)に答えなさい。 ▶▶3 4

(1) 線分AA′と直線ℓとの関係を記号を使って表しなさい。
(2) 線分APと線分A′Pとの関係を記号を使って表しなさい。

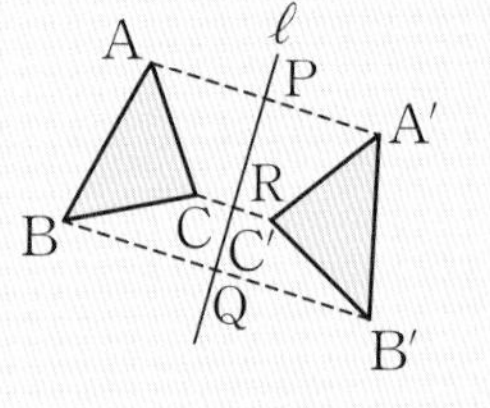

考え方 対称軸は，対応する2点を結ぶ線分の垂直二等分線です。

答え (1) AA′①［　　］ℓ
(2) AP②［　　］A′P

絶対理解 **1** 【平行移動】下の図の△ABCを，矢印の方向に，線分の長さだけ平行移動させてできる
□ △A′B′C′をかきなさい。 教科書 p.192 活動 1

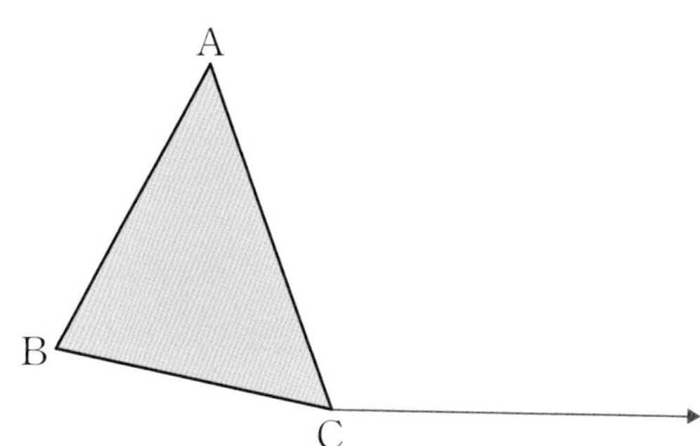

●キーポイント
定規とコンパスを使い，
AA′//BB′//CC′,
AA′=BB′=CC′
となるように，点A′, B′, C′を決めます。

よく出る **2** 【回転移動】下の図の△ABCを，点Oを中心として180°回転移動させてできる△A′B′C′
□ をかきなさい。 教科書 p.192 活動 2

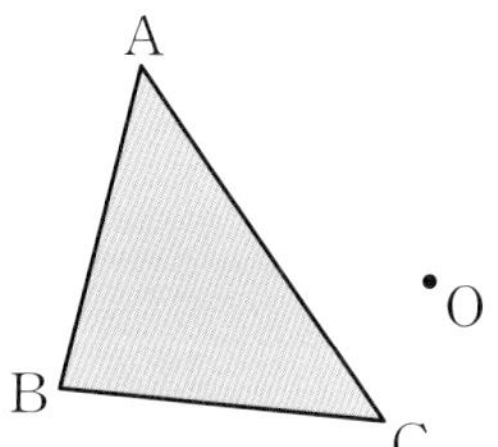

●キーポイント
180°の回転移動を，点対称移動（てんたいしょういどう）といいます。
点対称移動では，対応する点と回転の中心は，それぞれ1つの直線上にあります。

よく出る **3** 【対称移動】右の四角形
□ ABCDを，直線ℓを対称軸として対称移動させてできる四角形A′B′C′D′をかきなさい。 教科書 p.193 活動 3

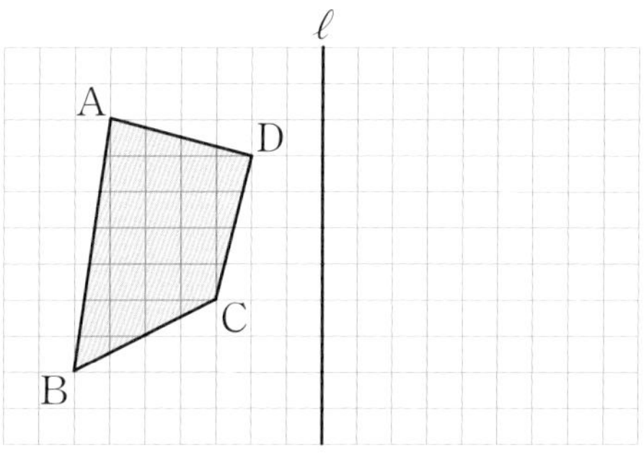

●キーポイント
対応する2点と直線ℓまでの距離は等しくなります。また，対応する2点と直線ℓは垂直に交わります。

4 【移動の組み合わせ】右の図は，△ABCを△PQRに移動したところを示しています。どのような移動
□ を組み合わせたものか，移動した順に書きなさい。 教科書 p.194 Q1

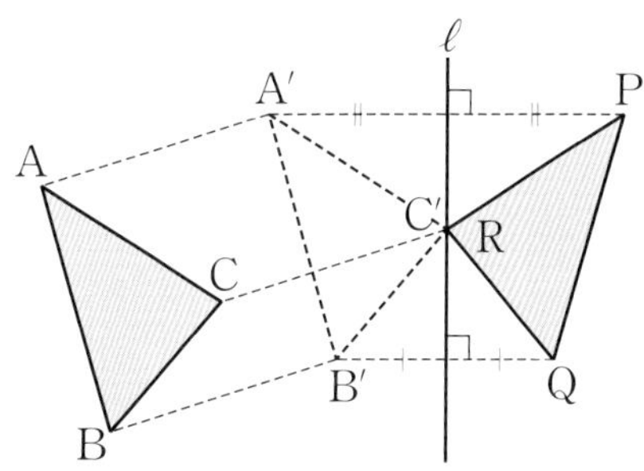

5章 教科書190〜196ページ

例題の答え **1** ①CC′ ②CC′ **2** ①OA′ ②COC′ **3** ①⊥ ②＝

解答▶▶ p.33

1 右の△ABCについて，次の(1)，(2)に答えなさい。

□(1)　点Aを通る辺BCの垂線を作図しなさい。

□(2)　∠ABCの二等分線を作図しなさい。

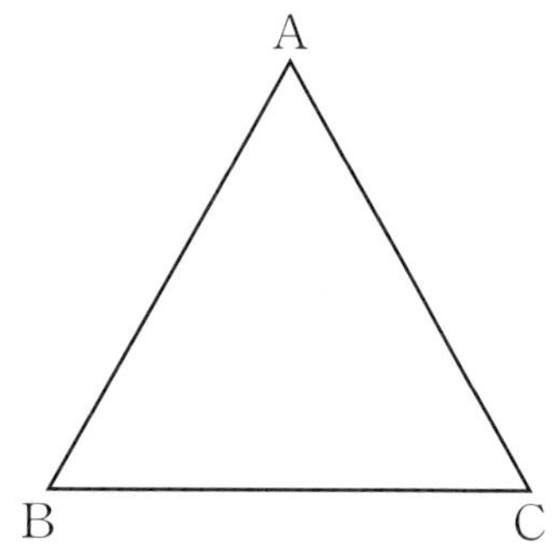

2 下の図に，円Oの円周上の点Pを通る接線を作図しなさい。
□

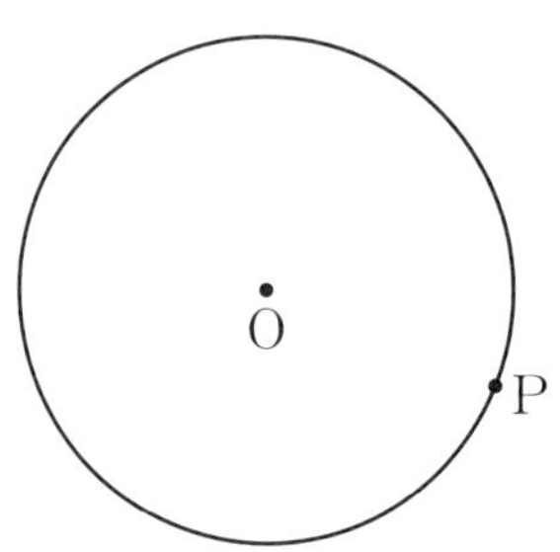

3 右の図で，頂点Aが，辺BC上の点Pと
□ 重なるように折り返すとき，その折り目となる直線DEを作図しなさい。

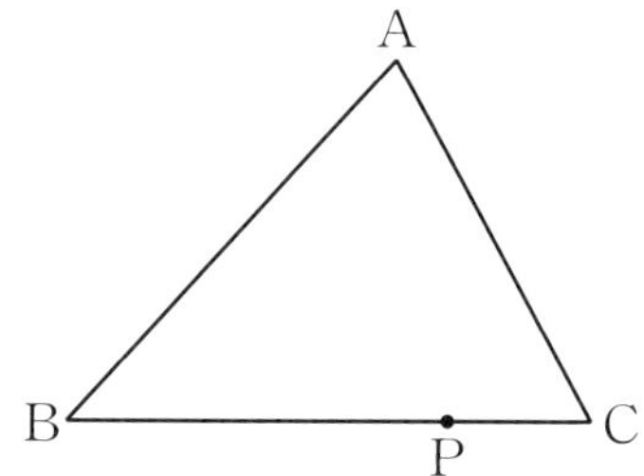

4 ∠AOB＝105°になるように作図しなさい。
□

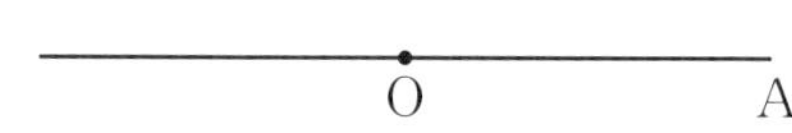

ヒント　3 直線DEは線分APと垂直に交わります。
4 105°＝90°＋15°と考えます。

定期テスト予報

●作図の方法，移動の種類を覚えておこう。
テストによく出る作図の基本は，垂直二等分線，角の二等分線，垂線の3つだよ。
移動は，①平行移動　②回転移動　③対称移動の3種類を覚えよう。

5 右の図は，台形 ABCD をℓを軸(じく)に対称移動(たいしょういどう)して A′B′C′D′ とし，A′B′C′D′ を m を軸に対称移動して A″B″C″D″ としたものです。ただし，$\ell /\!/ m$ です。
これについて，次の(1)〜(3)に答えなさい。

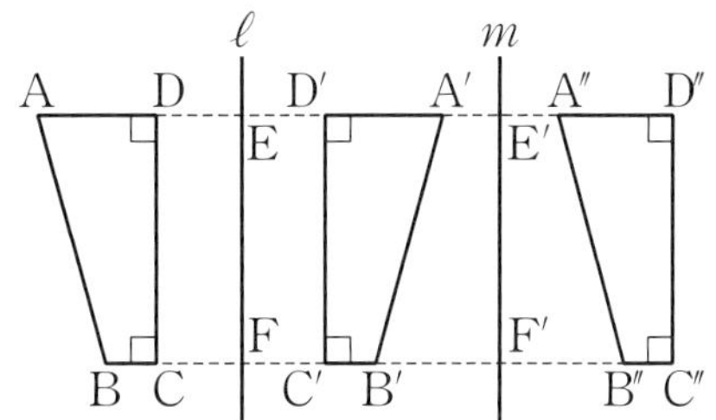

□(1)　線分 DE の長さと等しい線分はどれですか。

□(2)　線分 C′F′ の長さと等しい線分はどれですか。

□(3)　辺 AB と辺 A″B″ の位置の関係を記号で書きなさい。

6 右の図で，△ABC を次のように移動させた△A′B′C′ をかきなさい。

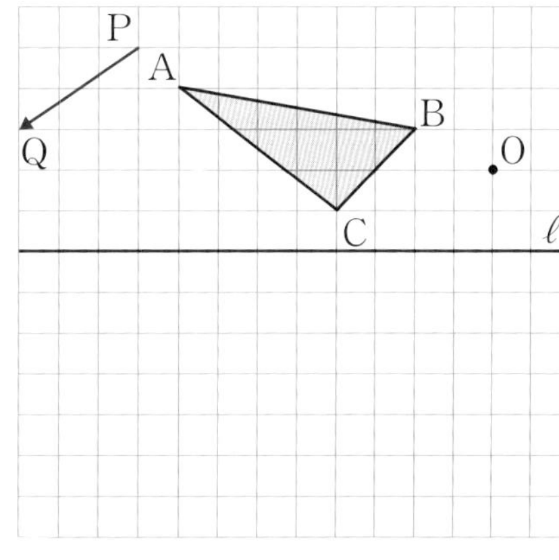

□(1)　△ ABC を，矢印 PQ の方向に線分 PQ の長さだけ平行移動させる。

□(2)　△ ABC を，点 O を中心として反時計回りに 90 °回転移動させる。

□(3)　△ ABC を，直線ℓを対称軸として対称移動させる。

7 右の図の△ ABC を，点 O を中心として点対称移動させてできる△ A′B′C′ をかきなさい。

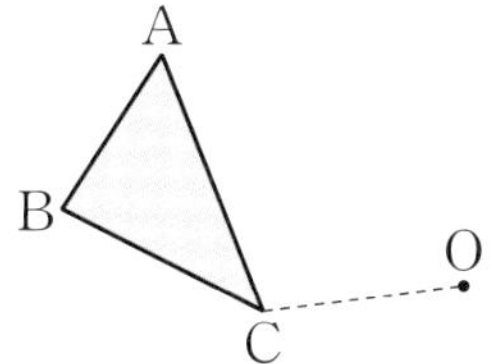

ヒント

5 直線ℓとmは，それぞれ対称軸になっています。
6 (2)対応する2点は，回転の中心Oからの距離(きょり)が等しいから，コンパスを使ってかくとよいです。

5章　教科書178〜196ページ

解答▶▶ p.33

時間30分　/100点　合格70点

❶ 右の図の台形ABCDについて，次の(1)〜(4)に答えなさい。 知

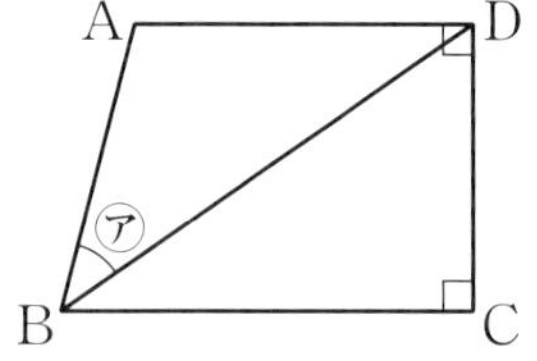

(1) 辺ADと辺CDが垂直であることを，記号で表しなさい。

(2) 台形の1組の向かい合う辺が平行であることを，記号で表しなさい。

(3) ㋐の角を，記号を使って表しなさい。

(4) 点Dと直線BCとの距離（きょり）を表す線分はどれですか。

❶ 点/28点(各7点)

(1)	
(2)	
(3)	
(4)	

❷ 下の四角形ABCDに，3辺AB，BC，CDまでの距離が等しい点Pを作図しなさい。 知

❷ 点/8点

左の図にかき入れる

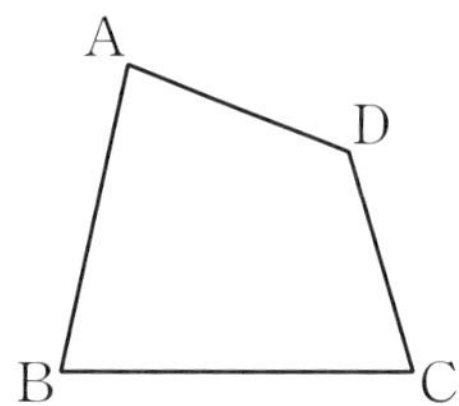

❸ 次の(1)，(2)を作図しなさい。 知

(1) 下の△ABCで，辺BCを底辺としたときの高さAH

(2) 下の図で，円Oの周上にあって，2点A，Bから等しい距離にある点P

❸ 点/16点(各8点)

(1)	左の図にかき入れる
(2)	左の図にかき入れる

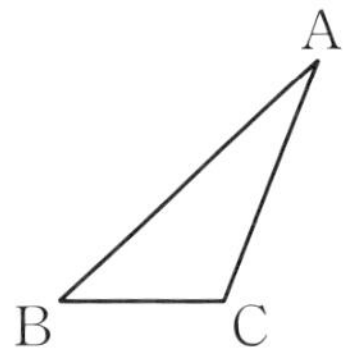

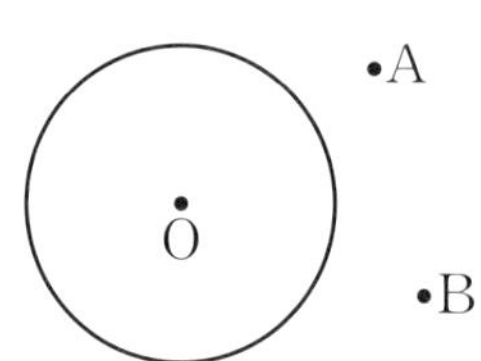

成績評価の観点　知…数量や図形などについての知識・技能　考…数学的な思考・判断・表現

❹ 右の図のように，長方形ABCDの各辺の中点をそれぞれE，F，G，Hとし，対角線の交点をOとします。これについて，次の(1)〜(3)に答えなさい。 知

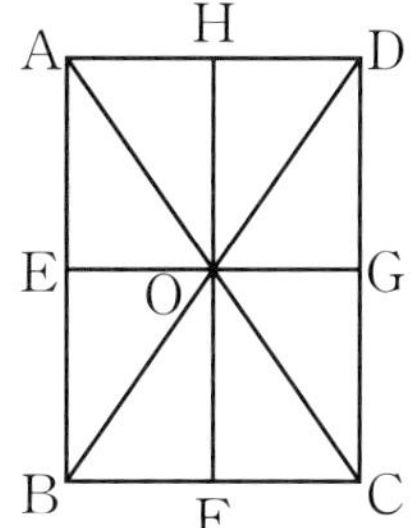

(1) △AEOを，平行移動させて重なる三角形はどれですか。

(2) △AEOを，点Oを中心として点対称移動させて重なる三角形はどれですか。

(3) △AEOを，対称移動させて重なる三角形はどれとどれですか。

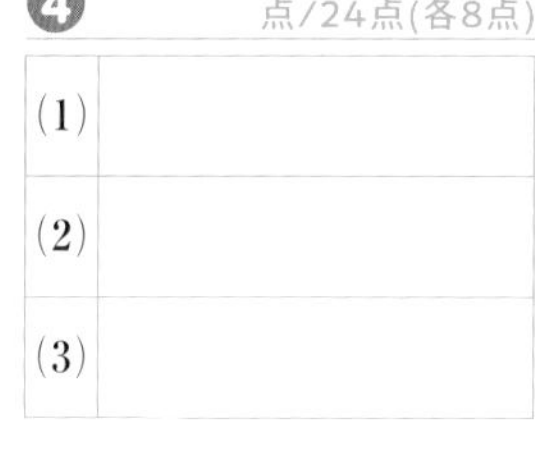

❹	点/24点(各8点)
(1)	
(2)	
(3)	

❺ 次の(1)，(2)に答えなさい。 知

(1) 下の図の△ABCを，点Oを中心として時計回りに45°回転移動させた図をかきなさい。

(2) 下の図の四角形ABCDを，直線ℓについて対称移動させた図をかきなさい。

❺	点/16点(各8点)
(1)	左の図にかき入れる
(2)	左の図にかき入れる

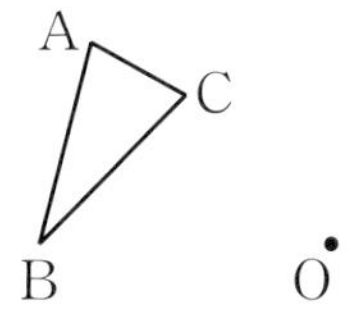

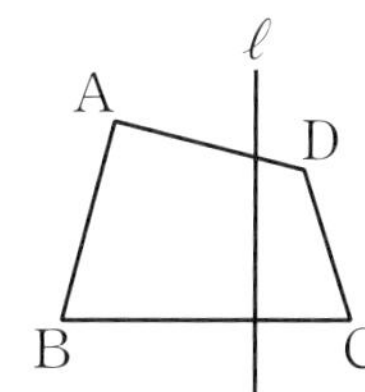

5章

教科書164〜199ページ

❻ 下の図に，直線ℓ上の点Pで接し，点Qを通る円を作図しなさい。 考

❻	点/8点
左の図にかき入れる	

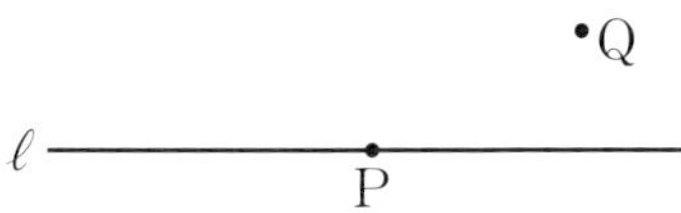

知 /92点	考 /8点

解答▶▶ p.35

教科書のまとめ〈5章　平面の図形〉

●円の接線

円の接線はその接点を通る半径に垂直である。

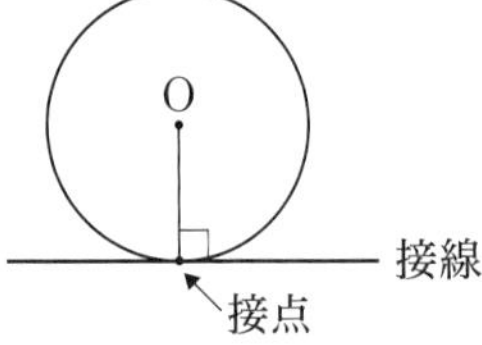

●円周の長さと円の面積

半径 r の円で，円周の長さを ℓ，面積を S とすると，

$\ell=2\pi r$　　$S=\pi r^2$

●おうぎ形の弧の長さと面積

半径 r，中心角 $a°$ のおうぎ形の弧の長さを ℓ，面積を S とすると，

$\ell=2\pi r\times\dfrac{a}{360}$

$S=\pi r^2\times\dfrac{a}{360}$

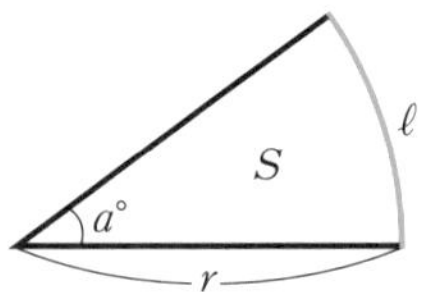

●線分の垂直二等分線の作図

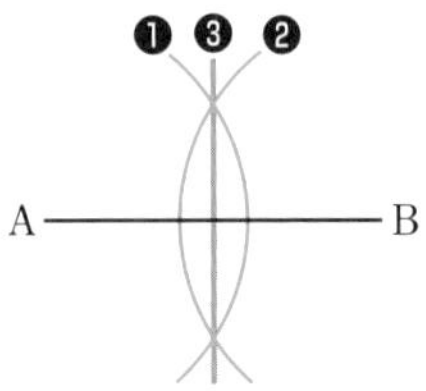

●角の二等分線の作図

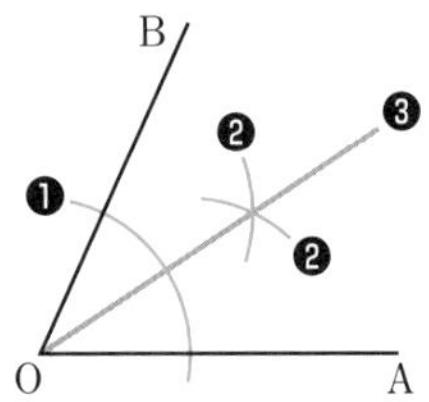

●垂線の作図

・直線 ℓ 上の点 O を通る垂線

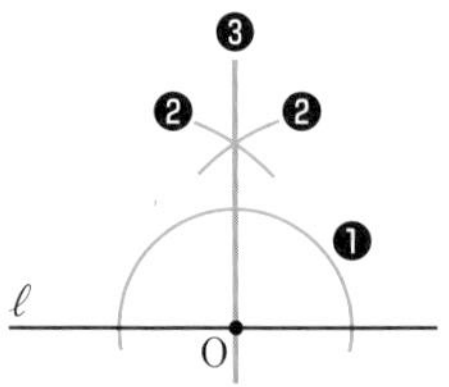

・直線 ℓ 上にない点 P を通る ℓ の垂線

方法 1

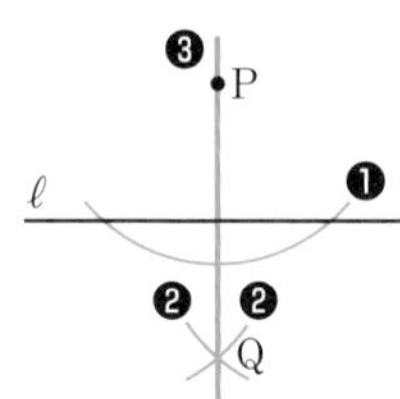

方法 2

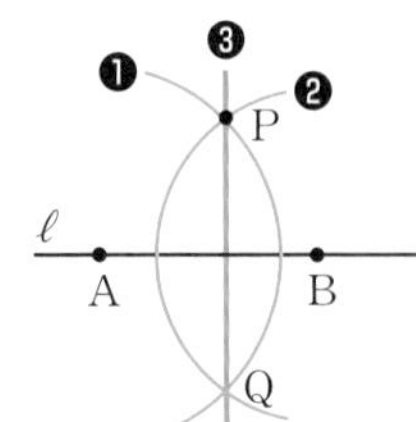

●平行移動

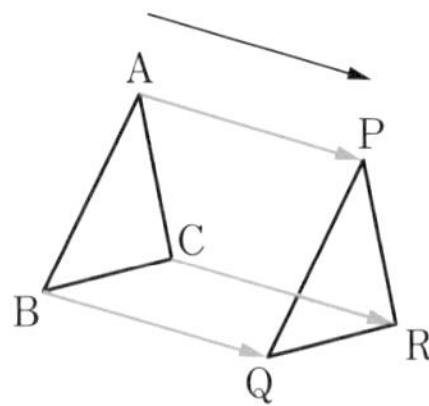

対応する2点を結ぶ線分は，どれも平行で長さが等しい。

●回転移動

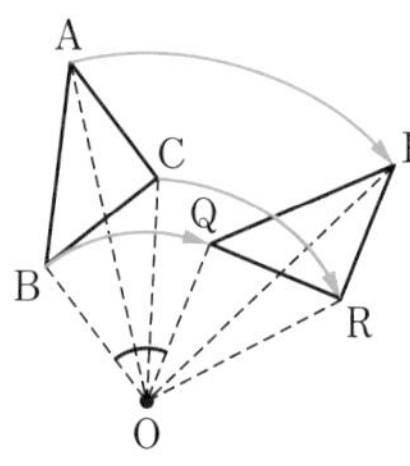

・回転の中心は，対応する2点から等しい距離にある。

・対応する2点と回転の中心を結んでできる角はすべて等しい。

・180° の回転移動を，**点対称移動**という。

●対称移動

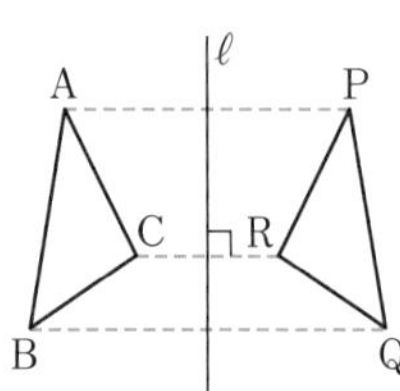

対称軸は，対応する2点を結ぶ線分の垂直二等分線である。

ぴたトレ 0 スタートアップ

6章　空間の図形

次の学習に入る前に取り組もう。

□見取図と展開図　◀ 小学5年

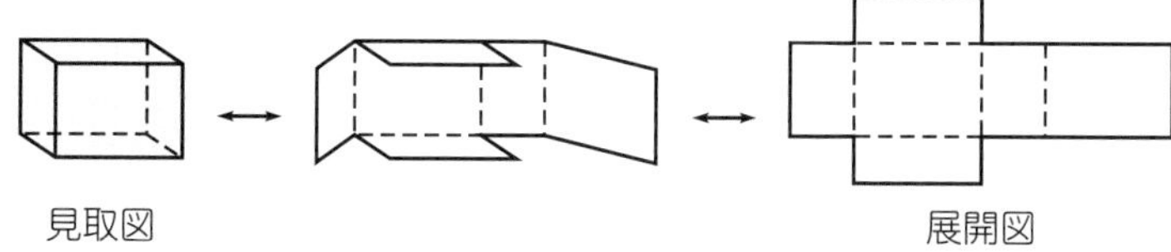

□角柱，円柱の体積の公式　◀ 小学6年

角柱の体積＝底面積×高さ　　円柱の体積＝底面積×高さ

1 次の展開図からできる立体の名前を答えなさい。　◀ 小学5年〈角柱と円柱〉

(1)

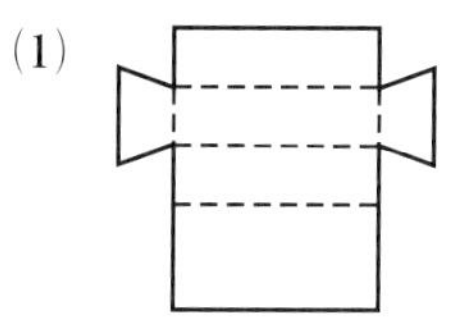

(2)

ヒント
(2)三角形を底面と考えると……

2 右の展開図を組み立てて，立方体をつくります。　◀ 小学4年〈直方体と立方体〉

(1) 辺EFと重なる辺はどれですか。

(2) 頂点Eと重なる頂点をすべて答えなさい。

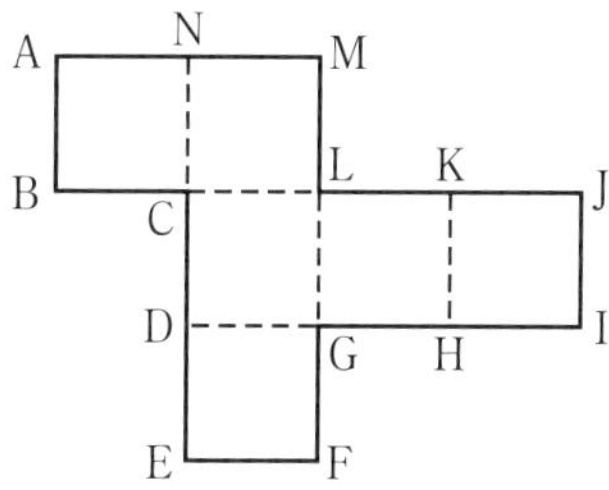

ヒント
例えばCDGLを底面と考えて，組み立てると……

3 次の立体の体積を求めなさい。ただし，円周率を3.14とします。　◀ 小学6年〈立体の体積〉

ヒント
底面はどこか考えると……

(1) 直方体

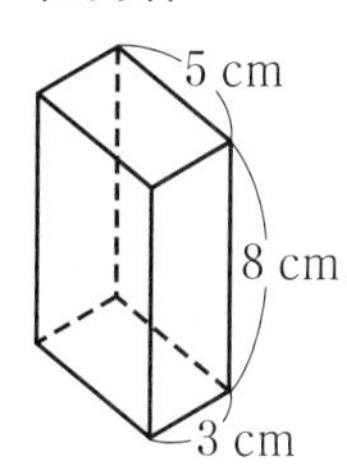

(2) 三角柱

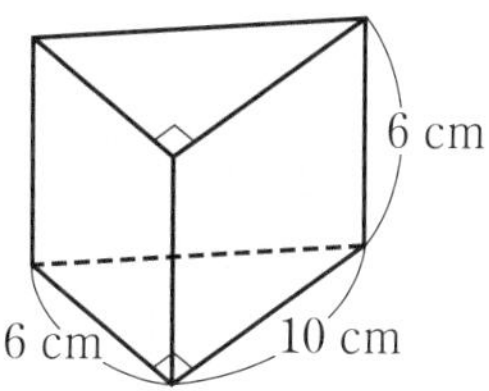

(3) 円柱

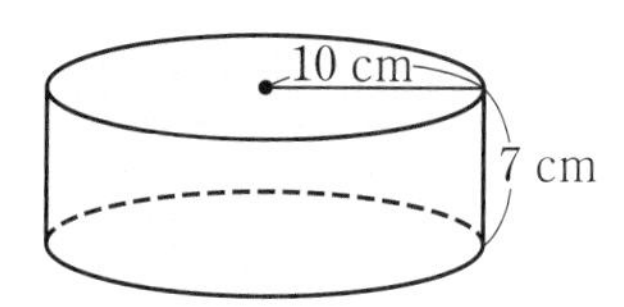

(4) 円柱

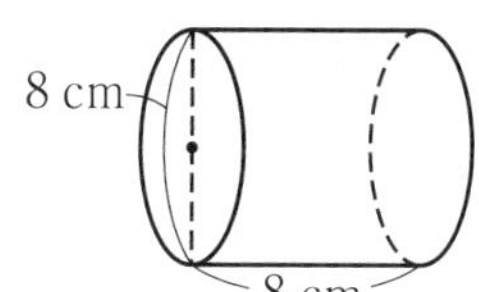

6章

6章　空間の図形
1節　空間にある立体 ①／② ／2節　空間にある図形 ①／②

●いろいろな立体

教科書 p.204〜207

例題 1 下の(1)〜(3)の立体の名前を答えなさい。 ▶▶ 1 2

(1)　(2)　(3)　どの面も合同な正三角形

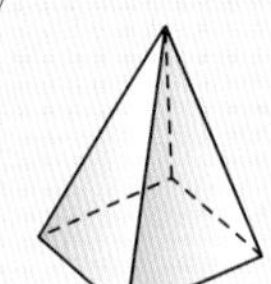
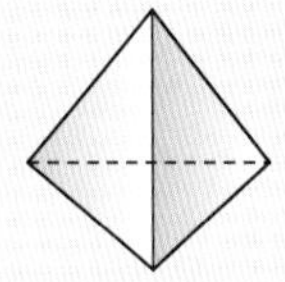

考え方　(1), (2)は底面の形に着目します。
(3)は面の数に着目します。

答え
(1) ① ←底面が四角形
(2) ② ←底面が円
(3) ③ ←面の数が4つの正多面体

プラスワン　角錐，円錐

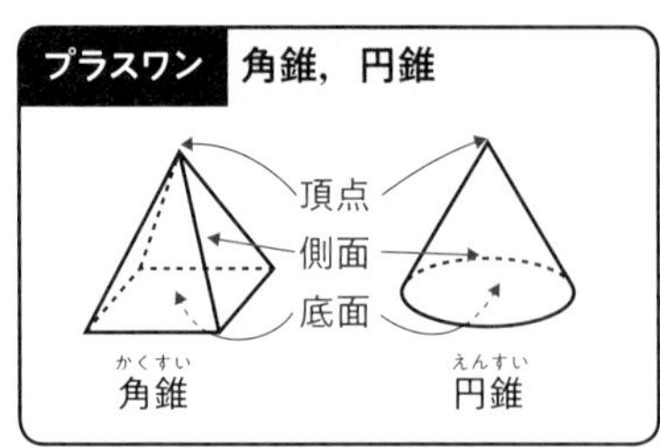

●平面の決定，直線，平面の位置関係

教科書 p.208〜211

例題 2 右の図の三角柱で，辺を直線とみて，次の(1)〜(4)にあてはまる直線を答えなさい。 ▶▶ 3 4

(1)　直線ABと平行な直線
(2)　直線ABとねじれの位置にある直線
(3)　平面Pと平行な直線　　(4)　平面P上にある直線

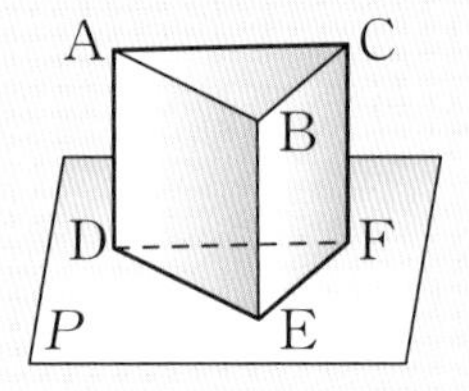

考え方　(2)　直線ABと平行でなく，交わらない位置にある直線がねじれの位置にある直線です。

答え
(1)　直線①
(2)　直線CF，直線DF，直線②
(3)　直線AB，直線BC，直線③
(4)　直線DE，直線④，直線DF

プラスワン　2直線の位置関係

・2直線の位置関係

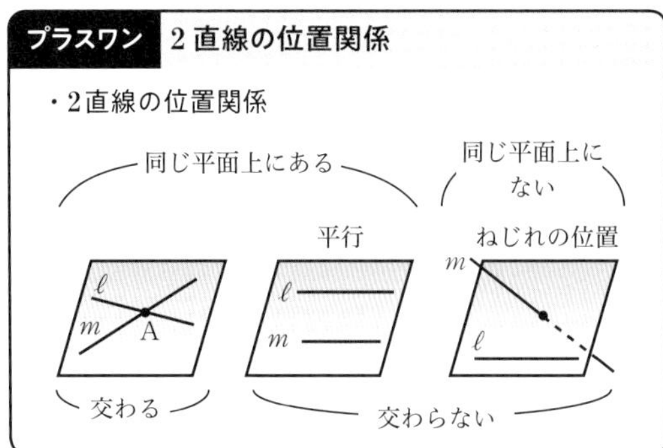

プラスワン　直線，平面の位置関係

・直線と平面の位置関係

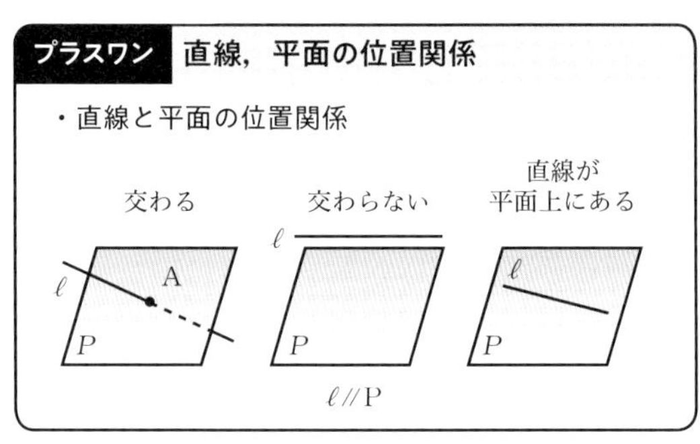

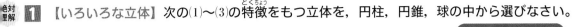

絶対理解 **1** 【いろいろな立体】次の(1)〜(3)の特徴(とくちょう)をもつ立体を，円柱，円錐，球の中から選びなさい。

教科書 p.204〜206

□(1) 底面の形が円で，底面が1つの立体

□(2) 底面の形が円で，底面が2つある立体

□(3) 平面の部分がない立体

2 【正多面体】正十二面体について，頂点の数，辺の数を答えなさい。

教科書 p.207 Q1

□

●キーポイント
1つの頂点に面が3つ，1つの辺に面が2つ集まっています。

3 【平面の決定】次の場面で，平面が1つに決まらないものはどれですか。

教科書 p.209 活動 2

□

㋐ 1直線とその上にない1点がある場合
㋑ 交わる2直線がある場合
㋒ 平行な2直線がある場合
㋓ 一直線上に3点がある場合

●キーポイント
平面の決定の条件
1 一直線上にない3点
2 1直線とその上にない点
3 交わる2直線
4 平行な2直線

よく出る **4** 【直線，平面の位置関係】下の図の三角柱で，辺を直線，面を平面とみて，次の平面をすべて答えなさい。

教科書 p.211 Q2

□(1) 直線ACと平行な平面

□(2) 直線ADがふくまれる平面

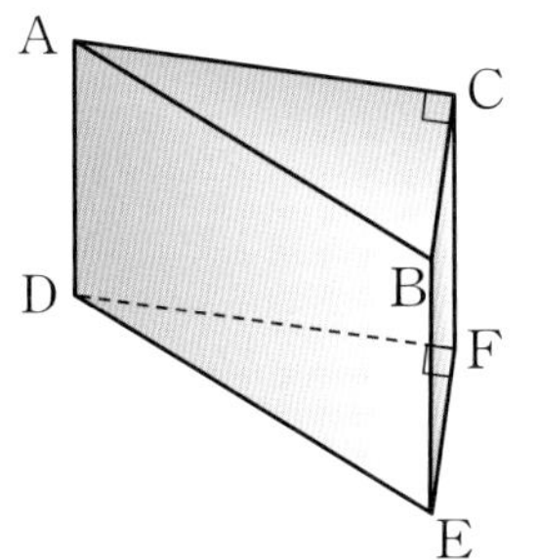

●キーポイント
(2) 1つの辺(直線)に2つの平面が集まっています。

例題の答え **1** ①四角錐　②円錐　③正四面体(正三角錐)

2 ①DE(ED)　②EF(FE)　③AC(CA)　④EF(FE)

解答▶▶ p.36

ぴたトレ 1 要点チェック

6章 空間の図形

2節 空間にある図形 ③ 空間における垂直と距離 / 3節 立体のいろいろな見方 ① 動かしてできる立体

●直線と平面，2平面の位置関係

教科書 p.212～213

例題1 右の図の三角柱で，辺を直線，面を平面とみて，次の(1)～(3)にあてはまる平面を答えなさい。 ▸▸1

(1) 直線BEに垂直な平面　(2) 平面ABCと平行な平面

(3) 平面ADFCと垂直な平面

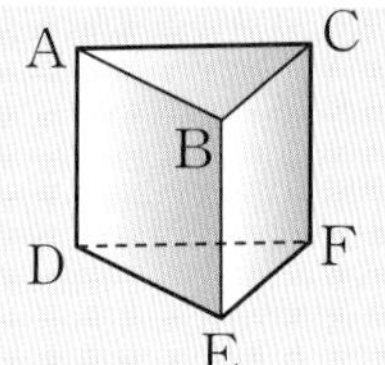

考え方 (2) 平面ABCと交わらない平面です。　(3) 平面ADFCの辺と垂直な平面です。

答え (1) BE⊥AB，BE⊥BC，BE⊥DE，BE⊥EFより，直線BEに垂直なのは，平面ABC，平面①[　　]

(2) 平面②[　　] ←三角柱の2つの底面は平行

(3) AD⊥平面ABCより，平面ADFCは直線ADをふくんでいるから，平面ADFCと垂直なのは，平面③[　　]

同様に考えて，平面ADFCと垂直なのは，平面④[　　]

プラスワン 垂直と距離

・点Aと平面Pとの距離（きょり）

A, B, P

AB⊥P

・平行な2平面P，Q間の距離

P, A, Q, B

P//Q　AB⊥Q

●動かしてできる立体

教科書 p.214～215

例題2 右の図の直角三角形ABCを，(1)，(2)のように動かしてできる立体の名前を答えなさい。 ▸▸2 3

(1) 直角三角形ABCと垂直な方向に動かす

(2) 直線ABを回転の軸（じく）として1回転させる

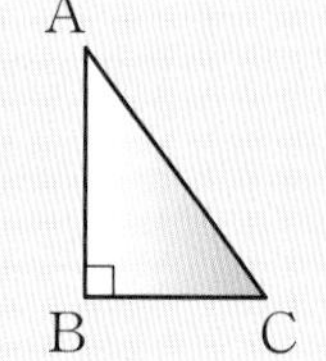

考え方 (1) 角柱や円柱は，底面の図形をそれと垂直な方向に一定の距離だけ動かしてできる立体とみることができます。

答え (1) ①[　　]　(2) ②[　　]

底面が直角三角形

(2)のような立体を回転体（かいてんたい）といいます。

プラスワン 動かしてできる立体

・底面をそれと垂直な方向に動かす

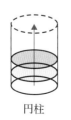

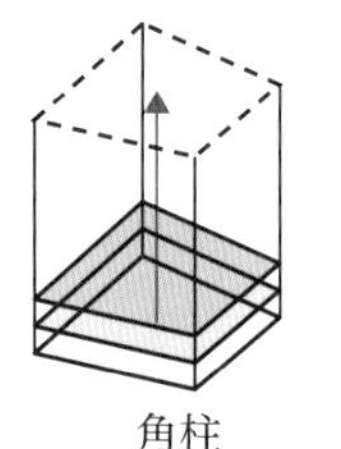

角柱　円柱

・図形を直線ℓのまわりに1回転させる

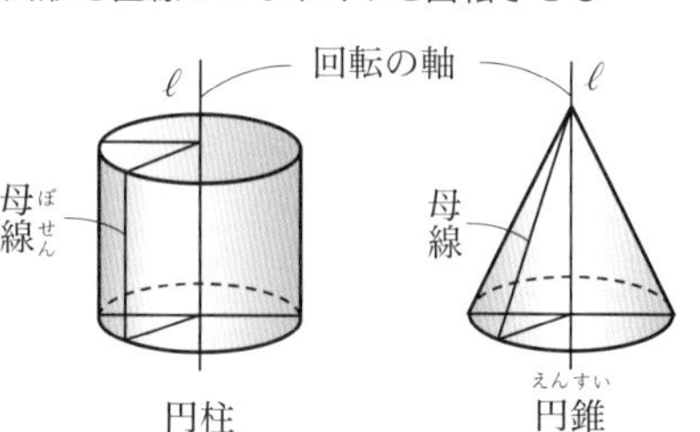

円柱　円錐（えんすい）

よく出る **1** 【2平面の位置関係】下の図の四角柱で，辺を直線，面を平面とみて，次の辺や平面をすべて答えなさい。

教科書 p.212Q2，p.213活動2

□(1) 点Cと平面EFGHとの距離を示している辺

□(2) 平面ABCDと平行な平面

□(3) 平面ABCDと垂直な平面

●キーポイント
(1) 点Cから平面EFGHへの垂線の長さが距離になります。

2 【動かしてできる立体】右の図の正方形を，それと垂直な方向に6cm
□ 動かしてできる立体の見取図をかきなさい。見取図には長さもかき込(こ)みなさい。

教科書 p.214 活動 1

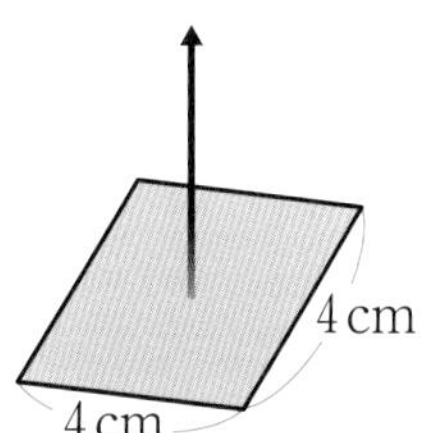

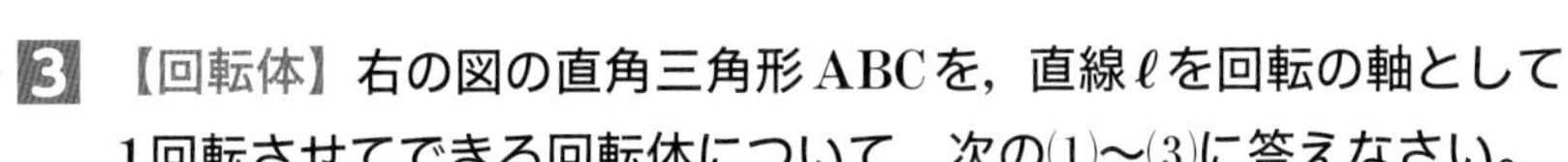

絶対理解 **3** 【回転体】右の図の直角三角形ABCを，直線ℓを回転の軸として1回転させてできる回転体について，次の(1)〜(3)に答えなさい。

教科書 p.215 活動2，Q2

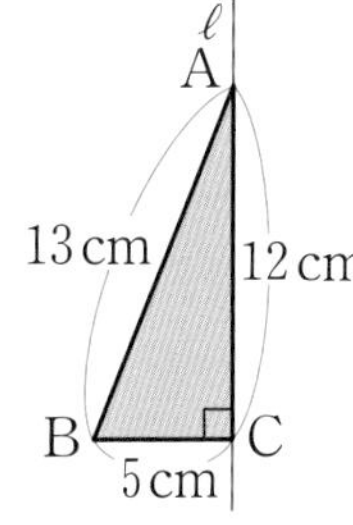

□(1) 回転体の見取図をかきなさい。(長さはかき込まなくてよい。)

□(2) 回転体の母線の長さは何cmですか。

□(3) 回転体を，回転の軸ℓをふくむ平面で切るとき，その切り口はどんな図形になりますか。

●キーポイント
(3) 回転の軸をふくむ平面で切るときの切り口は，回転の軸について線対称(せんたいしょう)な図形になります。

例題の答え **1** ①DEF ②DEF ③ABC ④DEF **2** ①三角柱 ②円錐

6章 教科書212〜215ページ

解答▶▶ p.37

6章　空間の図形

3節　立体のいろいろな見方
②　立体の投影／③　角錐，円錐の展開図

●投影図

教科書 p.216～217

例題 1 右の投影図で表される立体の名前を下のあ～きから選び，記号で答えなさい。 ▶▶ 1 2

あ	三角柱	い	四角柱	う	円柱
え	三角錐	お	四角錐	か	円錐
き	球				

(1) (2)

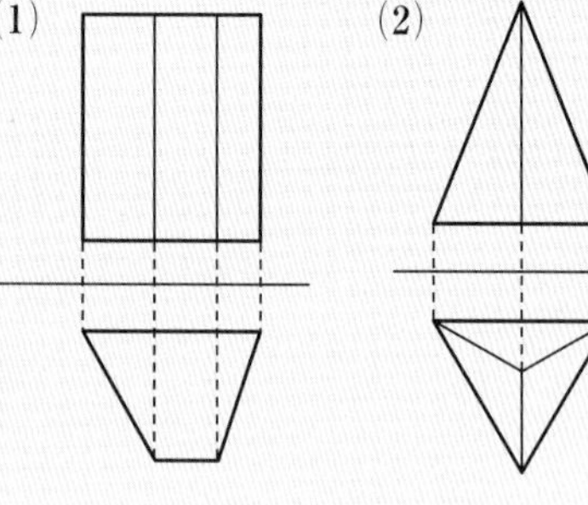

考え方 (1) 平面図が四角形だから，底面の形は四角形だとわかります。立面図が長方形だから，角柱だとわかります。

(2) 平面図が三角形だから，底面の形は三角形だとわかります。立面図が三角形だから，角錐だとわかります。

プラスワン 立面図，平面図

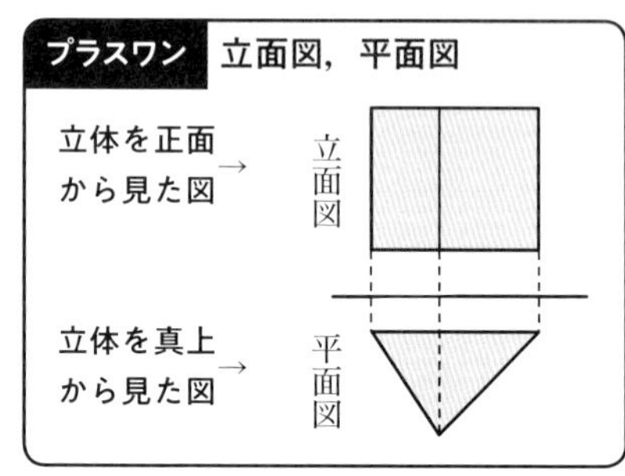

答え (1) ① (2) ②

●立体の展開図

教科書 p.218～219

例題 2 次のア～エの図は，立体の展開図です。立体の名前を下のあ～おから選び，記号で答えなさい。 ▶▶ 3 4

ア
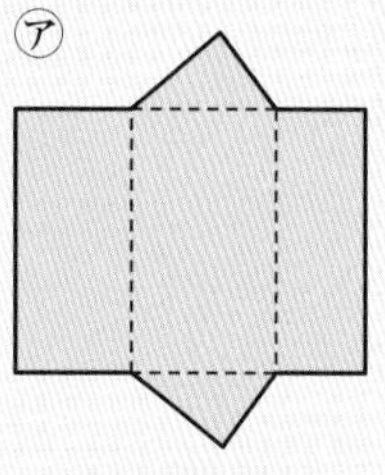
イ
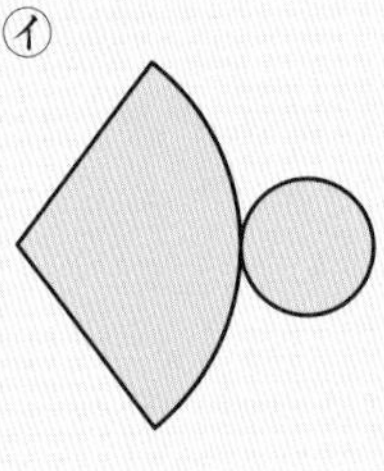
ウ
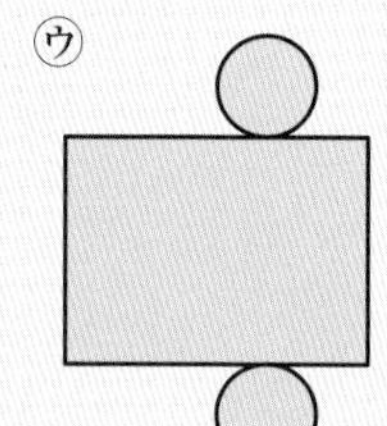
エ
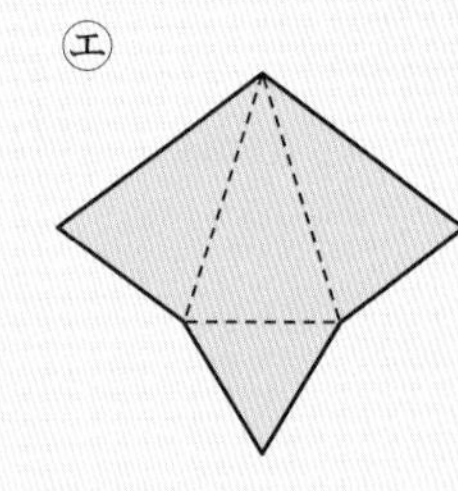

あ	三角柱	い	四角柱	う	円柱	え	三角錐	お	円錐

考え方 底面や側面の形を考えたり，組み立てたときに重なる点や辺を考えたりします。

答え ア　底面が三角形の角柱になるから ①

イ　底面が円，側面がおうぎ形だから ②

ウ　底面が円，側面が長方形だから ③

エ　底面が三角形の角錐になるから ④

底面が円のときは，円柱か円錐になります。

絶対理解 **1** 【投影図】右の投影図で表される立体の名前を答え，その見取図もかきなさい。 教科書 p.217 Q5

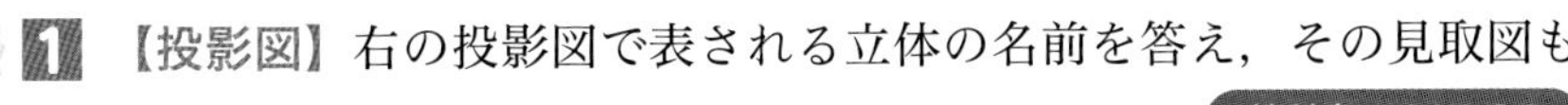

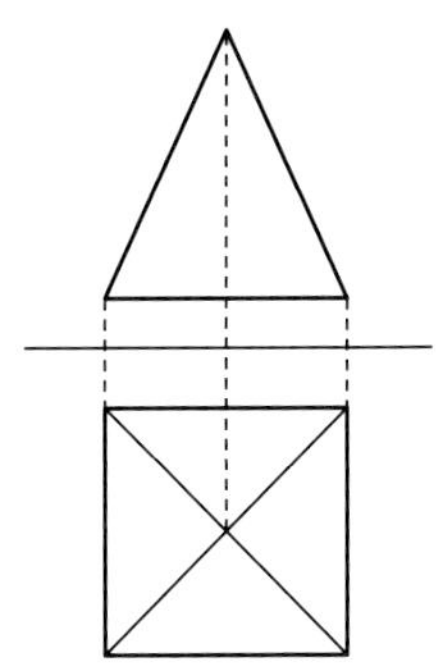

2 【投影図】右の立体の投影図をかきなさい。 教科書 p.217 Q1，2

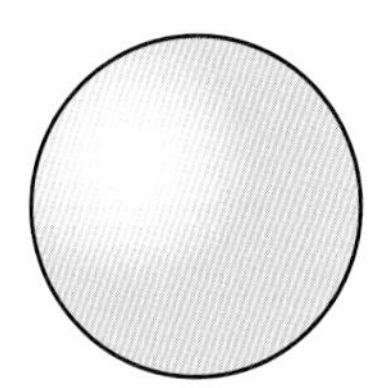

3 【見取図と展開図】右の図は，正三角錐の見取図と展開図です。このとき，次の(1)，(2)に答えなさい。
教科書 p.218 活動 1

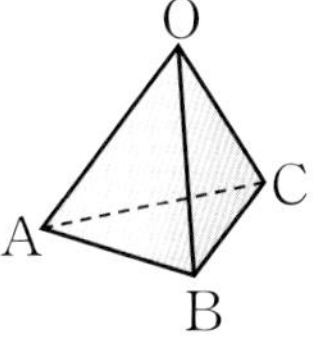

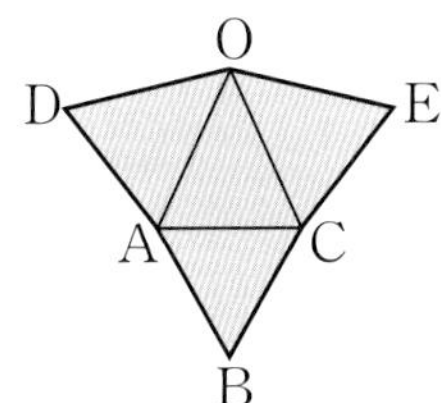

□(1) 展開図は，正三角錐のどの辺にそって切り開いたものですか。

□(2) 展開図を組み立てたとき，点Dと重なる点はどれですか。

よく出る **4** 【見取図と展開図】右の図は，円錐の見取図と展開図です。このとき，次の(1)，(2)に答えなさい。
教科書 p.219 Q3

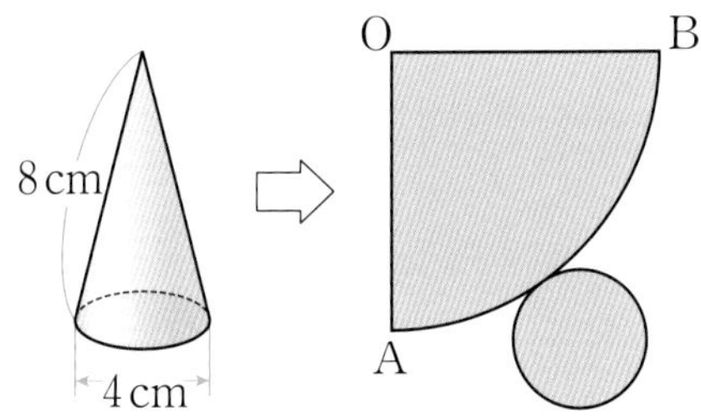

□(1) 展開図のおうぎ形の半径の長さを答えなさい。

□(2) 展開図のおうぎ形の弧(こ)の長さを求めなさい。

●キーポイント
おうぎ形の弧の長さは底面の円の円周の長さに等しくなります。

6章
教科書216〜219ページ

例題の答え **1** ①い ②え **2** ①あ ②お ③う ④え

解答▶▶ p.37

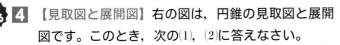

ぴたトレ
2
練習

6章　空間の図形

1節　空間にある立体　①，②／2節　空間にある図形　①〜③
3節　立体のいろいろな見方　①〜③

1 次の(1)〜(4)にあてはまる立体を，下の㋐〜㋔からすべて選びなさい。

□(1)　側面が長方形である立体　　□(2)　底面が正方形である立体

□(3)　辺の数がいちばん多い立体　　□(4)　面の数が等しい立体

㋐　三角錐（さんかくすい）	㋑　正四角柱	㋒　八角錐	㋓　六角柱	㋔　五角錐

2 正多面体は5種類ありますが，次の条件にあう正多面体は何ですか。

□(1)　面の数が最も少ない正多面体　　□(2)　立方体ともよばれる正多面体

□(3)　面の数が最も多い正多面体　　□(4)　すべての面が合同な正五角形で囲まれている正多面体

□(5)　立方体の各面の対角線の交点を頂点とする正多面体

よく出る **3** 右の図は，直方体から三角柱を切り取った立体です。辺を直線，面を平面とみて，次の(1)〜(5)の直線や平面をすべて答えなさい。

□(1)　直線BEと交わる直線

□(2)　直線BCとねじれの位置にある直線

□(3)　直線BCと平行な平面

□(4)　平面GHIJと垂直な平面

□(5)　2平面ABCDとGHIJとの距離（きょり）を示している辺

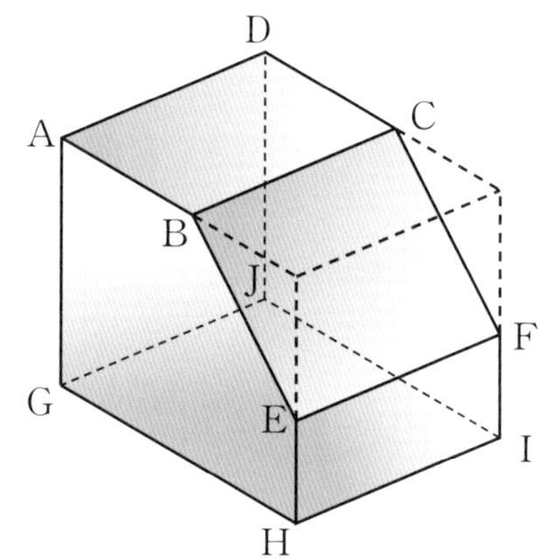

ヒント　**2** 正多面体は5種類で，面は正六面体は正方形，正十二面体は正五角形，その他の正多面体の面はすべて正三角形です。これを知っていると，辺や頂点の数を計算することができます。

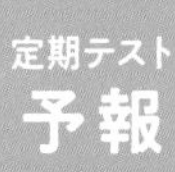

●空間の図形では，辺や面の位置関係をしっかり理解しよう。
角柱における，辺と辺，辺と面の位置関係を問う問題がよく出るよ。特に，ねじれの位置にある辺を落ちなく選び出せるようにしておこう。

よく出る ❹ 次の(1)～(3)の立体は，下の㋐～㋒のどの平面図形を，直線ℓを軸（じく）として回転させてできたものと考えられますか。記号で答えなさい。

□(1)

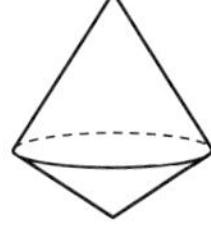

□(2)

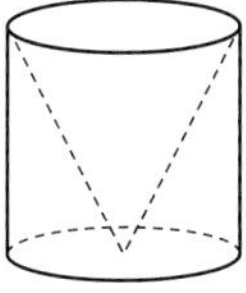

□(3)

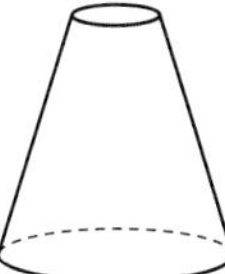

㋐

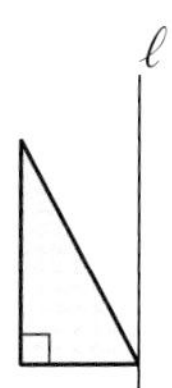

㋑

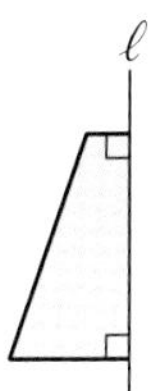

㋒

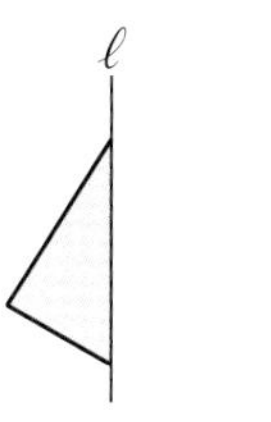

❺ 次の投影図（とうえいず）で示される立体の名前を答えなさい。

□(1)

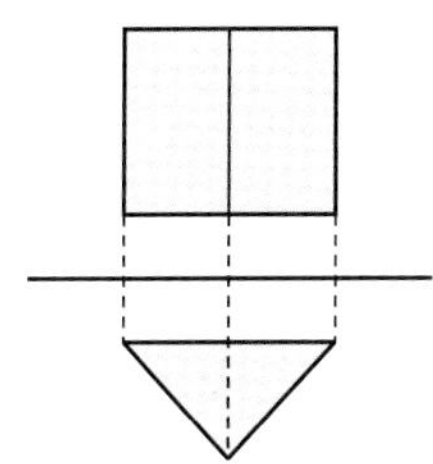

□(2)

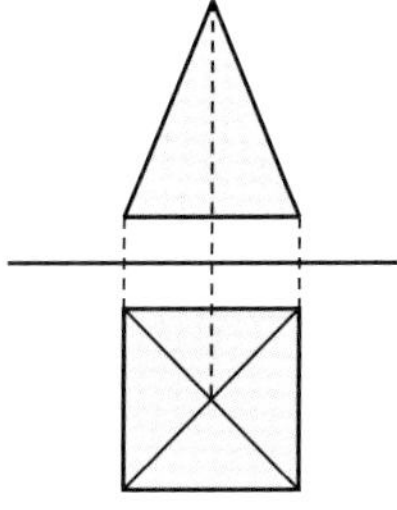

よく出る ❻ 右の図は，ある立体の展開図です。これについて，次の(1)，(2)に答えなさい。

□(1) この展開図からできる立体の名前を答えなさい。

□(2) この展開図で，側面にあたるおうぎ形の弧（こ）の長さを求めなさい。

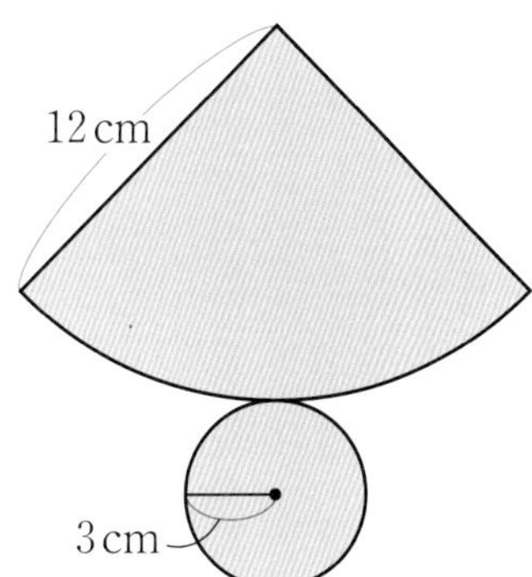

6章

教科書204～219ページ

ヒント ❺ 平面図で底面の形がわかります。
❻ 展開図は，底面が円，側面がおうぎ形です。

解答▶▶ p.37

4節　立体の表面積と体積 ①／②／③

●角柱，円柱，角錐，円錐の表面積

教科書 p.221～224

例題 1　底面の半径が4cm，高さが8cmの円柱の表面積を求めなさい。 ▶▶1

考え方　展開図をかいて考えます。
表面積は，側面積と底面積の合計です。

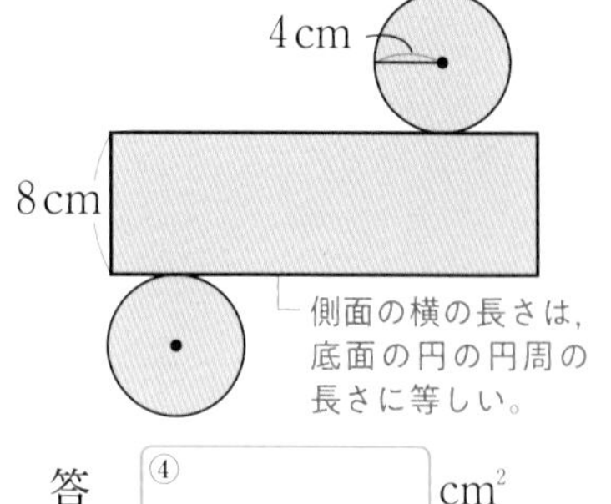

答え　側面積は，$8\times(2\pi\times$ ① $)=$ ②

底面積は，$\pi\times$ ① $^2=$ ③

したがって，表面積は，

$64\pi+$ ③ $\times2=$ ④

答　④ cm^2

例題 2　底面の半径が2cm，母線の長さが6cmの円錐の表面積を求めなさい。 ▶▶2 3

考え方　母線にそって切り開いた展開図をかいて考えます。

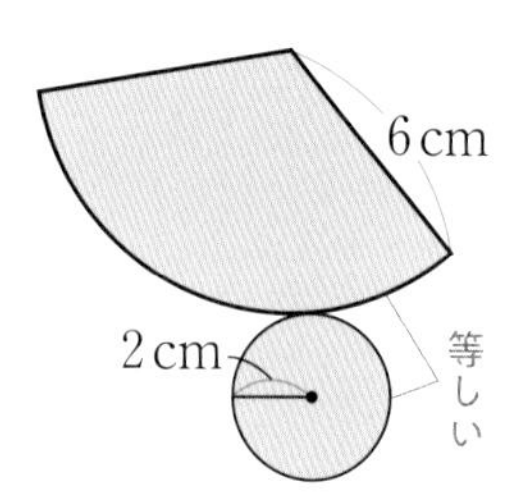

答え　側面積は，$\pi\times6^2\times\dfrac{2\times\pi\times ①}{2\times\pi\times6}=\pi\times6\times2$

（弧の長さ / 円周）

$=$ ②

底面積は，$\pi\times$ ③ $^2=$ ④

したがって，表面積は，$12\pi+4\pi=$ ⑤

答　⑤ cm^2

●角柱，円柱の体積

教科書 p.225

例題 3　右の図の立体の体積を求めなさい。 ▶▶4

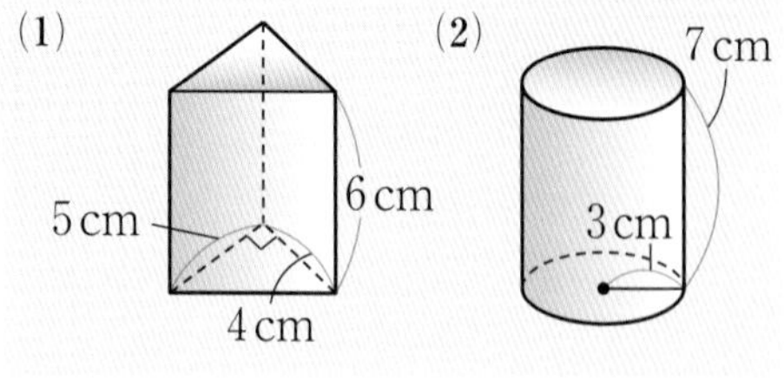

考え方　角柱や円柱の体積をV，底面積をS，高さをhとすると，$V=Sh$

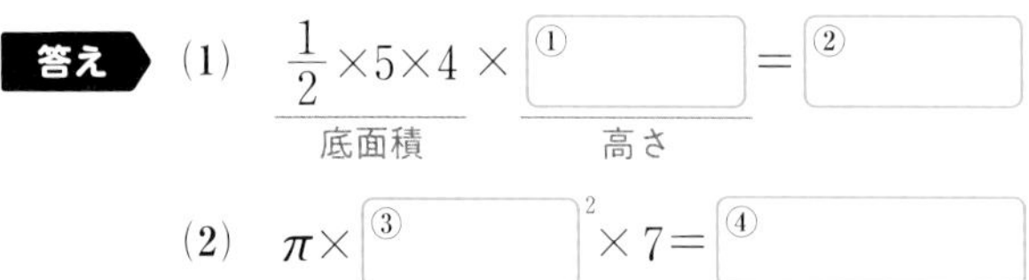

答え　(1)　$\dfrac{1}{2}\times5\times4\times$ ① $=$ ②

（底面積）（高さ）

答　② cm^3

(2)　$\pi\times$ ③ $^2\times7=$ ④

（底面積）（高さ）

円の面積はπr^2

答　④ cm^3

絶対理解 **1** 【角柱，円柱の表面積】次の図の立体の表面積を求めなさい。

教科書 p.221たしかめ1，Q1，2

□(1)

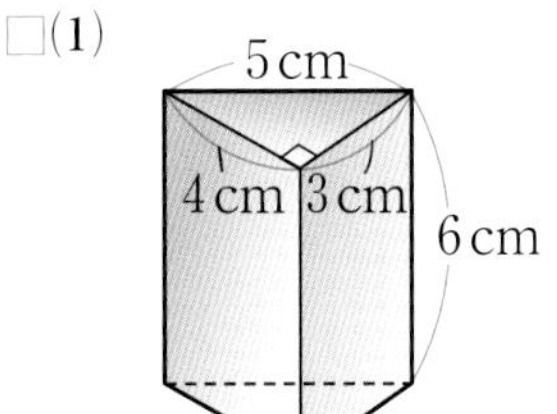

□(2)

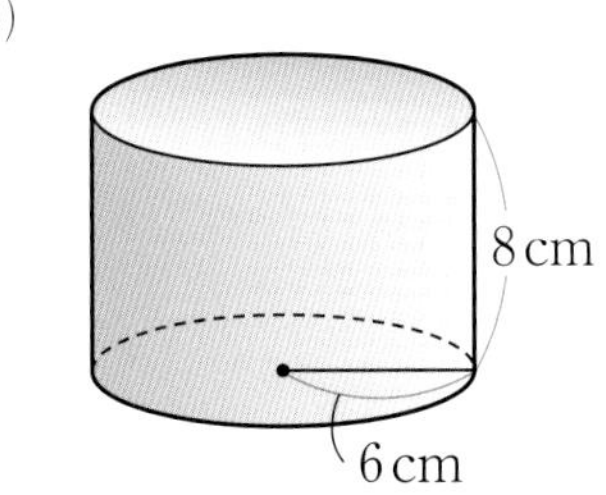

●キーポイント
展開図をかいて考えるとわかりやすいです。

よく出る **2** 【角錐，円錐の表面積】次の図の立体の表面積を求めなさい。

教科書 p.222たしかめ1，p.223たしかめ2

□(1)

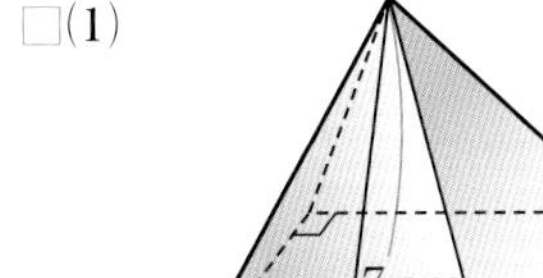
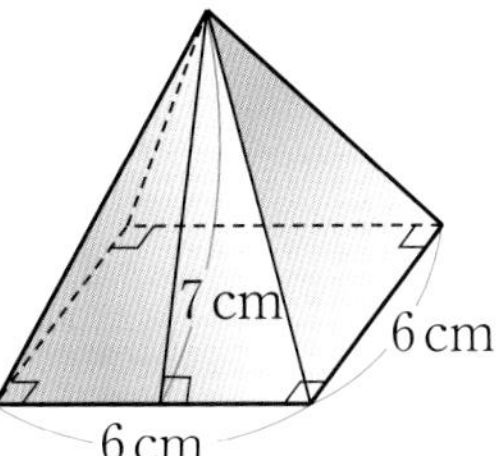

□(2)

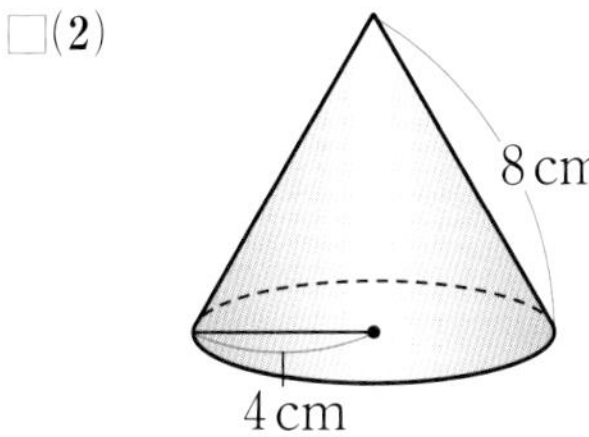

●キーポイント
(1) 側面は，底辺が6cm，高さが7cmの二等辺三角形が4個あります。

3 【回転体の表面積】下の図形を，直線ℓを回転の軸（じく）として1回転させてできる回転体の表面積を求めなさい。

□

教科書 p.224 Q3

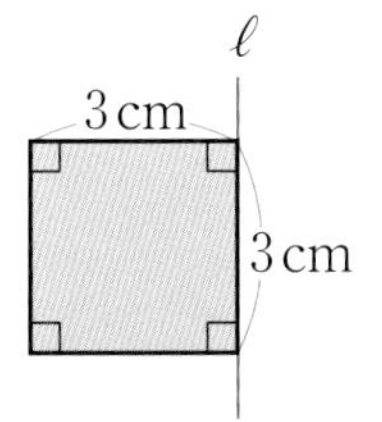

●キーポイント
できる立体は円柱です。

よく出る **4** 【角柱，円柱の体積】次の図の立体の体積を求めなさい。

教科書 p.225 例1，Q1

□(1)

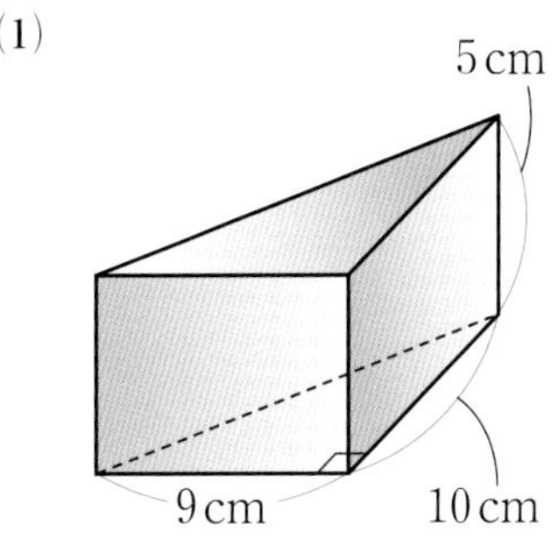

□(2)

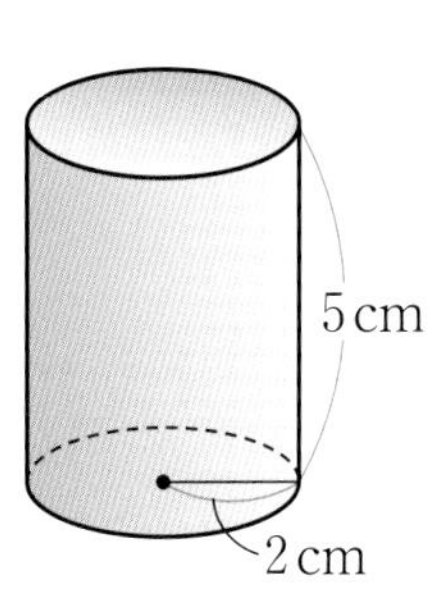

●キーポイント
体積をV，底面積をS，高さをhとすると，
$V=Sh$

例題の答え **1** ①4 ②$64\pi$ ③$16\pi$ ④$96\pi$ **2** ①2 ②$12\pi$ ③2 ④$4\pi$ ⑤$16\pi$ **3** ①6 ②60 ③3 ④$63\pi$

解答▶▶ p.38

6章　空間の図形

4節　立体の表面積と体積 ④／⑤ ／ 5節　図形の性質の利用 ①／②

●角錐，円錐の体積

教科書 p.226～227

例題 1　右の図の立体の体積を求めなさい。 ▶▶1

(1)
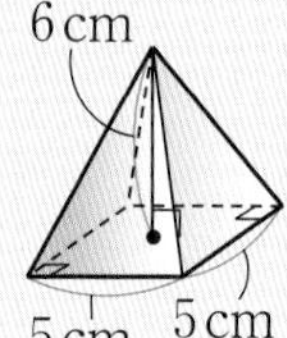

(2)
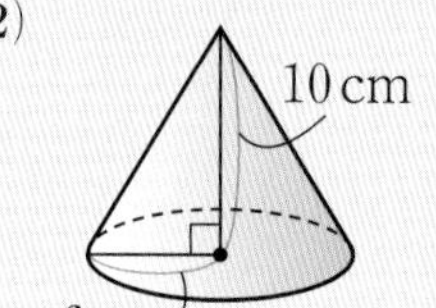

考え方　角錐（かくすい）や円錐の体積をV，底面積をS，高さをhとすると，$V=\frac{1}{3}Sh$

答え (1) $\frac{1}{3}\times 5^2\times$ ①［　　］ $=$ ②［　　］（5^2：底面積，①：高さ）　答 ②［　　］cm^3

(2) $\frac{1}{3}\times\pi\times$ ③［　　］$^2\times 10=$ ④［　　］（$\pi\times$③^2：底面積，10：高さ）　答 ④［　　］cm^3

●球の表面積と体積

教科書 p.228～229

例題 2　半径が3cmの球の表面積と体積を求めなさい。 ▶▶2

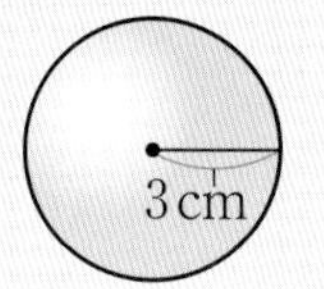

考え方　半径がrの球の表面積をSとすると，$S=4\pi r^2$，体積をVとすると，$V=\frac{4}{3}\pi r^3$

答え 表面積…$4\times\pi\times$ ①［　　］$^2=$ ②［　　］　答 ②［　　］cm^2

体積…$\frac{4}{3}\times\pi\times$ ①［　　］$^3=$ ③［　　］　答 ③［　　］cm^3

●図形の性質の利用

教科書 p.231～233

例題 3　右の図のように，直方体の点Aから辺BCを通って点Gまで糸をかけます。糸の長さを最短にするときの，糸のかけ方を説明しなさい。 ▶▶3 4

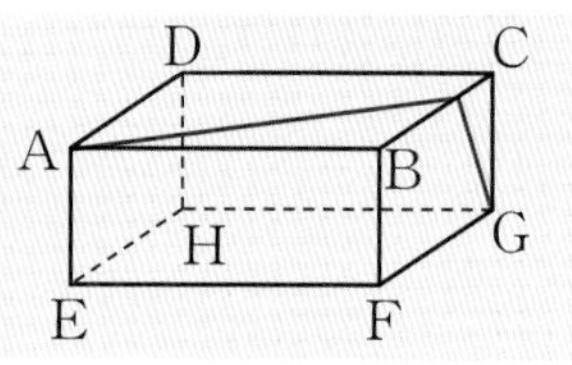

考え方　かけた糸が最短になるのは，糸が一直線になるときです。

答え 糸をかけるところの展開図をかく。
点Aから点Gまでが一直線になるように，
線分［　　］をひけばよい。

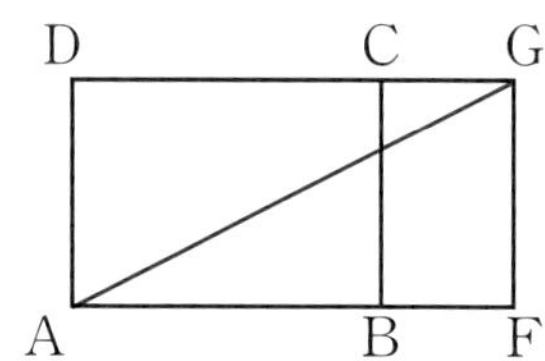

絶対理解 **1** 【角錐，円錐の体積】次の図の立体の体積を求めなさい。

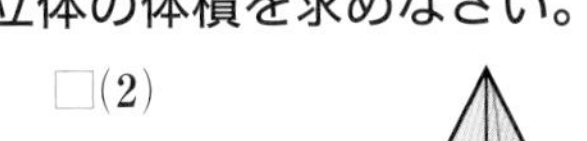

教科書 p.227 Q1

□(1)

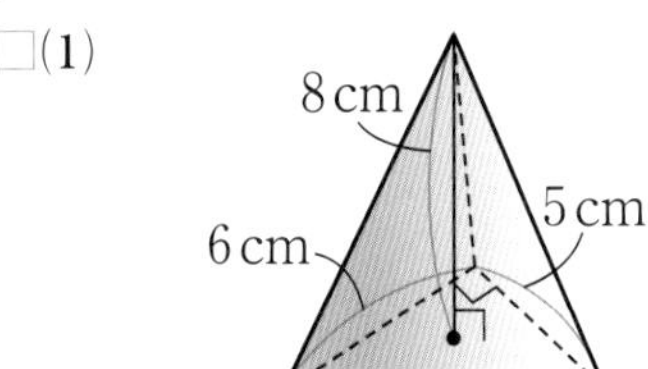

□(2)

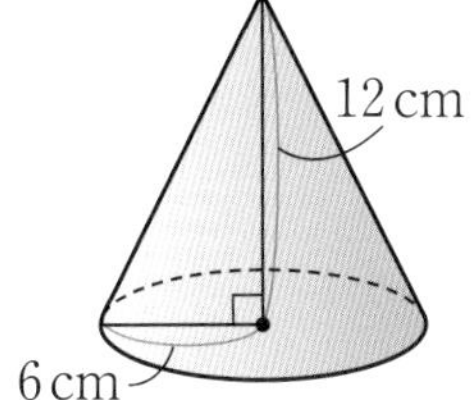

●キーポイント
体積をV，底面積をS，高さをhとすると，
$V=\frac{1}{3}Sh$

よく出る **2** 【球の表面積と体積】半径が6 cmの球の表面積と体積を求めなさい。

□

教科書 p.228 Q1, p.229 Q3

●キーポイント
半径がrの球の，
表面積　$S=4\pi r^2$
体積　$V=\frac{4}{3}\pi r^3$

3 【最短の長さ】下の図の円錐で，円錐上の点Aから円錐の側面にそって，1周するように

□ 糸をかけます。糸の長さが最短になるかけ方を右の展開図にかきなさい。

教科書 p.233 活動 1

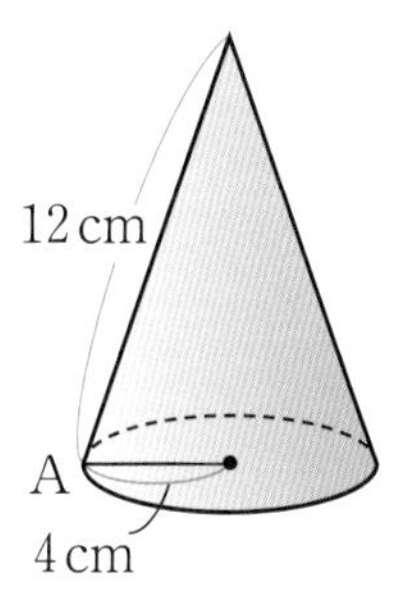

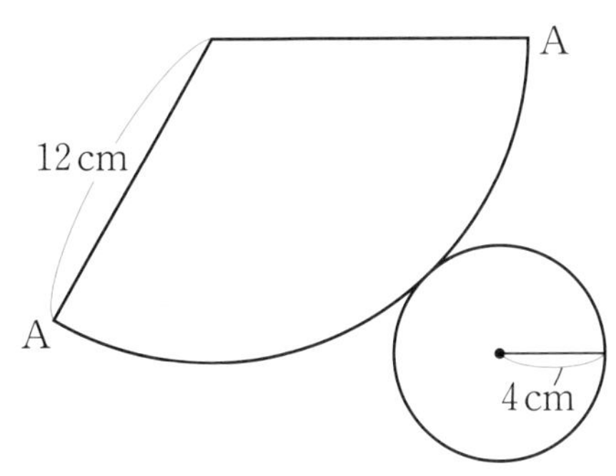

●キーポイント
糸が一直線になるとき最短になります。

4 【組み合わせた立体】下の図の立体は，半径3 cmの半球と，底面が半径3 cmの円で高さ

□ 8 cmの円柱を組み合わせたものです。この立体の体積を求めなさい。 教科書 p.231～232

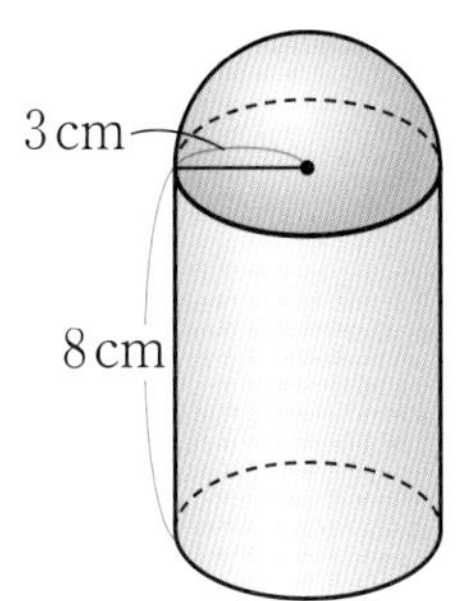

例題の答え **1** ①6　②50　③6　④120π　**2** ①3　②36π　③36π　**3** AG(GA)

解答▶▶ p.39

6章　空間の図形

4節　立体の表面積と体積　①～⑤
5節　図形の性質の利用　①，②

1 次の図の立体の表面積と体積をそれぞれ求めなさい。

□(1)

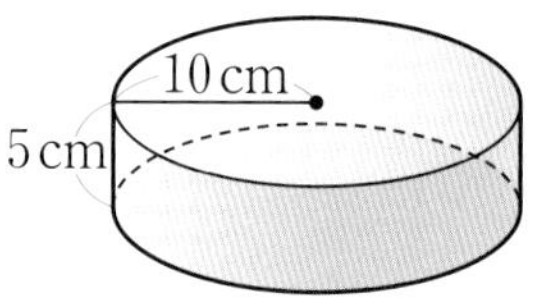

□(2)

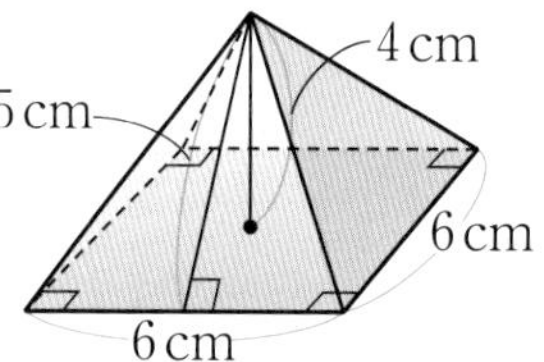

□(3)

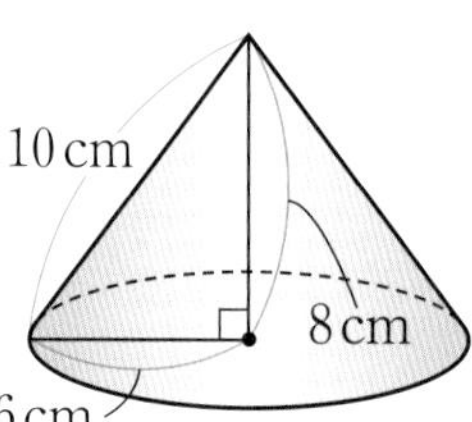

□(4)

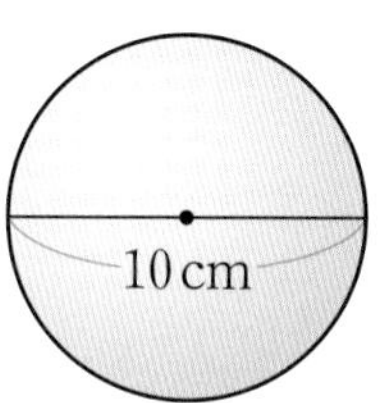

よく出る **2** 次の図形を，直線ℓを回転の軸(じく)として1回転させてできる回転体の表面積と体積を，それぞれ求めなさい。

□(1)　直角三角形

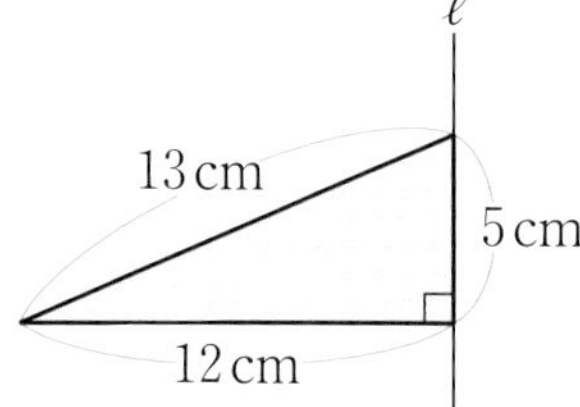

□(2)　中心角 90°のおうぎ形

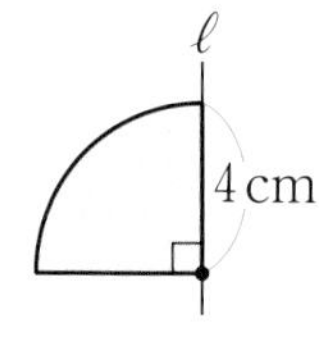

3 底面の半径が 10 cm，母線の長さが 30 cm の円錐(えんすい)を展開図に表したときの，側面のおうぎ形の中心角を求めなさい。
□

ヒント　**2** (2)できる回転体は半球です。
3 おうぎ形の中心角をa°として，方程式をつくります。

定期テスト予報

●立体の表面積，体積の求め方を，しっかり覚えよう。
角錐，円錐の体積を求めるときは，$\frac{1}{3}$をかけることを忘れないようにしよう。
また，表面積を求めるときは，展開図をもとに考えるとわかりやすいよ。

4 右の図のように，1辺の長さが6cmの立方体から，3つの頂点A，B，Cを通る平面で切り取った立体のうち，小さいほうの立体について考えます。次の(1)〜(3)に答えなさい。

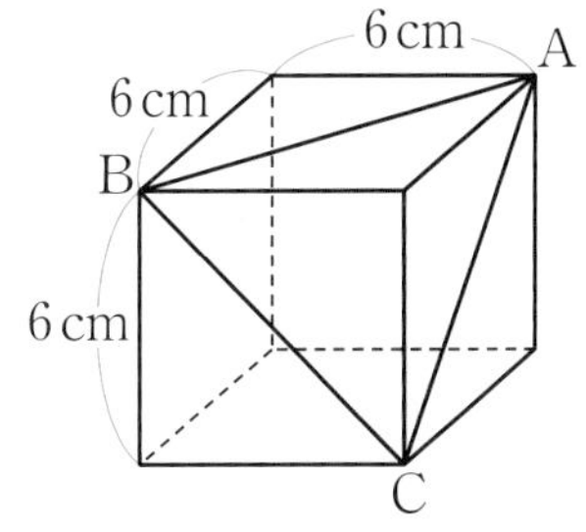

□(1) 底面を△ABCとするとき，この立体の名前を答えなさい。

□(2) (1)のとき，側面積を求めなさい。

□(3) この立体の体積を求めなさい。

5 右の図は，底面が半径3cmの円で，高さが5cmの円柱と，その上に，同じ底面をもつ高さ4cmの円錐を，ぴったりと組み合わせたものです。次の(1)，(2)に答えなさい。

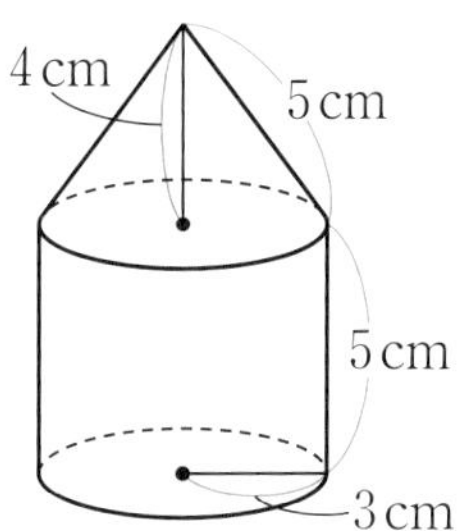

□(1) この立体の表面積を求めなさい。

□(2) この立体の体積を求めなさい。

6 右の図の円柱で，点Aから点Bまで円柱の側面を2周して線をひきます。このような線のうち，最短の線を右の展開図にかき入れなさい。

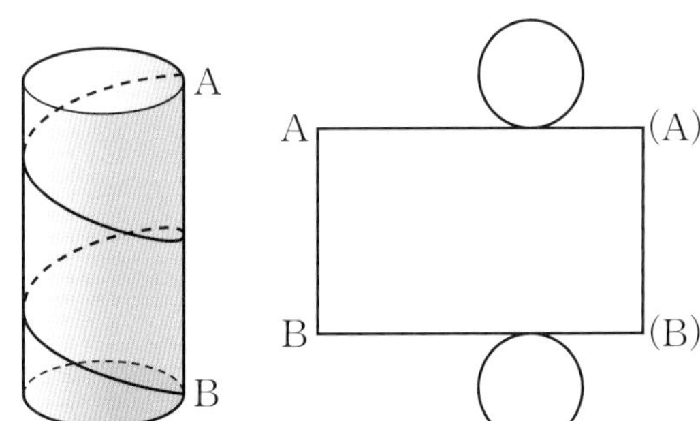

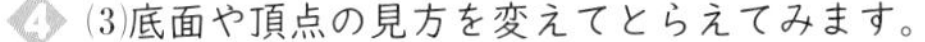

ヒント
4 (3)底面や頂点の見方を変えてとらえてみます。
5 (1)表面積は，(円柱の側面積)＋(円錐の側面積)＋(円柱の底面積)で求めます。

解答▶▶ p.39

ぴたトレ **3** 確認テスト

6章　空間の図形

❶ 下の図は，立方体の辺AB，CDの中点をそれぞれM，Nとして，平面MFGNで切ってできた立体です。辺を直線，面を平面とみて，次の(1)〜(4)に答えなさい。知

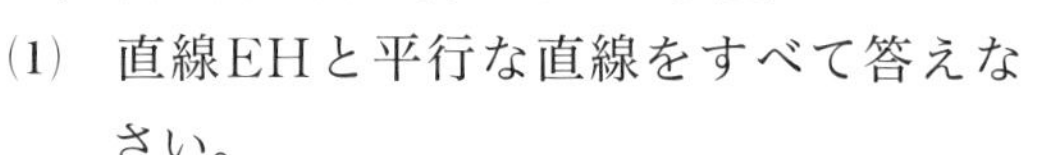

(1) 直線EHと平行な直線をすべて答えなさい。

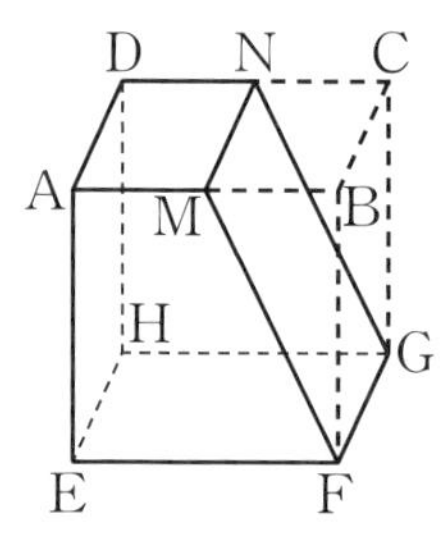

(2) 直線DHとねじれの位置にある直線をすべて答えなさい。

(3) 直線MNと垂直な平面をすべて答えなさい。

(4) 平面AEFMと垂直な平面をすべて答えなさい。

❷ 右の図の台形を，直線ℓを回転の軸（じく）として1回転させてできる回転体の見取図をかきなさい。知

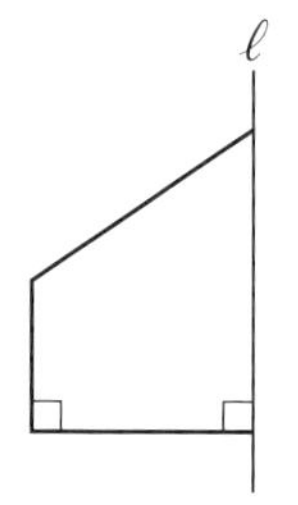

❸ 次の(1)，(2)に答えなさい。知

(1) 右の投影図（とうえいず）で示される立体の名前を答えなさい。

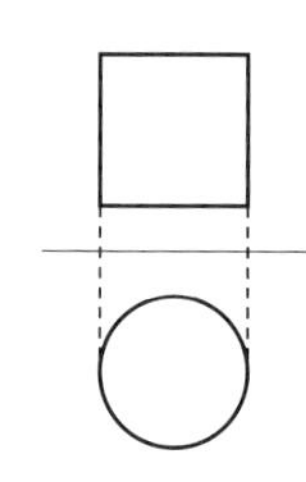

(2) 正三角形ABCを，それと垂直な方向に平行移動させてできた立体の名前を書きなさい。

❹ 次の図の立体の表面積を求めなさい。知

(1) 四角柱

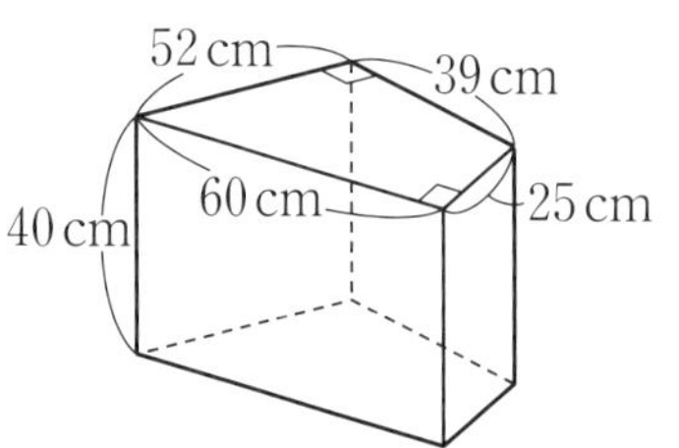

(2) 正四角錐（せいしかくすい）

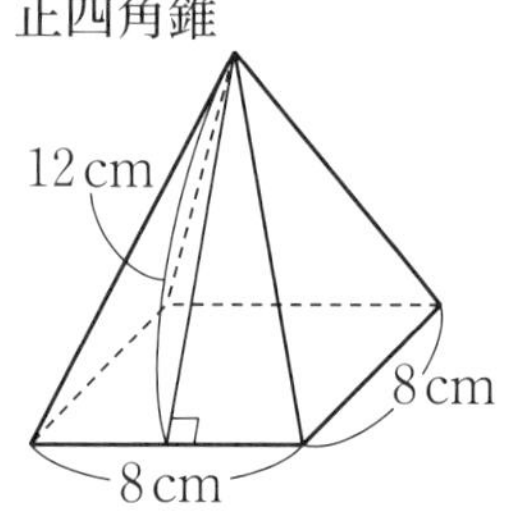

❹ 点/12点(各6点)
(1)
(2)

成績評価の観点　知…数量や図形などについての知識・技能　考…数学的な思考・判断・表現

5 次の立体の体積を求めなさい。知

(1) 底面が半径2cm，高さが9cmの円錐

(2) 半径が6cmの半球

5 点/12点(各6点)

(1)	
(2)	

6 右の図は，底面の半径が6cm，高さが6cmの円柱から，底面の半径が3cm，高さが6cmの円柱を切り取った立体です。次の(1)，(2)に答えなさい。知

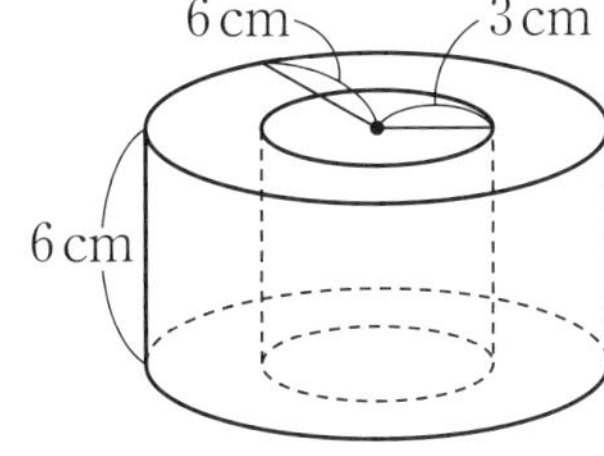

(1) この立体の表面積を求めなさい。

(2) この立体の体積を求めなさい。

6 点/12点(各6点)

(1)	
(2)	

7 右の図のように，母線の長さが6cmの円錐を，頂点Oを中心として平面上をすべらないように転がしたところ，ちょうど3回転してもとの位置に戻(もど)りました。これについて，次の(1)，(2)に答えなさい。考

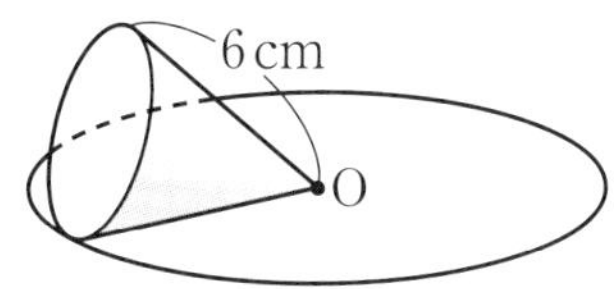

(1) この円錐の側面積を求めなさい。

(2) この円錐の表面積を求めなさい。

7 点/12点(各6点)

点UP **8** 右の図のような正方形ABCDの辺AB，BCの中点を，それぞれE，Fとします。辺DE，EF，FDを折り曲げると，A，B，Cが1点に集まる三角錐ができます。その三角錐で，△DEFを底面とみるときの高さを求めなさい。考

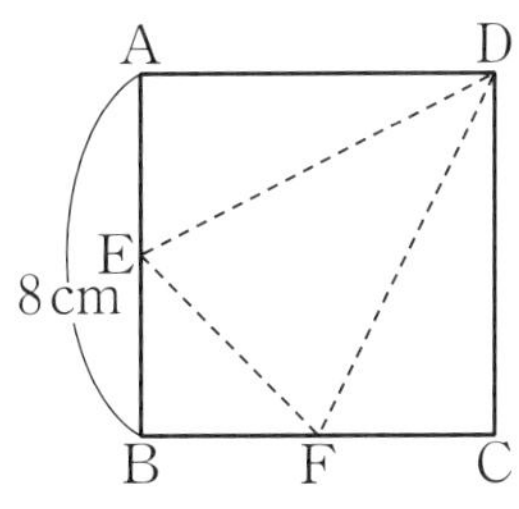

8 点/8点

6章 教科書202～235ページ

知 /80点 考 /20点

解答▶▶p.40

教科書のまとめ〈6章　空間の図形〉

●平面が1つに決まる条件

・一直線上にない3点
・1直線とその上にない点
・交わる2直線
・平行な2直線

●2直線の位置関係

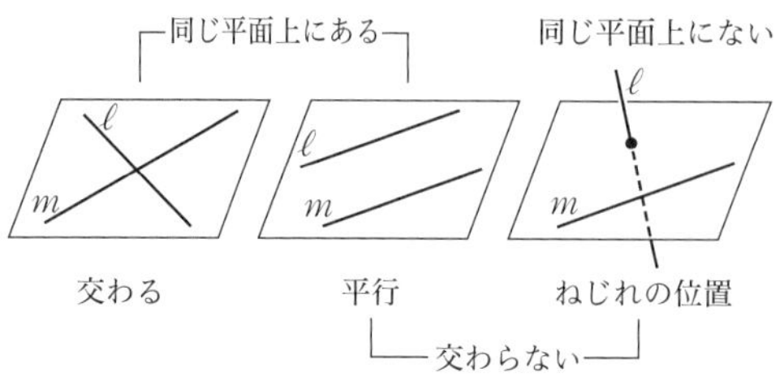

●直線と平面の位置関係

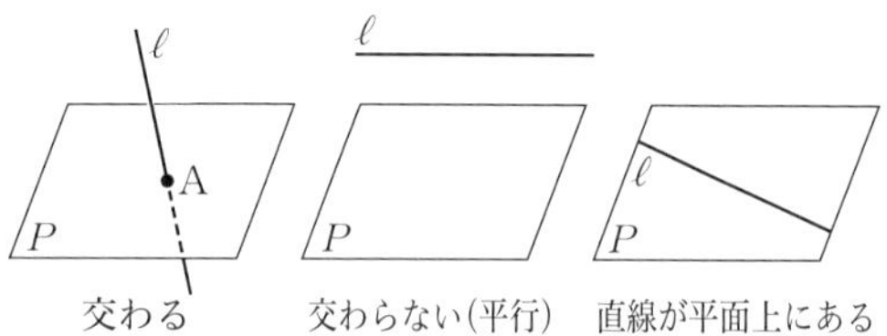

●2平面の位置関係

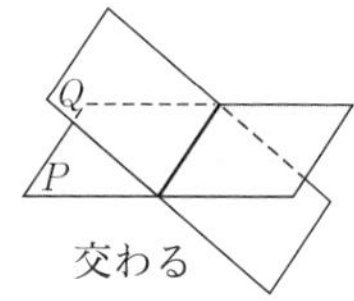

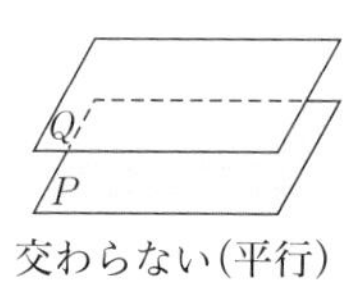

●回転体

・平面図形をある直線ℓのまわりに1回転させてできる立体を**回転体**といい，直線ℓを**回転の軸**という。
・円柱や円錐の側面をつくる線分を，円柱や円錐の**母線**という。

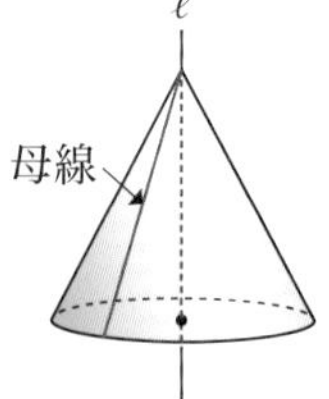

●投影図

正面から見た図を**立面図**，真上から見た図を**平面図**，これらをあわせて**投影図**という。

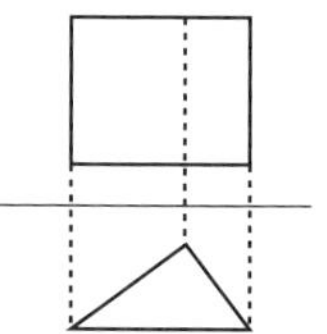

●展開図

円錐の展開図は，おうぎ形と円からできている。側面になるおうぎ形の弧の長さは底面の円周に等しく，おうぎ形の半径は円錐の母線の長さに等しい。

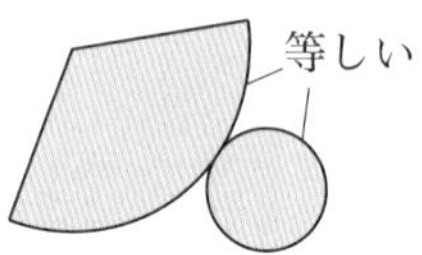

●角柱，円柱の体積

角柱や円柱の体積を V，底面積を S，高さを h とすると，

$$V=Sh$$

●角錐，円錐の体積

角錐や円錐の体積を V，底面積を S，高さを h とすると，

$$V=\frac{1}{3}Sh$$

●球の表面積

半径が r の球の表面積を S とすると，

$$S=4\pi r^2$$

●球の体積

半径が r の球の体積を V とすると，

$$V=\frac{4}{3}\pi r^3$$

7章　データの分析

次の学習に入る前に取り組もう。

□平均値，中央値，最頻値　◀小学6年

平均値＝データの値の合計÷データの個数

中央値……データを大きさの順に並べたとき，真ん中にある値
　　　　データの個数が偶数のときは，真ん中の2つの値の平均を中央値とします。

最頻値……データの値のなかで，最も多く出てくる値

1 あるクラスのソフトボール投げの記録を，下のようなドットプロットに表しました。　◀小学6年〈資料の整理〉

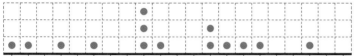

15	16	17	18	19	20	21	22	23	24	25	26	27	28	29	30	31	32	33	34	35(m)
●	●		●		●			●●●	●			●●	●	●	●			●		

(1)　平均値を求めなさい。

(2)　中央値を求めなさい。

ヒント
資料の個数が偶数だから……

(3)　最頻値を求めなさい。

(4)　散らばりのようすを，度数分布表に表しなさい。

距離(m)	度数(人)
以上 未満 15 ～ 20	
20 ～ 25	
25 ～ 30	
30 ～ 35	
計	

(5)　散らばりのようすを，ヒストグラムに表しなさい。

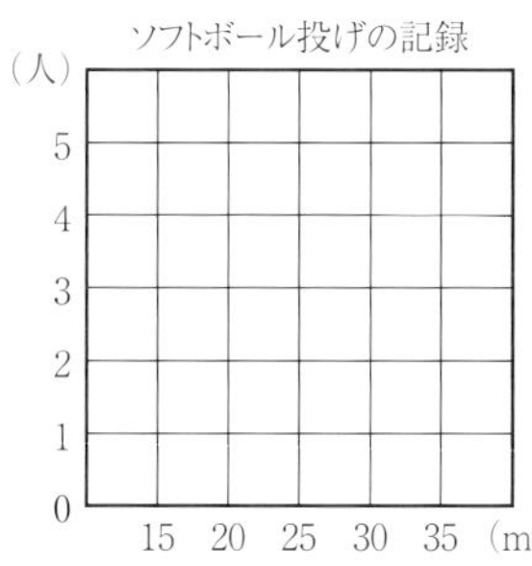

ヒント
横軸は区間を表すから……

1節 データの分析
① 範囲と度数分布／② ヒストグラムと度数分布多角形／③ 相対度数

●度数分布

教科書 p.240〜243

例題 1 右の表は，1年男子の握力(あくりょく)を度数分布表に表したものです。次の(1)〜(3)に答えなさい。 ▶▶1 2

(1) 階級の幅(はば)を答えなさい。
(2) 握力が33kgの人は，どの階級に入っていますか。
(3) 度数が最も多い階級と，その度数を答えなさい。

握力(kg)	度数(人)
以上 未満 18 〜 22	4
22 〜 26	6
26 〜 30	5
30 〜 34	3
34 〜 38	2
計	20

考え方 (1) 階級として区切った区間の幅を階級の幅といいます。

答え (1) ① ＿＿ kg　(2) 30kg以上 ② ＿＿ kg未満

(3) 度数が最も多い階級は，22kg以上 ③ ＿＿ kg未満で，

度数は ④ ＿＿ 人

プラスワン 範囲
範囲(はんい)(レンジ)…データの最大値と最小値との差　(範囲)＝(最大値)−(最小値)

●相対度数

教科書 p.244〜245

例題 2 右の表は，例題1の度数分布表に相対度数(そうたいどすう)を加えたものです。次の(1)，(2)に答えなさい。 ▶▶3

(1) 表の㋐，㋑にあてはまる数を求めなさい。
(2) 握力が22kg以上30kg未満の生徒の割合を求めなさい。

握力(kg)	度数(人)	相対度数
以上 未満 18 〜 22	4	0.20
22 〜 26	6	0.30
26 〜 30	5	0.25
30 〜 34	3	㋐
34 〜 38	2	㋑
計	20	1

考え方 ある階級の度数の，全体に対する割合を，その階級の相対度数といいます。

(1) $(相対度数)=\dfrac{(階級の度数)}{(度数の合計)}$ で求めます。

(2) 22kg以上26kg未満の階級と26kg以上30kg未満の階級の相対度数の合計です。

答え (1) 度数の合計は20人。

㋐ $\dfrac{3}{20}=$ ① ＿＿　㋑ $\dfrac{2}{20}=$ ② ＿＿

(2) $0.30+0.25=$ ③ ＿＿

1 【範囲】次のデータの範囲を求めなさい。

教科書 p.241例1, たしかめ1

□ 72点, 48点, 53点, 81点, 69点, 59点, 46点, 78点

●キーポイント
最大値と最小値を見つけます。

絶対理解 **2** 【度数分布表とヒストグラム】右の表は，1年生のハンドボール投げのデータを度数分布表に表したものです。次の(1)～(3)に答えなさい。

教科書 p.241Q1, p.243Q1, 2

距離(m)	度数(人)
以上 未満 4 ～ 8	2
8 ～ 12	8
12 ～ 16	25
16 ～ 20	28
20 ～ 24	12
24 ～ 28	5
計	80

□(1) 階級の幅を答えなさい。

□(2) 度数分布表をもとにして，下の図にヒストグラムをかきなさい。

□(3) 下の図に，度数分布多角形をかきなさい。

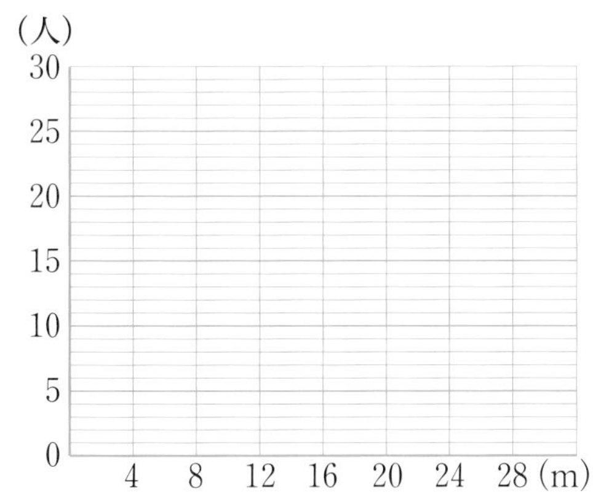

●キーポイント
(3) ヒストグラムの長方形の上の辺の中点をとって，順に折れ線で結びます。

3 【相対度数】右の表は，ある中学校の水泳部の生徒の身長を度数分布表に表したものです。次の(1)，(2)に答えなさい。

教科書 p.245 Q1, 2

身長(cm)	度数(人)	相対度数
以上 未満 130 ～ 140	2	0.04
140 ～ 150	8	0.16
150 ～ 160	23	㋐
160 ～ 170	14	㋑
170 ～ 180	3	0.06
計	50	1

□(1) 表の㋐，㋑にあてはまる数を求めなさい。

□(2) 身長が160cm以上180cm未満の生徒の割合を求めなさい。

例題の答え **1** ①4 ②34 ③26 ④6 **2** ①0.15 ②0.10 ③0.55

1節 データの分析
④ 累積度数と累積相対度数／⑤ 分布のようすと代表値

●累積度数と累積相対度数

教科書 p.246〜247

例題 1 1年男子の握力(あくりょく)を表した，右の度数分布表について，次の(1)，(2)に答えなさい。 ▶▶1

(1) 握力が30kg未満の生徒の累積度数(るいせきどすう)を求めなさい。

(2) 握力が30kg未満の生徒の累積相対度数(るいせきそうたいどすう)を求めなさい。

握力(kg)	度数(人)	相対度数
以上 未満 18 〜 22	4	0.20
22 〜 26	6	0.30
26 〜 30	5	0.25
30 〜 34	3	0.15
34 〜 38	2	0.10
計	20	1

考え方 (1) 26kg以上30kg未満の階級までの度数の合計を求めます。
(2) 26kg以上30kg未満の階級までの相対度数の合計を求めます。

答え (1) $4+6+5=$ ① ＿＿ (人)

(2) $0.20+0.30+0.25=$ ② ＿＿

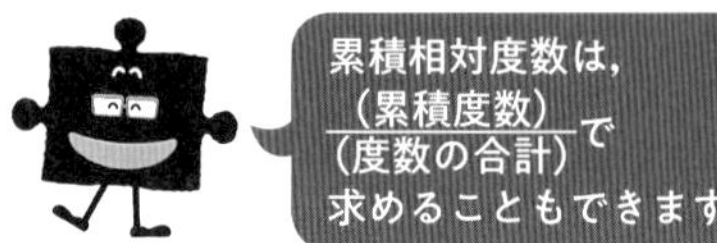
累積相対度数は，
(累積度数)/(度数の合計) で
求めることもできます。

プラスワン 累積度数，累積相対度数

累積度数…最小の階級から各階級までの度数の総和
累積相対度数…最小の階級から各階級までの相対度数の総和

●分布のようすと代表値

教科書 p.248〜250

例題 2 右の表は，1年生15人がゲームをしたときの得点を度数分布表にまとめたものです。このとき，次の(1)〜(3)に答えなさい。 ▶▶2

(1) 中央値はどの階級にふくまれますか。

(2) 2点以上4点未満の階級の階級値(かいきゅうち)を求めなさい。

(3) およその平均値を求めなさい。

得点(点)	度数(人)
以上 未満 0 〜 2	1
2 〜 4	3
4 〜 6	5
6 〜 8	4
8 〜 10	2
計	15

考え方 (2) 階級値は，階級の中央の値(あたい)のことです。
(3) 階級値を使って，およその平均値を求めます。

答え (1) データの値を小さい順に並べたときの中央の値がふくまれる階級は，
① ＿＿ 点以上 ② ＿＿ 点未満の階級

(2) $\dfrac{2+4}{2}=$ ③ ＿＿ (点)

(3) $(1\times1+3\times3+5\times5+7\times4+9\times2)\div15=$ ④ ＿＿ (点)

絶対理解

1 【累積度数と累積相対度数】下の表は，生徒40人の身長を度数分布表に表したものです。次の(1)〜(3)に答えなさい。

教科書 p.246 Q1, p.247 Q2

身長(cm)	度数(人)	累積度数(人)	相対度数	累積相対度数
以上　未満 130 〜 140	6	6	0.150	0.150
140 〜 150	10	㋐	㋒	0.400
150 〜 160	12	28	0.300	㋓
160 〜 170	9	㋑	0.225	0.925
170 〜 180	3	40	0.075	㋔
計	40		1	

□(1)　上の表の㋐〜㋔にあてはまる数を求めなさい。

□(2)　身長が160 cm未満の生徒の割合を求めなさい。

□(3)　中央値はどの階級にふくまれますか。

●キーポイント
(3)　累積相対度数が，0.500になるときの値が中央値になります。

2 【分布のようすと代表値】右の表は，ある中学校のサッカー部の生徒の体重を度数分布表に表したものです。このとき，次の(1)，(2)に答えなさい。

教科書 p.248活動1, p.249 たしかめ1

体重(kg)	階級値(kg)	度数(人)
以上　未満 40 〜 50	45	4
50 〜 60	㋐	9
60 〜 70	65	㋒
70 〜 80	㋑	1
計		20

□(1)　表の㋐〜㋒にあてはまる数を求めなさい。

□(2)　最頻値(さいひんち)を求めなさい。

●キーポイント
(2)　度数分布表では，最大の度数をもつ階級の階級値を最頻値とします。

例題の答え　**1**　①15　②0.75　**2**　①4　②6　③3　④5.4

解答▶▶ p.42

●起こりやすさ

教科書 p.252〜258

例題 1

びんのふたを投げて，表が出るようすを調べます。下の表は，びんのふたを同じ方法で1000回投げる実験を行い，表が出た回数を表したものです。次の(1)〜(3)に答えなさい。 ▶▶1 2

投げた回数(回)	200	400	600	800	1000
表が出た回数(回)	80	154	236	313	391
相対度数	0.400	㋐	0.393	0.391	㋑

(1) 表が出る相対度数を，小数第4位を四捨五入して小数第3位まで求めて，表に表しました。表の㋐，㋑にあてはまる数を求めなさい。

(2) 実験結果をグラフに表したものから，表が出る確率（かくりつ）は，およそいくつになると考えられますか。

(3) 表が出る確率と裏が出る確率は，どちらのほうが大きいと考えられますか。

考え方 (1) $(相対度数) = \dfrac{(あることがらが起こった回数)}{(全体の回数)}$ で求めます。

(2) あることがらの起こる相対度数がある一定の値（あたい）に近づくとき，その値を，あることがらの起こる確率といいます。

答え (1) ㋐ 投げた回数が400回のときの表が出る相対度数は，

$\dfrac{154}{①\square} = ②\square$

㋑ 投げた回数が1000回のときの表が出る相対度数は，

$\dfrac{391}{③\square} = ④\square$

(2) 実験結果をグラフに表すと，右のようになる。

相対度数は，0.391に近づいていくと考えられるので，

確率は，およそ ⑤□

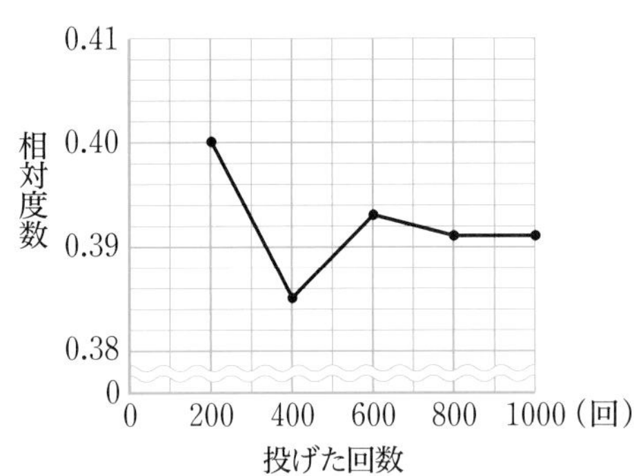

(3) (裏が出た回数) = (投げた回数) − (表が出た回数)だから，

⑥□ が出る確率のほうが大きい。

1 【確率】右の表は，サンダルを投げる実験をして，表向きになった回数を調べたものです。次の(1)〜(3)に答えなさい。

教科書 p.254 活動1，p.255 Q2

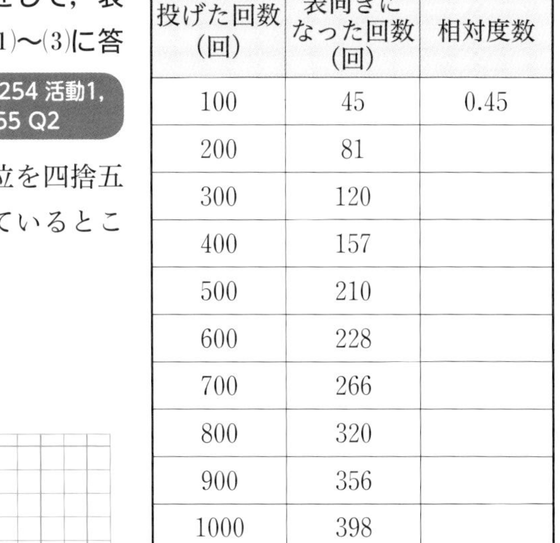

投げた回数(回)	表向きになった回数(回)	相対度数
100	45	0.45
200	81	
300	120	
400	157	
500	210	
600	228	
700	266	
800	320	
900	356	
1000	398	

□(1) 表向きになった相対度数を，小数第3位を四捨五入して小数第2位まで求め，表のあいているところにあてはまる数を書きなさい。

□(2) 実験結果をグラフに表しなさい。

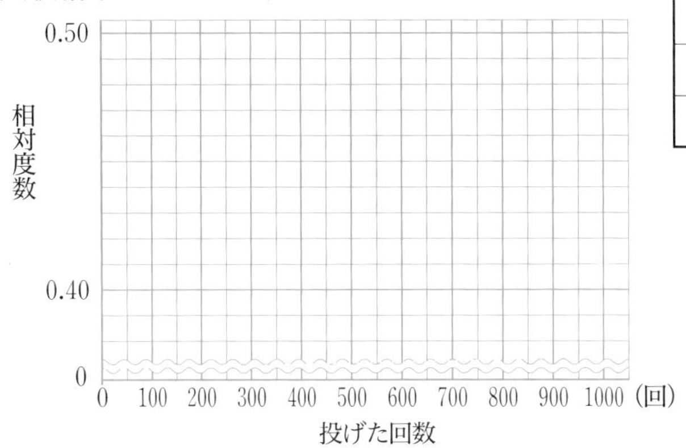

●キーポイント

(相対度数)$=\dfrac{(\text{表向きになった回数})}{(\text{投げた回数})}$で求めます。

□(3) (2)のことから，表向きになる確率は，およそいくつになると考えられますか。

絶対理解 **2** 【確率】右の表は，画びょうを投げる実験をして，上向きになった回数を調べたものです。次の(1)，(2)に答えなさい。

教科書 p.254活動1，p.255Q2，p.258

投げた回数(回)	上向きになった回数(回)	相対度数
100	58	0.58
300	184	0.61
500	305	㋐
800	476	0.60
1000	596	㋑

□(1) 表の㋐，㋑にあてはまる数を，小数第3位を四捨五入して小数第2位まで求めなさい。

□(2) 画びょうが上向きになる確率と下向きになる確率は，どちらのほうが大きいと考えられますか。

例題の答え **1** ①400 ②0.385 ③1000 ④0.391 ⑤0.391 ⑥裏

◆1 下のデータは，1組と2組の10点満点のテストの得点結果です。1組と2組で，得点の範囲が大きいのはどちらですか。

1組	6	7	9	6	8	5	5	7	4	7	5	4	5	10	6	(点)

2組	8	4	5	7	6	3	6	4	9	8	7	2	5	5	6	(点)

◆2 右の表は，あるクラス43人の体重の度数分布表です。次の(1)～(5)に答えなさい。

体重(kg)	度数(人)
以上 未満 35 ～ 40	2
40 ～ 45	7
45 ～ 50	15
50 ～ 55	12
55 ～ 60	㋐
60 ～ 65	3
計	43

(1) 階級の幅は何kgですか。

(2) 表の㋐にあてはまる数を求めなさい。

(3) 体重が55kgの生徒は，どの階級に入りますか。

(4) ヒストグラムと度数分布多角形を，右の図にかきなさい。

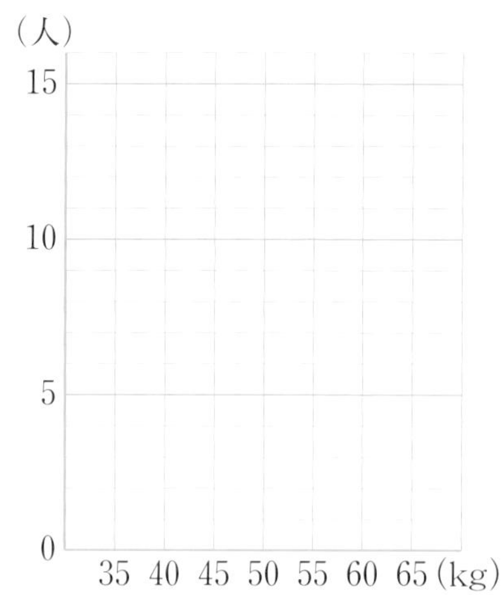

(5) 最頻値を求めなさい。

ヒント
◆1 (範囲)＝(最大値)－(最小値)にあてはめます。
◆2 (5)最大の度数をもつ階級の階級値が最頻値になります。

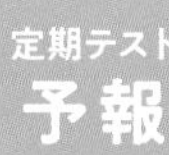

●度数分布表をきちんと読み取れるようにしよう。
度数分布表は，問題によって項目が変わるので，何の値(あたい)を表しているのか確認しておこう。相対度数の求め方もきちんと覚えておこう。

3 下の表は，ある中学校の生徒50人のハンドボール投げのデータを度数分布表に表したものです。次の(1)〜(3)に答えなさい。

距離(きょり)(m)	度数(人)	累積度数(るいせきどすう)(人)	相対度数	累積相対度数
以上 未満 15 〜 20	6	6	0.12	0.12
20 〜 25	18	24	0.36	0.48
25 〜 30	14	㋐	0.28	㋒
30 〜 35	8	㋑	0.16	㋓
35 〜 40	4	50	0.08	1
計	50		1	

□(1) 上の表の㋐〜㋓にあてはまる数を求めなさい。

□(2) 距離が20m以上30m未満の生徒の割合を求めなさい。

□(3) 右の図に，累積相対度数のグラフをかき，中央値がふくまれる階級を答えなさい。

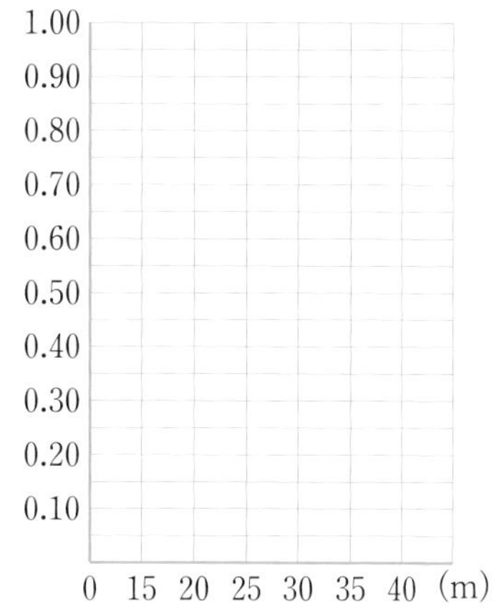

4 右の表は，ペットボトルのふたを投げる実験をして，表向きになった回数を調べたものです。次の(1)，(2)に答えなさい。

投げた回数(回)	表向きになった回数(回)	相対度数
400	83	㋐
600	124	㋑
800	174	㋒
1000	215	㋓

□(1) 表の㋐〜㋓にあてはまる数を，小数第3位を四捨五入して小数第2位まで求めなさい。

□(2) 表向きになる確率とそれ以外になる確率は，どちらのほうが大きいと考えられますか。

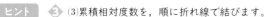

3 (3)累積相対度数を，順に折れ線で結びます。
4 あることがらの相対度数が，そのことがらの確率です。

解答▶▶ p.43

ぴたトレ 3 確認テスト

7章　データの分析

時間30分　／100点　合格70点

❶ 下の表は，ある中学校のバレーボール部とサッカー部の生徒の身長のデータをまとめたものです。次の(1)〜(5)に答えなさい。知

身長(cm)	バレーボール部 度数(人)	サッカー部 度数(人)
以上　未満 140 〜 150	1	0
150 〜 160	4	10
160 〜 170	9	9
170 〜 180	8	6
180 〜 190	3	0
計	25	25

(1) データの範囲(はんい)が大きいのはどちらの部ですか。

(2) 階級の幅(はば)は何cmですか。

(3) 最頻値(さいひんち)をそれぞれ答えなさい。

(4) 中央値はそれぞれどの階級にふくまれますか。

(5) 下の図は，バレーボール部のデータを度数分布多角形に表したものです。この図にサッカー部のデータの度数分布多角形をかき加えなさい。

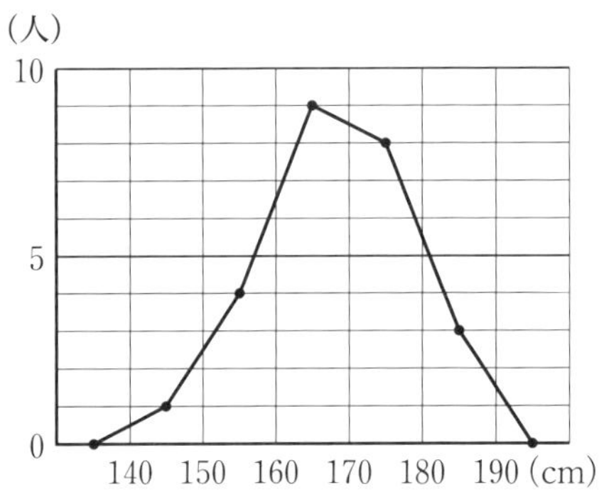

❶ 点/35点(各5点)

(1)	
(2)	
(3)	バレーボール部
	サッカー部
(4)	バレーボール部
	サッカー部
(5)	左の図にかき入れる

❷ 下の表は，ある中学校の生徒50人の通学時間を調べて度数分布表に表したものです。表を完成させなさい。知

時間(分)	度数(人)	累積度数(るいせきどすう)(人)	相対度数	累積相対度数
以上　未満 0 〜 10	3	3	0.06	0.06
10 〜 20	9	12		
20 〜 30	18			
30 〜 40	12			
40 〜 50	8			1
計	50		1	

❷ 点/6点(完答)

左の表にかき入れる

成績評価の観点　知…数量や図形などについての知識・技能　考…数学的な思考・判断・表現

❸ 右の表は，ある中学校の生徒40人の体重のデータを度数分布表に表したものです。次の(1)，(2)に答えなさい。知

(1) 表の㋐～㋓にあてはまる数を求めなさい。

体重(kg)	階級値(kg)	度数(人)	(階級値)×(度数)
以上 未満 30 ～ 40	35	2	70
40 ～ 50	㋐	12	540
50 ～ 60	55	㋑	㋒
60 ～ 70	65	8	520
70 ～ 80	75	2	150
計		40	㋓

(2) およその平均値を求めなさい。

❸ 点/25点(各5点)

(1)	㋐	
	㋑	
	㋒	
	㋓	
(2)		

❹ 右の表は，ボタンを投げる実験をして，表が出た回数を調べたものです。次の(1)，(2)に答えなさい。知

(1) 表の㋐～㋓にあてはまる数を，小数第4位を四捨五入して小数第3位まで求めなさい。

投げた回数(回)	表が出た回数(回)	相対度数
700	453	㋐
800	505	㋑
900	569	㋒
1000	631	㋓

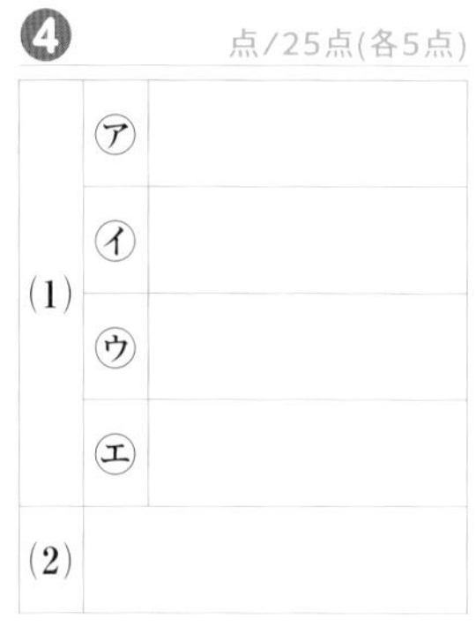

(2) 表が出る確率と裏が出る確率は，どちらのほうが大きいと考えられますか。

❺ 下のヒストグラムは，A，B 2人の選手の走り高跳(と)びの記録です。あなたなら，2人のうちどちらを代表選手に選びますか。2つのヒストグラムの特徴(とくちょう)を比較(ひかく)して，説明しなさい。考

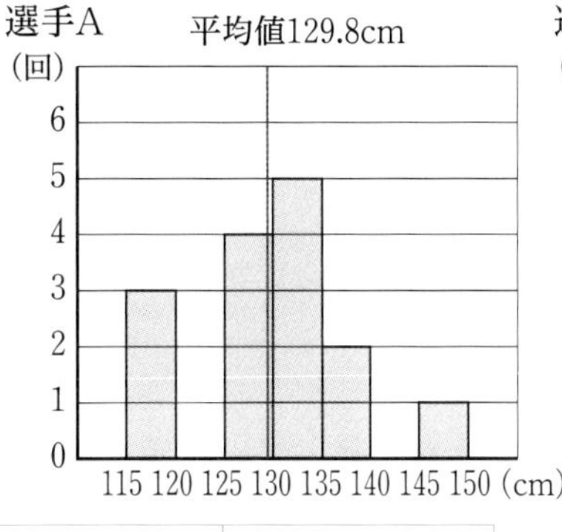

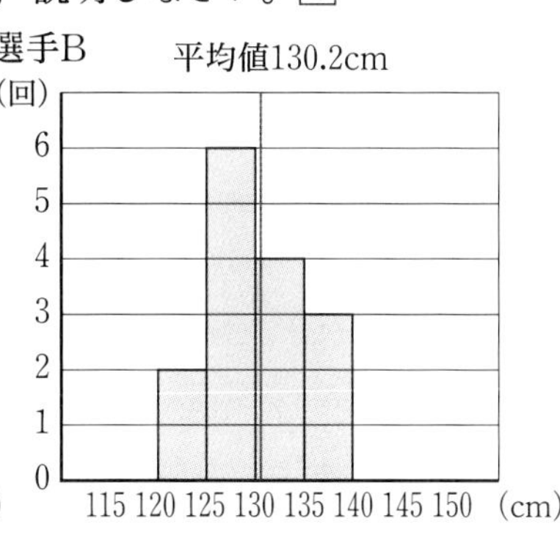

知 /91点	考 /9点

7章

教科書238～261ページ

教科書のまとめ〈7章　データの分析〉

●範囲

(範囲)＝(最大値)－(最小値)

●度数の分布

・階級の区間の幅を**階級の幅**という。

・階級の幅を横，度数を縦とする長方形をすき間なく横に並べて，度数の分布のようすを表したグラフのことを**ヒストグラム**という。

●相対度数

各階級の度数の，全体に対する割合を，その階級の**相対度数**という。

$$(\text{相対度数})=\frac{(\text{階級の度数})}{(\text{度数の合計})}$$

●累積度数

最小の階級から各階級までの度数の総和を**累積度数**という。

・$(\text{累積相対度数})=\dfrac{(\text{累積度数})}{(\text{度数の合計})}$ で求めることもできる。

・累積相対度数を使うと，ある階級未満，あるいは，ある階級以上の度数の全体に対する割合を知ることができる。

●累積相対度数

・最小の階級から各階級までの相対度数の総和を**累積相対度数**という。

●階級値

・度数分布表の階級の中央の値を，その階級の**階級値**という。

(例)「20 m 以上 30 m 未満」の階級の階級値は，

$$\frac{20+30}{2}=25(\text{m})$$

・度数分布表で最頻値を考える場合は，度数分布表の各階級に入っているデータはすべてその階級の階級値をとるものとみなして，度数が最も大きい階級の階級値を最頻値とする。

●確率

多数回の実験の結果，あることがらの現れる相対度数がある一定の値に近づくとき，その値を，そのことがらの起こる**確率**という。

●データの利用

①調べたいことを決める。

↓

②データの集め方の計画を立てる。

[注意]

・調査に協力してくれる人の気持ちを大切にする。

・相手に迷惑がかからないようにする。

・調査で知った情報は，調査の目的以外には使用しない。

↓

③データを集め，目的に合わせて整理する。

・度数分布表を使う。

・分布のようすを知りたいときは，ヒストグラムや度数分布多角形に表す。

・相対度数を使って比較する。

↓

④データの傾向をとらえて，どんなことがいえるか考える。

↓

⑤調べたことやわかったことをまとめて，発表する。

↓

⑥発表したあとに，学習をふり返る。

テスト前に役立つ!

＼＼ 定期テスト ／／

予想問題

チェック!

- テスト本番を意識し，時間を計って解きましょう。
- 取り組んだあとは，必ず答え合わせを行い，まちがえたところを復習しましょう。
- 観点別評価を活用して，自分の苦手なところを確認しましょう。

テスト前に解いて，わからない問題やまちがえた問題は，もう一度確認しておこう!

定期テスト予想問題 1

1章　数の世界のひろがり

時間30分　／100点　合格70点

❶ 次の(1)～(3)に答えなさい。 知

教科書 p.14～25

(1) 45を素因数分解(そいんすうぶんかい)しなさい。

(2) 収入を＋とするとき，500円の収入，300円の支出を，＋，－を使って表しなさい。

(3) 絶対値が2である数をすべて書きなさい。

❶ 点/9点(各3点)

(1)	
(2)	
(3)	

❷ 次の数について，下の(1)～(3)に答えなさい。 知

教科書 p.24～25

$\frac{1}{10}$，＋5，－0.01，－7.8，9，－0.1，3.5

(1) 最も小さい数はどれですか。

(2) 負の数で，最も大きい数はどれですか。

(3) 絶対値が最も大きい数はどれですか。

❷ 点/9点(各3点)

(1)	
(2)	
(3)	

❸ 次の計算をしなさい。 知

教科書 p.26～39

(1) $(-9)+(+4)$　　(2) $(+6)-(-9)$

(3) $6-2-7$　　(4) $-1-5-(+3)$

(5) $(-1.1)-(+0.2)$　　(6) $(-3.2)-(-2.4)+(-1.6)$

(7) $-\frac{11}{6}+\frac{5}{3}-\frac{1}{2}$　　(8) $-2.5-\frac{8}{3}-\left(-\frac{3}{2}\right)$

❸ 点/32点(各4点)

(1)	
(2)	
(3)	
(4)	
(5)	
(6)	
(7)	
(8)	

　成績評価の観点　知…数量や図形などについての知識・技能　考…数学的な思考・判断・表現

4 次の計算をしなさい。知

教科書 p.42 ~ 55

(1) $8\times(-4)$　　(2) $(-4)^2$

(3) $4\times(-6)\times(-3)$　　(4) $(-8)\div(+4)$

(5) $(-3)\div\left(+\frac{1}{3}\right)$　　(6) $6\times(-1)-(-2)^3$

(7) $-3+(8-4)\div 2$　　(8) $6\times\left(-\frac{2}{3}\right)-10\div\frac{1}{2}$

4　点/32点(各4点)

(1)	
(2)	
(3)	
(4)	
(5)	
(6)	
(7)	
(8)	

5 $a>0$, $b<0$ である整数 a, b を使った式について，答えが必ず自然数になる式をすべて答えなさい。考

$a+b$　　$a-b$　　$a\times b$　　$a\div b$

教科書 p.56 ~ 57

5　点/3点

6 下の表は，5人の生徒のテストの得点から，基準点をひいた差を示したものです。基準点を50点とするとき，次の(1)～(3)に答えなさい。考

教科書 p.59 ~ 61

生徒	A	B	C	D	E
基準点との差(点)	＋2	－13	－3	＋10	＋14

(1) Dの得点は，Cの得点より何点高いですか。

(2) 表にある得点で，最高のものは最低のものより何点高いですか。

(3) 5人の得点の平均を求めなさい。

6　点/15点(各5点)

(1)	
(2)	
(3)	

定期テスト予想問題

教科書12～63ページ

知　/82点　考　/18点

解答▶▶ p.45

定期テスト
予想問題
2

2章　文字と式

❶ 次の式を，式を書くときの約束にしたがって表しなさい。知

教科書 p.72～75

(1)　$(-9)\times a$　　(2)　$x\times y\times 1\times y\times y$

(3)　$3y\div 4$　　(4)　$(y+2)\times(-3)$

(5)　$a\times 0.1-b\div 3$

❶　点/10点(各2点)

(1)	
(2)	
(3)	
(4)	
(5)	

❷ 次の式を，記号×，÷を使って表しなさい。知

教科書 p.72～75

(1)　$5ab^2$　　(2)　$\dfrac{x-5}{4}$

(3)　$500-80x$　　(4)　$\dfrac{a^2b^3}{5}$

❷　点/8点(各2点)

(1)	
(2)	
(3)	
(4)	

❸ 次の数量を式で表しなさい。知

教科書 p.76～77

(1)　1個a円の消しゴムを5個と，300円の筆箱を1個買ったときの代金の合計

(2)　時速5kmでx時間歩いたときの道のり

(3)　長さbmのひもを，8等分したときの1本分の長さ

(4)　$a$kgの40%の重さ

❸　点/12点(各3点)

(1)	
(2)	
(3)	
(4)	

❹ $x=-3$のときの，次の式の値(あたい)を求めなさい。知

教科書 p.78～79

(1)　$6x-7$　　(2)　$-2x^2$

❹　点/6点(各3点)

(1)	
(2)	

　成績評価の観点　知…数量や図形などについての知識・技能　考…数学的な思考・判断・表現

5 $x=4$, $y=-2$のときの，次の式の値を求めなさい。知

教科書 p.78～79

(1) $-\frac{y}{x}$　　(2) $2(x-3)-5y$

5　点/6点(各3点)

(1)	
(2)	

6 次の計算をしなさい。知

教科書 p.82～87

(1) $3x+4x$　　(2) $-3a-5a$

(3) $0.7x-0.5-1.3x$　　(4) $-\frac{1}{6}x\times 6$

(5) $8a\div 4$　　(6) $(-32x)\div(-8)$

(7) $-12x\div\frac{3}{4}$　　(8) $\frac{5a-2}{7}\times(-14)$

6　点/24点(各3点)

(1)	
(2)	
(3)	
(4)	
(5)	
(6)	
(7)	
(8)	

7 次の計算をしなさい。知

教科書 p.88～89

(1) $(x+5)-2(y-1)$　　(2) $4(x-1)+3(2x-7)$

(3) $2(a-1)-3(5a-3)$　　(4) $-3(x-4)-(5x-7)$

(5) $\frac{1}{3}(9x-6)-\frac{1}{6}(12x-6)$　　(6) $8\left(\frac{1}{2}x-\frac{3}{4}\right)-4\left(\frac{x}{4}-\frac{1}{2}\right)$

7　点/24点(各4点)

(1)	
(2)	
(3)	
(4)	
(5)	
(6)	

8 次の数量の関係を等式または不等式で表しなさい。考

教科書 p.94～95

(1) 1本x円の鉛筆(えんぴつ)12本と1冊y円のノートを5冊買うと，代金は1460円になる。

(2) ある数xを5倍して7をひいた数は，xの3倍以上である。

8　点/10点(各5点)

(1)	
(2)	

知　/90点	考　/10点

定期テスト予想問題　教科書66～97ページ

解答▶▶ p.46

定期テスト
予想問題
3

3章　1次方程式

時間30分　／100点　合格70点

1 次の式のなかで，解が -4 である方程式をすべて選びなさい。知

教科書 p.102～103

㋐ $9-13=-4$　　㋑ $-3x=-12$

㋒ $-2x=-4-3x$　　㋓ $x-1=4x+10$

㋔ $3x+1=-10$　　㋕ $4x+12=-3x-16$

1 点/4点

2 次の方程式を解きなさい。知

教科書 p.106～110

(1) $x+3=19$　　(2) $7x=-49$

(3) $-2+9x=16$　　(4) $2-3y=-y-10$

(5) $-4a+2=a-9$　　(6) $2b-30=12b-10$

(7) $2(x-2)=x-10$　　(8) $9=7-(13+4x)$

(9) $4(a-2)=5(3a-6)$

2 点/36点(各4点)

(1)
(2)
(3)
(4)
(5)
(6)
(7)
(8)
(9)

3 次の方程式を解きなさい。知

教科書 p.110～112

(1) $9+0.3x=-2.7x$　　(2) $0.3x+0.02=1.01$

(3) $\frac{1}{3}x+2=\frac{3}{4}x-3$　　(4) $\frac{1}{2}x+3=-\frac{1}{6}x-1$

(5) $-\frac{1}{5}x=-3+\frac{1}{10}x$　　(6) $\frac{x+1}{2}=\frac{2x-1}{3}$

3 点/24点(各4点)

(1)
(2)
(3)
(4)
(5)
(6)

成績評価の観点　知…数量や図形などについての知識・技能　考…数学的な思考・判断・表現

4 次の比例式を解きなさい。知

教科書 p.113～114

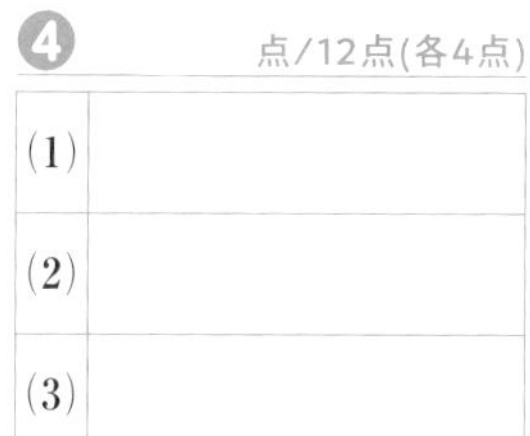

(1) $40 : x = 5 : 9$

(2) $x : 3 = 5 : 5.1$

(3) $16 : (x + 5) = 3 : 2$

5 xについての方程式$ax - 6 = 2x + 10$の解が4であるとき，aの値（あたい）を求めなさい。考

教科書 p.102～103

5 点/4点

6 次の(1)～(4)に答えなさい。考

教科書 p.116～120

6 点/20点(各5点)

(1)
(2)
(3)
(4)

(1) 現在，父の年齢（ねんれい）は34歳（さい）で，子の年齢は8歳です。父の年齢が子の年齢の3倍になるのは何年後ですか。

(2) A地点からB地点まで行くのに，時速12kmの自転車で行くと，時速4kmで歩いて行くより1時間早く着きます。A地点からB地点までの道のりは何kmありますか。

(3) ある品物を定価で売ると原価の20%の利益がありますが，定価の10%引きで売ったので，280円の利益がありました。この品物の原価を求めなさい。

(4) 2桁（けた）の自然数があります。一の位の数は十の位の数の3倍で，一の位の数と十の位の数を入れかえた自然数は，もとの数より36大きくなります。もとの2桁の自然数を求めなさい。

知 /76点 考 /24点

4章　量の変化と比例，反比例

1 次の㋐～㋓について，yがxに比例するものと，yがxに反比例するものを選び，それぞれ記号で答えなさい。知

㋐　1辺が$x$cmの正方形の周の長さが$y$cm

㋑　15kmの道のりを時速$x$kmの速さで歩くときにかかる時間がy時間

㋒　210ページの本をxページ読んだときの残りがyページ

㋓　80gのびんにxgの塩を入れたときの，びん全体の重さがyg

教科書 p.130～131，p.145～147

1　点／10点(各5点)

比例	
反比例	

2 次のxとyの関係について，yをxの式で表しなさい。知

(1)　yがxに比例し，$x=5$のとき$y=15$です。

(2)　yがxに反比例し，$x=-3$のとき$y=-9$です。

教科書 p.142，p.152

2　点／10点(各5点)

(1)	
(2)	

3 下の図について，次の(1)，(2)に答えなさい。知

(1)　点A，Bの座標を答えなさい。

(2)　次の点C，Dの位置を，右の座標平面上にかき入れなさい。
　C(3，-2)
　D(-5，0)

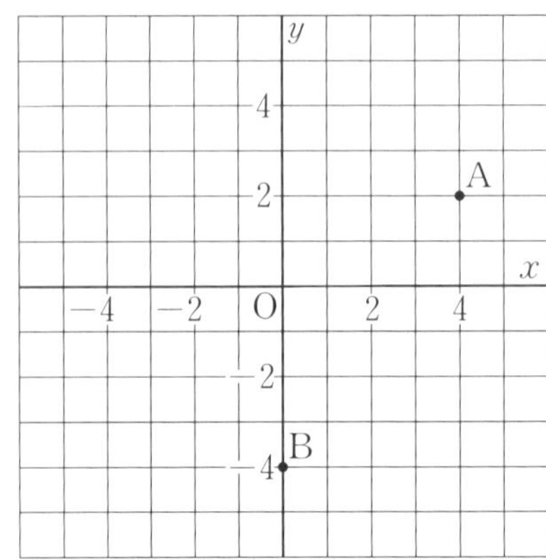

教科書 p.134～135

3　点／20点(各5点)

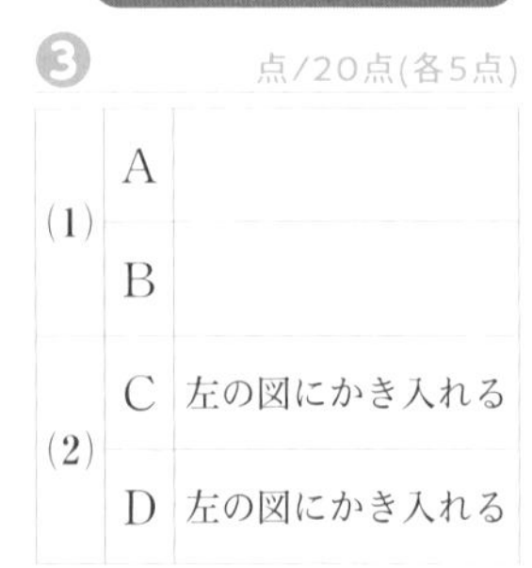

(1)	A	
	B	
(2)	C	左の図にかき入れる
	D	左の図にかき入れる

4 グラフが右の㋐～㋒の直線や双曲線であるとき，yをxの式で表しなさい。知

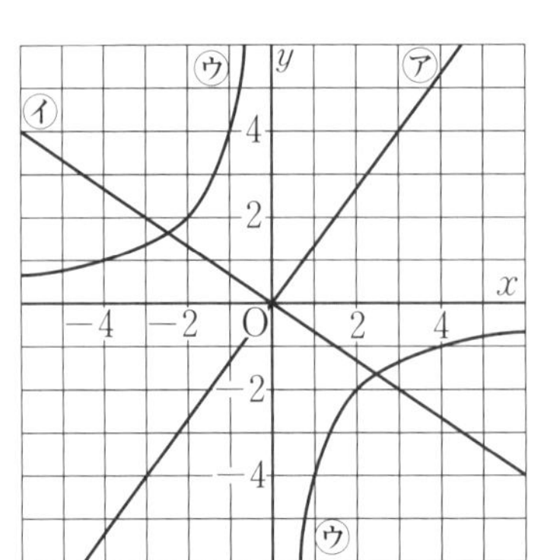

教科書 p.143，p.153

4　点／15点(各5点)

㋐	
㋑	
㋒	

　成績評価の観点　知…数量や図形などについての知識・技能　考…数学的な思考・判断・表現

5 次の(1)〜(4)のグラフをかきなさい。知

教科書 p.136〜141, p.148〜151

(1) $y=-x$

(2) $y=\frac{1}{3}x$

(3) $y=\frac{12}{x}$

(4) $y=-\frac{8}{x}$

5 点/20点(各5点)

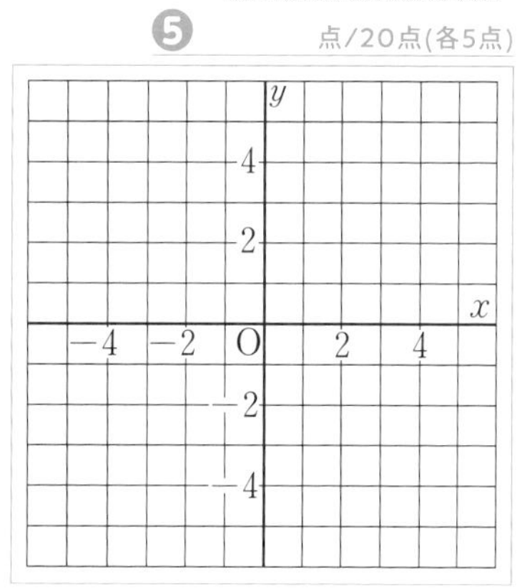

6 右の図のような長方形ABCDがあります。点Pは，Aを出発して辺AB上をBまで動きます。APが$x$cmのときの三角形APDの面積を$y$cm²として，次の(1)〜(5)に答えなさい。考

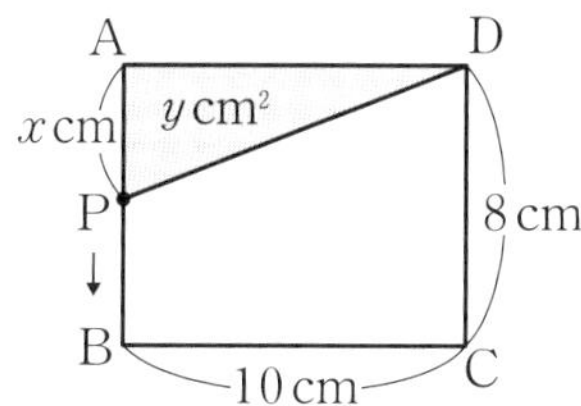

教科書 p.159

6 点/25点(各5点)

(1) yをxの式で表しなさい。

(2) xの変域を求めなさい。

(3) yの変域を求めなさい。

(4) xとyの関係を表すグラフをかきなさい。

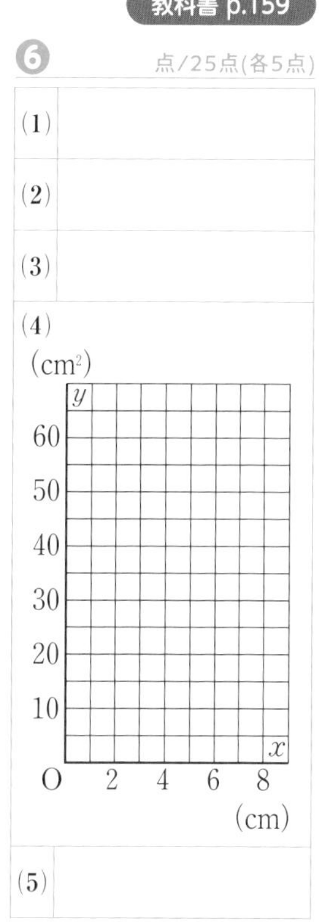

(5) 三角形APDの面積が25cm²になるのは，APの長さが何cmのときか求めなさい。

定期テスト
予想問題
5

5章　平面の図形

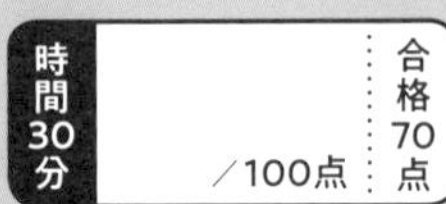

1 次の□にあてはまることばや記号，数を書きなさい。知

教科書 p.166 ～ 177

(1) 直線の一部分で，2点A，Bを両端(りょうたん)とするものを□ABといいます。

(2) 2直線 ℓ と m が平行であることを，ℓ □ m と表します。

(3) 円周上の2点A，Bを両端とする弧(こ)を弧ABといい，□と表します。

(4) 円と直線とが1点で交わるとき，円と直線とは接するといい，この直線を円の□といいます。

(5) 半径が4cm，中心角が135°のおうぎ形の面積は□cm^2です。

1　点/40点(各8点)

(1)	
(2)	
(3)	
(4)	
(5)	

2 次の作図をしなさい。知

教科書 p.180 ～ 185

(1) 頂点Aを通り，△ABCの面積を2等分する線分

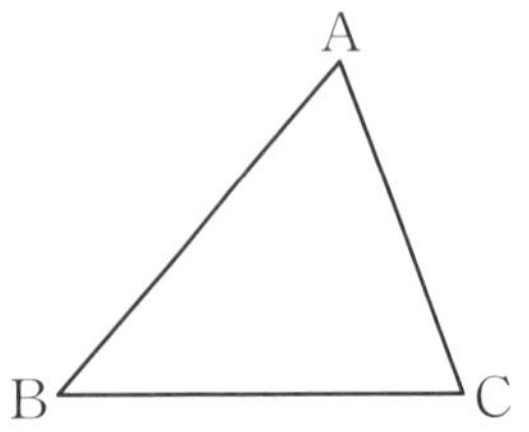

(2) 点Pを中心とし，直線 ℓ に接する円

(3) 長方形ABCDについて，辺ABが辺ADに重なるように折ったときにできる折り目

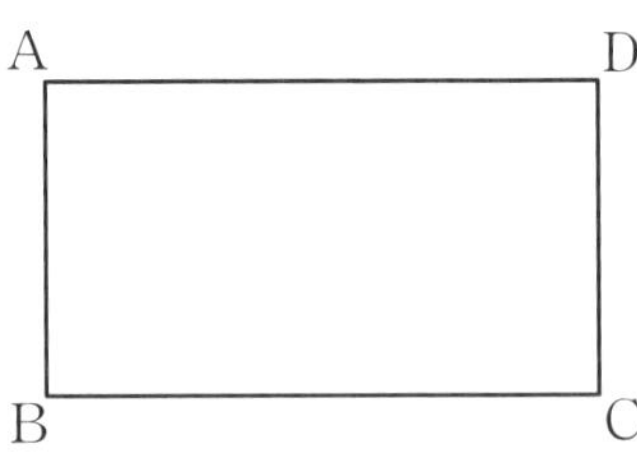

2　点/30点(各10点)

(1)	左の図にかき入れる
(2)	左の図にかき入れる
(3)	左の図にかき入れる

成績評価の観点　知…数量や図形などについての知識・技能　考…数学的な思考・判断・表現

3 次の図で，△ABCを，矢印の方向に，線分PQの長さだけ平行移動させてできる△A′B′C′をかきなさい。知

教科書 p.190～195

3 点/10点

左の図にかき入れる

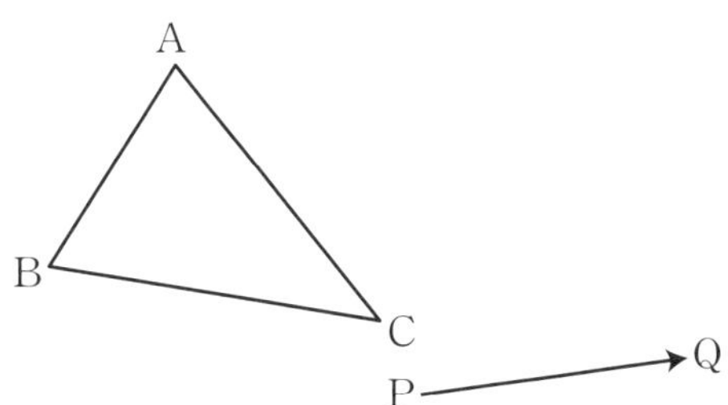

4 次の図で，△ABCを，点Oを中心として点対称移動(てんたいしょういどう)させてできる△A′B′C′をかきなさい。知

教科書 p.190～195

4 点/10点

左の図にかき入れる

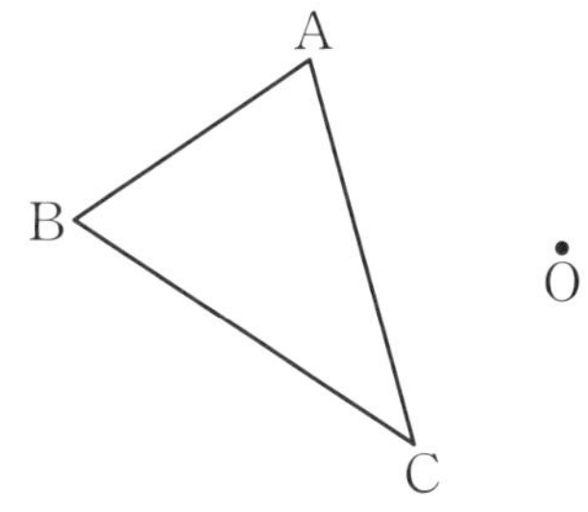

5 下の図のように，直線ℓと直線mと点Pがあります。点Pから直線ℓ上の点Qを通ったあと，直線m上の点Rを通り，また，点Pまで行く道のりとして，PQ＋QR＋RPが最短となる点Q，点Rを作図によって求めなさい。考

教科書 p.190～195

5 点/10点

左の図にかき入れる

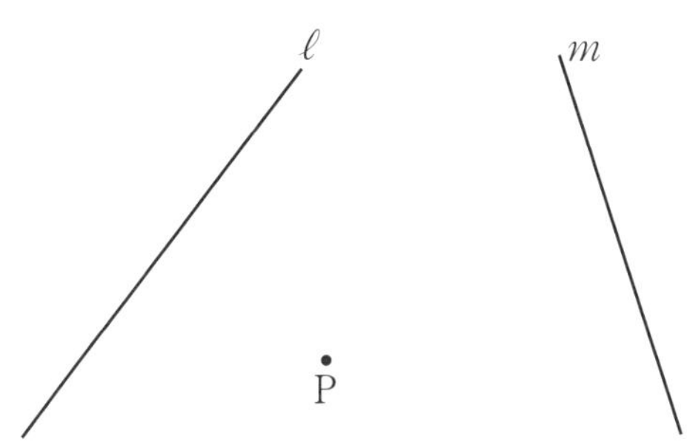

知 /90点	考 /10点

6章　空間の図形

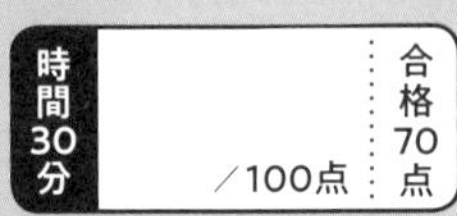

教科書 p.210～213

1 右の三角柱で辺を直線，面を平面とみて，次の(1)～(3)に答えなさい。知

(1)　直線ABとねじれの位置にある直線はどれですか。

(2)　平面ABCと平行な平面はどれですか。

(3)　平面ADEBと垂直な平面はどれですか。

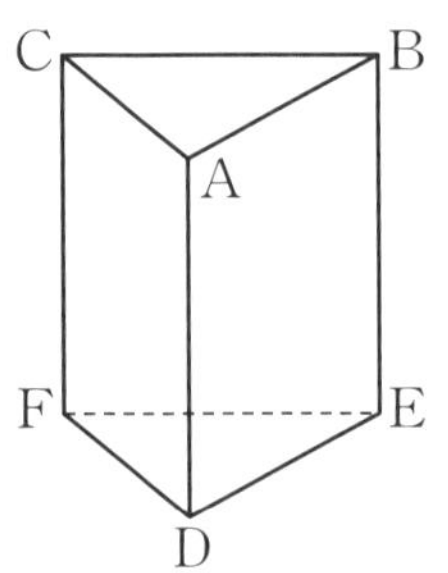

教科書 p.221～224

2 次の図の立体の表面積を求めなさい。知

(1)

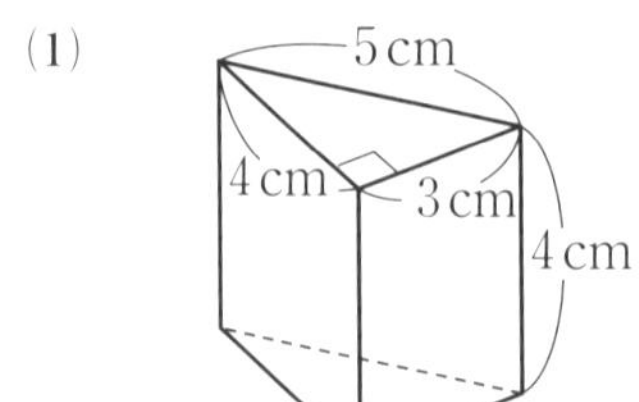

(2)

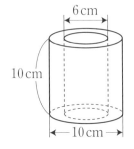

2　点／24点(各6点)

(1)	
(2)	
(3)	
(4)	

(3)

6cm
10cm
10cm

(4)

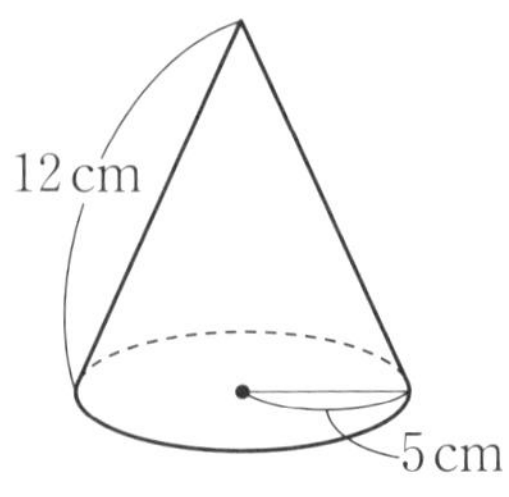

教科書 p.225～229

3 次の図の立体の体積を求めなさい。知

(1)

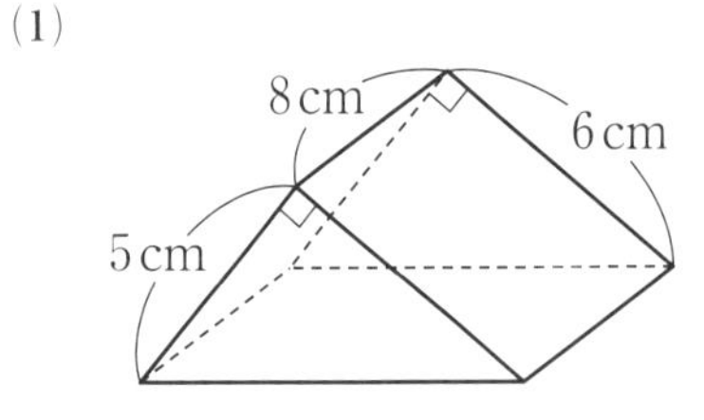

(2)

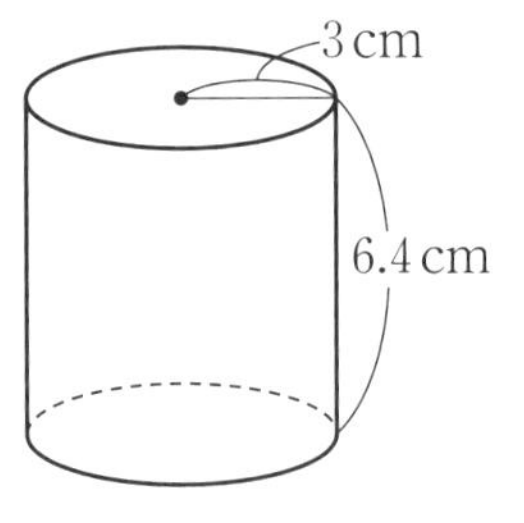

(3)

13cm
12cm
5cm

(4)

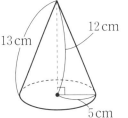

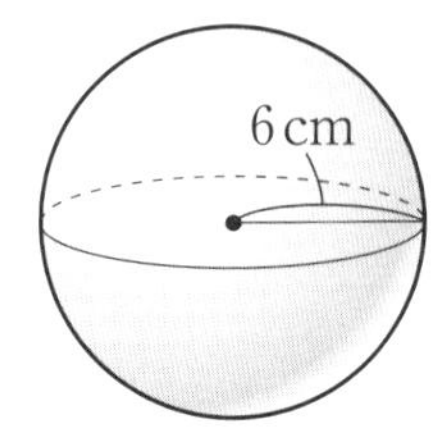

成績評価の観点　知…数量や図形などについての知識・技能　考…数学的な思考・判断・表現

4 次の図形を，直線 ℓ を回転の軸（じく）として1回転させてできる回転体の体積を，それぞれ求めなさい。知

教科書 p.215, p.225〜229

(1)

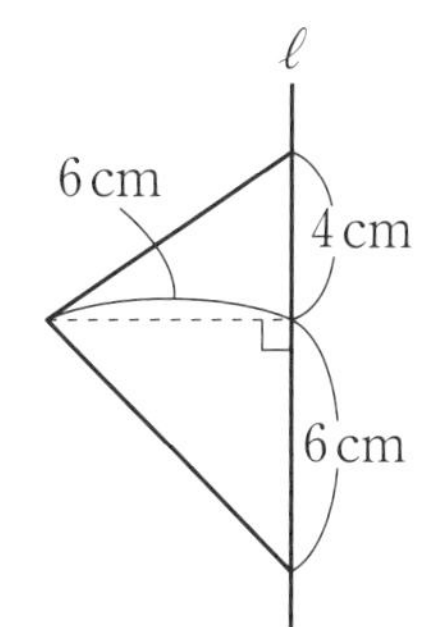

(2)

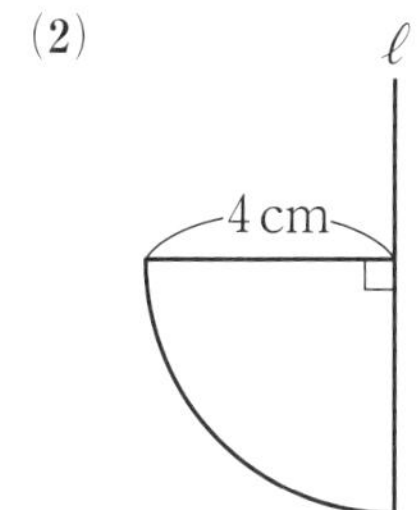

4 点/12点(各6点)

(1)	
(2)	

5 右の図は，ある立体の投影図（とうえいず）です。次の(1)，(2)に答えなさい。知

教科書 p.216〜217, p.225〜227

(1) この投影図で表される立体の名前を答えなさい。

(2) この投影図で表される立体の体積を求めなさい。

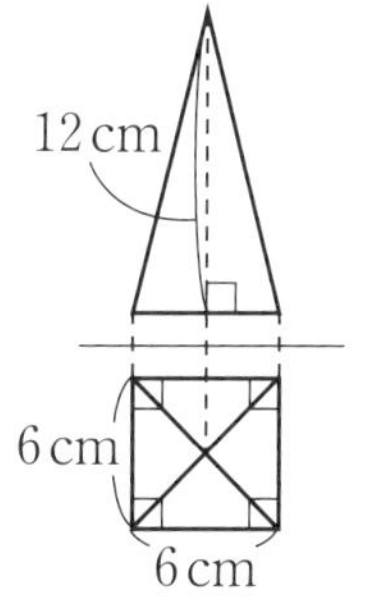

5 点/14点(各7点)

(1)	
(2)	

6 下の図のように，底面の半径が6 cmの円錐（えんすい）を，頂点Oを中心として，平面上で転がしたところ，下の図の線で示した円の上を1周してもとの場所に戻（もど）るまでに，ちょうど2回転しました。このとき，次の(1)，(2)に答えなさい。考

教科書 p.219

(1) この円錐の母線の長さを求めなさい。

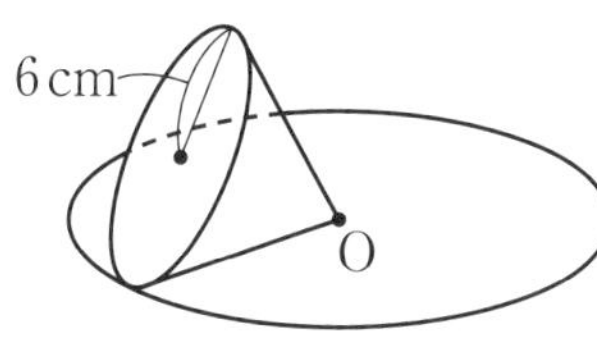

(2) この円錐の表面積を求めなさい。

6 点/14点(各7点)

(1)	
(2)	

7章　データの分析

❶ 下の表は，ある中学校の生徒20人の50m走の記録を度数分布表に表したものです。次の(1)〜(4)に答えなさい。知

教科書 p.240〜247

記録(秒)	度数(人)	累積度数(人)	相対度数	累積相対度数
以上　未満 5.5〜6.0	1	1	0.05	0.05
6.0〜6.5	2	3	0.10	0.15
6.5〜7.0	3			
7.0〜7.5	5			
7.5〜8.0	4			
8.0〜8.5	3			
8.5〜9.0	2			
計	20		1	

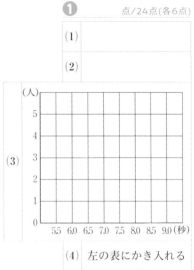

(1) 階級の幅は何秒ですか。

(2) 記録が6.5秒の生徒は，どの階級にふくまれますか。

(3) ヒストグラムと度数分布多角形を，右の図にかきなさい。

(4) 累積度数，相対度数，累積相対度数を求め，上の表のあいているところにあてはまる数を書きなさい。

❶　点/24点(各6点)

(1)

(2)

(3)
(人) 5 4 3 2 1 0
5.5 6.0 6.5 7.0 7.5 8.0 8.5 9.0(秒)

(4) 左の表にかき入れる

❷ 右の表は，生徒10人の小テストの得点を度数分布表に表したものです。次の(1)〜(3)に答えなさい。知

教科書 p.248〜250

得点(点)	度数(人)
以上　未満 0〜10	1
10〜20	2
20〜30	1
30〜40	4
40〜50	2
計	10

(1) およその平均値を求めなさい。

(2) 中央値はどの階級にふくまれますか。

(3) 最頻値を求めなさい。

成績評価の観点　知…数量や図形などについての知識・技能　考…数学的な思考・判断・表現

3 下の表は，1年2組の生徒25人と1年全体の生徒100人の睡眠(すいみん)時間を調べて度数分布表に表したものです。次の(1)〜(4)に答えなさい。(1)〜(3)知，(4)考

教科書 p.244〜245

時間(時間)	1年2組		1年全体	
	度数(人)	相対度数	度数(人)	相対度数
以上 未満 4 〜 5	0	0.00	2	0.02
5 〜 6	3	0.12	9	㋐
6 〜 7	4	0.16	24	㋑
7 〜 8	7	0.28	34	㋒
8 〜 9	8	0.32	21	㋓
9 〜 10	3	0.12	10	0.10
計	25	1	100	1

(1) 上の表の㋐〜㋓にあてはまる数を求めなさい。

(2) 7時間未満の生徒の割合はどちらが大きいですか。

(3) 右の図は，1年2組の相対度数の分布をグラフに表したものです。1年全体の相対度数の分布を表すグラフを右の図にかき加えなさい。

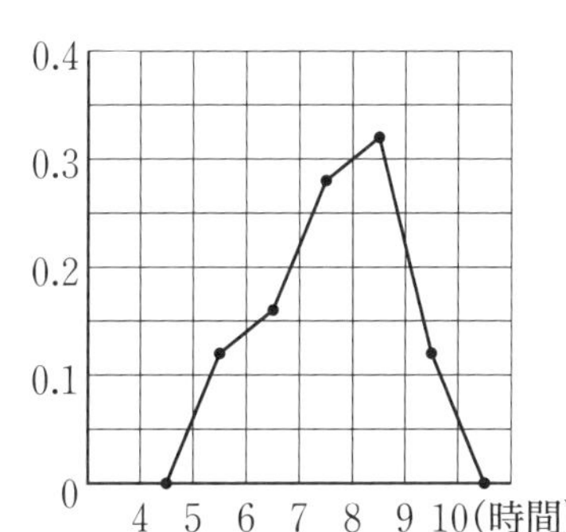

(4) (3)の2つのグラフから，データの傾向(けいこう)のちがいを答えなさい。

3 点/42点(各6点)

(1)	㋐	
	㋑	
	㋒	
	㋓	
(2)		
(3)	左の図にかき入れる	
(4)		

4 右の表は，A駅とB駅を発車する電車について，時刻表通りに発車した本数を調べたものです。次の(1)，(2)に答えなさい。知

教科書 p.258

	電車の本数(本)	時刻表通りに発車した本数(本)
A駅	200	143
B駅	300	225

(1) A駅とB駅で時刻表通りに発車する相対度数をそれぞれ求めなさい。

(2) A駅とB駅では，どちらのほうが時刻表通りに発車する確率が高いといえますか。

4 点/16点

(1)	A駅	5点
	B駅	5点
(2)		6点

知 /94点　考 /6点

解答▶▶ p.53

教科書ぴったりトレーニング
〈大日本図書版・中学数学1年〉
この解答集は取り外してお使いください。

1章 数の世界のひろがり

p.6~7 ぴたトレ0

1

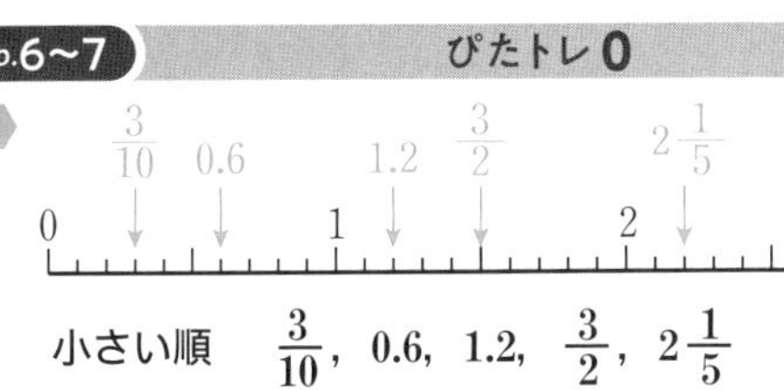

小さい順 $\frac{3}{10}$, 0.6, 1.2, $\frac{3}{2}$, $2\frac{1}{5}$

解き方
数直線の小さい1めもりは, $0.1\left(\frac{1}{10}\right)$です。
分数を小数になおして考えると,
$\frac{3}{10}=0.3$, $\frac{3}{2}=1.5$, $2\frac{1}{5}=2.2$

2 (1)$>$ (2)$<$ (3)$<$ (4)$>$

解き方
(2)分母をそろえると, $\frac{8}{4}<\frac{9}{4}$
(4)分母をそろえると, $\frac{20}{12}>\frac{15}{12}$

3 (1)$\frac{5}{6}$ (2)$\frac{17}{15}\left(1\frac{2}{15}\right)$ (3)$\frac{1}{20}$
(4)$\frac{1}{6}$ (5)$\frac{49}{12}\left(4\frac{1}{12}\right)$ (6)$\frac{5}{12}$

解き方
通分して計算します。答えが約分できるときは, 約分しておきます。
(2)$\frac{5}{6}+\frac{3}{10}=\frac{25}{30}+\frac{9}{30}=\frac{34}{30}=\frac{17}{15}$
(4)$\frac{9}{10}-\frac{11}{15}=\frac{27}{30}-\frac{22}{30}=\frac{5}{30}=\frac{1}{6}$
(6)$3\frac{1}{3}-2\frac{11}{12}=\frac{10}{3}-\frac{35}{12}=\frac{40}{12}-\frac{35}{12}=\frac{5}{12}$

4 (1)3.1 (2)10.3 (3)2.3 (4)4.5

解き方
位をそろえて, 計算します。
(2) 4.5 + 5.8 = 10.3
(4) 7.1 − 2.6 = 4.5

5 (1)15 (2)$\frac{1}{9}$ (3)$\frac{2}{5}$ (4)$\frac{1}{16}$ (5)$\frac{2}{5}$ (6)$\frac{1}{5}$

解き方
計算の途中で約分できるときは約分します。わり算はわる数の逆数をかけて, かけ算になおします。
(5)$\frac{1}{6}\times3\div\frac{5}{4}=\frac{1}{6}\times\frac{3}{1}\times\frac{4}{5}=\frac{1\times3\times4}{6\times1\times5}=\frac{2}{5}$
(6)$\frac{3}{10}\div\frac{3}{5}\div\frac{5}{2}=\frac{3}{10}\times\frac{5}{3}\times\frac{2}{5}=\frac{3\times5\times2}{10\times3\times5}=\frac{1}{5}$

6 (1)22 (2)6 (3)10 (4)18

解き方
( )があるときは, ( )の中を先に計算します。
+, −と×, ÷とでは, ×, ÷を先に計算します。
(3)$(3\times8-4)\div2=(24-4)\div2=20\div2=10$
(4)$3\times(8-4\div2)=3\times(8-2)=3\times6=18$

7 (1)12.8 (2)560 (3)7 (4)180

解き方
(3)$10\times\left(\frac{1}{5}+\frac{1}{2}\right)=10\times\frac{1}{5}+10\times\frac{1}{2}=2+5=7$
(4)$18\times7+18\times3=18\times(7+3)=18\times10=180$

8 (1)①100 ②1 ③5643
(2)①4 ②8 ③800

解き方
(1)$99=100-1$ だから,
$57\times99=57\times(100-1)=57\times100-57\times1$
$=5643$
(2)$32=4\times8$と考えて, $25\times4=100$を利用します。
$25\times32=(25\times4)\times8=100\times8=800$

p.9 ぴたトレ1

1 14 15 18 ⑲ 21 ㉓ ㉙

解き方
1とその数自身の積でしか表せないものを選びます。

2 (1)$40=2^3\times5$ (2)$75=3\times5^2$
(3)$140=2^2\times5\times7$ (4)$252=2^2\times3^2\times7$

解き方
素因数だけの積の形にします。
小さい素因数から考えるとよいです。

3 (1)$32=2^5$ $80=2^4\times5$ (2)16 (3)160

解き方
(2)$32=2\times2\times2\times2\times2$
$80=2\times2\times2\times2\quad\times5$
$2\times2\times2\times2\quad=16$
(3)$32=2\times2\times2\times2\times2$
$80=2\times2\times2\times2\quad\times5$
$2\times2\times2\times2\times2\times5=160$

p.11 ぴたトレ 1

1 (1)+4km　(2)−8km

解き方 (2)東へ進むことを＋を使って表すので，西へ進むことは−を使って表します。

2 (1)−5cm縮む　(2)13℃下がる

解き方 符号を反対にするときは，ことばもその反対にします。
(1)「伸びる」の反対は「縮む」
(2)「上がる」の反対は「下がる」

3 (1)−10　(2)+8　(3)+3.4　(4)$-\frac{3}{7}$

解き方 「0より大きい」は「＋」で表します。「0より小さい」は「−」で表します。

4 点A…+5　点B…+0.5　点C…−4.5

解き方 数直線で，0より右が＋，0より左が−です。
点Bは，「0」と「1」の間で，正の数になります。
点Cは「−4」と「−5」の間で，負の数になります。

5
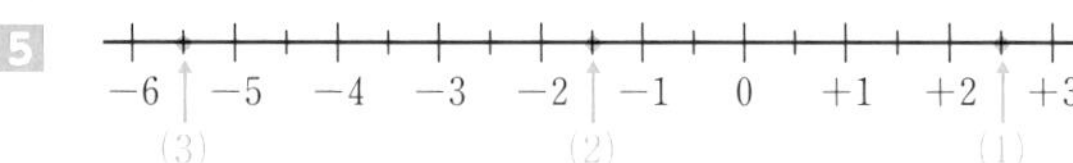

解き方 (1)+2.5は，「+2」と「+3」の間の数です。
(3)$-\frac{11}{2}$は−5.5なので，「−5」と「−6」の間の数です。

p.13 ぴたトレ 1

1 (1)+4>−4　(2)−0.5>−1.5

解き方 数直線上では，右側にある数のほうが大きいです。
(2)−1.5より，−0.5のほうが右側にあります。

2 (1)9　(2)0　(3)0.1　(4)$\frac{2}{5}$

解き方 絶対値は，数直線上での原点Oからその点までの距離です。

3 (1)−4，+4　(2)−4.7，+4.7
(3)$-\frac{4}{5}$，$+\frac{4}{5}$　(4)−1，0，1

解き方 (2)，(3)小数や分数の場合の絶対値も，正の数と負の数の2つあります。
(4)「2より小さい」というときは，2はふくまれません。

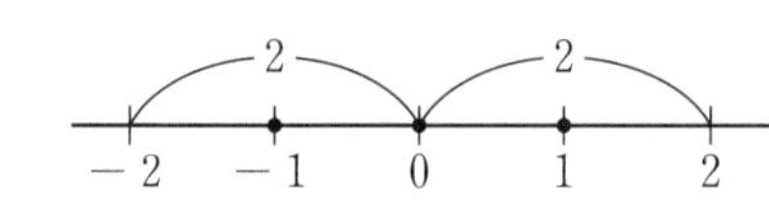

4 (1)−10<−6　(2)+2>+1.9
(3)−6<−4.1<+5　(4)$-\frac{5}{8}<-\frac{1}{2}<+\frac{3}{4}$

解き方 (1)負の数は，絶対値が大きい数ほど小さいです。
(2)正の数は，絶対値が大きい数ほど大きいです。
(3)−6と−4.1は負の数どうしなので，絶対値の大きさで比べます。

p.15 ぴたトレ 1

1 (1)+9　(2)−8　(3)−5　(4)+4

解き方 (1)原点から正の向きに2進み，そこから正の向きに7進むので，原点から正の向きに9進んだことになります。

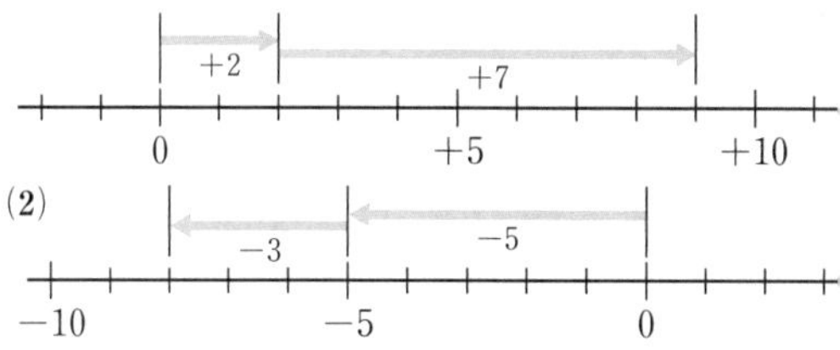

(3)原点から正の向きに5進み，そこから負の向きに10進むので，原点から負の向きに5進んだことになります。

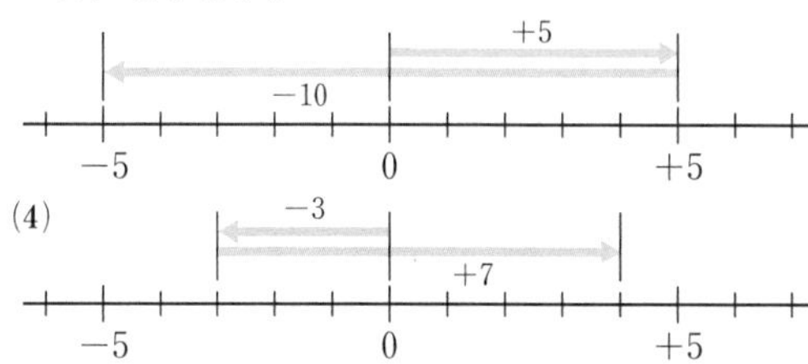

2 (1)+15　(2)−23　(3)−11　(4)+15
(5)0　(6)−16　(7)0　(8)$+\frac{2}{3}$

解き方
(1)(+9)+(+6)=+(9+6)=+15
(2)(−15)+(−8)=−(15+8)=−23
(3)(+7)+(−18)=−(18−7)=−11
(4)(−19)+(+34)=+(34−19)=+15
(5)(−12)+(+12)=+(12−12)=0
(6)0+(−16)=−16
(7)(+3.5)+(−3.5)=+(3.5−3.5)=0
(8)$\left(-\frac{2}{3}\right)+\left(+\frac{4}{3}\right)=+\left(\frac{4}{3}-\frac{2}{3}\right)=+\frac{2}{3}$

3 (1)−1　(2)+3　(3)0

解き方
(1)(−6)+(+13)+(−8)
=｛(−6)+(−8)｝+(+13)
=(−14)+(+13)
=−1
(2)(−2)+(−9)+(+20)+(−6)
=｛(−2)+(−9)+(−6)｝+(+20)
=(−17)+(+20)
=+3

(3) $(-9)+(+4)+(-2)+(+9)+(-2)$

$=\{(-9)+(-2)+(-2)\}+\{(+4)+(+9)\}$

$=(-13)+(+13)$

$=0$

p.17 ぴたトレ1

1 (1) **+5**　(2) **−3**　(3) **−6**

(4) **−10**　(5) **−7**　(6) **−5.8**

解き方

減法は，ひく数の符号を変えて加法になおします。

(1) $(+6)-(+1)=(+6)+(-1)$

$=+(6-1)$

$=+5$

(2) $(+5)-(+8)=(+5)+(-8)$

$=-(8-5)$

$=-3$

(3) $(+13)-(+19)=(+13)+(-19)$

$=-(19-13)$

$=-6$

(4) $(-7)-(+3)=(-7)+(-3)$

$=-(7+3)$

$=-10$

(5) $(-2)-(+5)=(-2)+(-5)$

$=-(2+5)$

$=-7$

(6) $(-2.7)-(+3.1)=(-2.7)+(-3.1)$

$=-(2.7+3.1)$

$=-5.8$

2 (1) **+8**　(2) **+15**　(3) **+23**　(4) **−6**

(5) **0**　(6) $\mathbf{-\frac{5}{6}}$

解き方

(1) $(+4)-(-4)=(+4)+(+4)$

$=+(4+4)$

$=+8$

(2) $(+6)-(-9)=(+6)+(+9)$

$=+(6+9)$

$=+15$

(3) $(+17)-(-6)=(+17)+(+6)$

$=+(17+6)$

$=+23$

(4) $(-8)-(-2)=(-8)+(+2)$

$=-(8-2)$

$=-6$

(5) $(-14)-(-14)=(-14)+(+14)$

$=-(14-14)$

$=0$

(6) $\left(-\frac{4}{3}\right)-\left(-\frac{1}{2}\right)=\left(-\frac{4}{3}\right)+\left(+\frac{1}{2}\right)$

$=\left(-\frac{8}{6}\right)+\left(+\frac{3}{6}\right)$

$=-\left(\frac{8}{6}-\frac{3}{6}\right)=-\frac{5}{6}$

3 (1) **+11**　(2) **+12**　(3) **+4**　(4) **−1**

解き方

(1) $(+11)-0=+11$

0をひいた差は，その数自身になります

(2) $0-(-12)=0+(+12)=+12$

(3) $(+5)-(+4)-(-3)=(+5)+(-4)+(+3)$

$=+4$

(4) $(-8)-(-5)-(-2)=(-8)+(+5)+(+2)$

$=-1$

p.19 ぴたトレ1

1 (1) $\mathbf{(-4)+(-7)+(+6)}$

正の項…+6　負の項…−4，−7

答え…−5

(2) $\mathbf{(+9)+(-8)+(-13)+(+10)}$

正の項…+9，+10　負の項…−8，−13

答え…−2

解き方

(1) $(-4)-(+7)+(+6)=(-4)+(-7)+(+6)$

$=(-11)+(+6)$

$=-5$

(2) $(+9)+(-8)-(+13)-(-10)$

$=(+9)+(-8)+(-13)+(+10)$

$=(+9)+(+10)+(-8)+(-13)$

$=(+19)+(-21)$

$=-2$

2 (1) **5−9**　(2) **−12−3+7**

解き方

(1) $(+5)-(+9)=(+5)+(-9)$

$=5-9$

最初の項が正の項のときは，＋を省きます。

(2) $(-12)+(-3)-(-7)=(-12)+(-3)+(+7)$

$=-12-3+7$

3 (1) **15**　(2) **−7**

解き方

(1) $8-4+11=8+11-4$

$=19-4$

$=15$

(2) $-11+6-14+12=6+12-11-14$

$=18-25$

$=-7$

4 (1)-4　(2)-13　(3)40　(4)$\frac{3}{2}$

解き方

(1)$10-(+8)+(-6)=10+(-8)+(-6)$

$=10-8-6$

$=10-14$

$=-4$

(2)$-21-(+7)-(-18)-3$

$=-21+(-7)+(+18)-3$

$=-21-7+18-3$

$=18-21-7-3$

$=18-31$

$=-13$

(3)$16-(-12)+(-24)+36$

$=16+(+12)+(-24)+36$

$=16+12-24+36$

$=16+12+36-24$

$=64-24$

$=40$

(4)$-1.5-(-6)-\frac{1}{2}+(-2.5)$

$=-1.5+6-\frac{1}{2}-2.5$

$=6-1.5-2.5-\frac{1}{2}$

$=6-\frac{9}{2}=\frac{3}{2}$

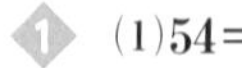

p.20～21　ぴたトレ2

1 (1)$54=2\times3^3$　(2)$100=2^2\times5^2$

解き方

同じ数をかけ合わせるときは，累乗の指数を使って表します。

2 (1)$+5072$ m　(2)-1208 m

解き方

3776mが基準なので，

(1)$8848-3776=5072$

(2)$3776-2568=1208$で，富士山より低いので$-$で表します。

3 点A…-3.5　点B…-2

点C…$+0.5$　点D…$+4.5$

解き方

0から左にあるめもりは負の数を表します。1めもりは1です。

4 (1)$-3.1<-3$　(2)$-\frac{6}{7}>-1$

(3)$-3.6<-\frac{17}{5}$

解き方

負の数では，その絶対値が大きい数ほど小さいです。

(1)$3.1>3$より，$-3.1<-3$

(2)$\frac{6}{7}<1$より，$-\frac{6}{7}>-1$

(3)$-\frac{17}{5}=-3.4$で，$3.6>3.4$より，$-3.6<-\frac{17}{5}$

5 (1)-0.2　(2)$-\frac{1}{8}$　(3)-0.06　(4)$\frac{13}{2}$

解き方

(1)負の数で最も絶対値が大きい数が最も小さい数になります。

(2)分数で絶対値が最も小さい数です。

(3)最も大きい負の数は，負の数の中で最も絶対値が小さい数です。「-0.2」と答えないように注意しましょう。

(4)「＋」，「－」の符号をとって，最も大きい数，最も小さい数を比較します。

6 (1)-5　(2)-12　(3)$-\frac{1}{2}$　(4)-1

(5)-10　(6)$-\frac{5}{6}$

解き方

(1)$(-6)+(+1)=-(6-1)$

$=-5$

(2)$(-4)+(-8)=-(4+8)$

$=-12$

(3)$\left(-\frac{3}{4}\right)+\left(+\frac{1}{4}\right)=-\left(\frac{3}{4}-\frac{1}{4}\right)$

$=-\frac{1}{2}$

(4)$(+5)-(+6)=(+5)+(-6)$

$=-(6-5)$

$=-1$

(5)$(-6)-(+4)=(-6)+(-4)$

$=-(6+4)$

$=-10$

(6)$\left(-\frac{3}{2}\right)-\left(-\frac{2}{3}\right)=\left(-\frac{3}{2}\right)+\left(+\frac{2}{3}\right)$

$=-\left(\frac{3}{2}-\frac{2}{3}\right)$

$=-\left(\frac{9}{6}-\frac{4}{6}\right)$

$=-\frac{5}{6}$

7 (1)$+3$　(2)$+12$　(3)0　(4)-54

(5)0　(6)$-\frac{1}{20}$

解き方

(1) $(+6)+(-8)-(-5)=(+6)+(-8)+(+5)$
$=(+6)+(+5)+(-8)$
$=(+11)+(-8)=+3$

(2) $(-4)-(-7)+(+9)=(-4)+(+7)+(+9)$
$=(-4)+(+16)=+12$

(3) $(-14)-(-6)+(-8)-(-16)$
$=(-14)+(+6)+(-8)+(+16)$
$=(-14)+(-8)+(+6)+(+16)$
$=(-22)+(+22)$
$=0$

(4) $(-21)-(+15)+(-36)-(-18)$
$=(-21)+(-15)+(-36)+(+18)$
$=-(21+15+36)+18$
$=-72+18=-54$

(5) $(-10)+(+12)+(+8)+(-10)$
$=(-10)+(-10)+(+12)+(+8)$
$=(-20)+(+20)$
$=0$

(6) $\left(+\frac{2}{5}\right)+\left(-\frac{1}{4}\right)+\left(-\frac{1}{5}\right)$
$=\left(+\frac{8}{20}\right)+\left(-\frac{5}{20}\right)+\left(-\frac{4}{20}\right)$
$=\left(+\frac{8}{20}\right)+\left(-\frac{9}{20}\right)$
$=-\frac{1}{20}$

3 **(1) −3　(2) −13　(3) 46　(4) 34**
(5) $\frac{7}{12}$　(6) $-\frac{31}{24}$

解き方

(1) $-6+4-3+2$
$=-6-3+4+2$
$=-9+6=-3$

(2) $-8+5-4-6$
$=-8-4-6+5$
$=-18+5=-13$

(3) $24-(+3)-14+39$
$=24-3-14+39$
$=24+39-3-14$
$=63-17=46$

(4) $(-36)+58-17+(+29)$
$=-36+58-17+29$
$=-36-17+58+29$
$=-53+87=34$

(5) $-\frac{2}{3}-\left(-\frac{3}{4}\right)+\frac{1}{2}$
$=-\frac{2}{3}+\left(+\frac{3}{4}\right)+\frac{1}{2}$
$=-\frac{2}{3}+\frac{5}{4}$
$=-\frac{8}{12}+\frac{15}{12}$
$=\frac{7}{12}$

(6) $\frac{3}{4}-\left(-\frac{5}{8}\right)-\left(+\frac{3}{2}\right)-\frac{7}{6}$
$=\frac{3}{4}+\left(+\frac{5}{8}\right)+\left(-\frac{3}{2}\right)-\frac{7}{6}$
$=\frac{3}{4}+\frac{5}{8}-\frac{3}{2}-\frac{7}{6}$
$=\frac{18}{24}+\frac{15}{24}-\frac{36}{24}-\frac{28}{24}$
$=\frac{33}{24}-\frac{64}{24}=-\frac{31}{24}$

理解のコツ

・減法は加法になおし，正の項どうし，負の項どうしをそれぞれ求めて計算しよう。
・正の数，負の数はこのあとも出てくるので，符号に注意してミスのない計算力を身につけよう。

p.23　ぴたトレ1

1 **(1) +40　(2) +24　(3) −50　(4) −63**
(5) 0　(6) −2　(7) −12.8　(8) +9

解き方

まず，積の符号を決めます。同じ符号の2つの数の場合は＋，異なる符号の2つの数の場合は－です。

(1) $(+5)\times(+8)=+(5\times8)=+40$
(2) $(-4)\times(-6)=+(4\times6)=+24$
(3) $(+10)\times(-5)=-(10\times5)=-50$
(4) $(-7)\times(+9)=-(7\times9)=-63$
(5) ある数と0との積は0です。
(6) ある数に -1 をかけると，絶対値は同じで符号だけが変わります。
(7) $(+4)\times(-3.2)=-(4\times3.2)=-12.8$
(8) $\left(-\frac{3}{4}\right)\times(-12)=+\left(\frac{3}{4}\times12\right)=+9$

2 **(1) −24　(2) +360**

解き方

積の符号は，負の数が偶数個なら＋，負の数が奇数個なら－です。

(1) $(+3)\times(-2)\times(+4)=-(3\times2\times4)=-24$
(2) $4\times(-9)\times2\times(-5)=+(4\times9\times2\times5)=+360$

3 (1)$(-9)^2$　(2)$(-8)^3$

解き方　累乗の指数は，かけ合わせた個数を右肩に書きます。

4 (1)49　(2)36

解き方
(1)$(-7)^2=(-7)\times(-7)=49$
(2)$-3^2\times(-4)=-9\times(-4)=36$

p.25　ぴたトレ1

1 (1)-6　(2)-9　(3)0　(4)$+13$
(5)$-\frac{14}{9}$　(6)$+\frac{3}{7}$

解き方　まず，商の符号を決めます。
(1)$(+42)\div(-7)=-(42\div7)=-6$
(2)$(-54)\div(+6)=-(54\div6)=-9$
(3)$0\div\square=0$です。
(4)$(-13)\div(-1)=+(13\div1)=+13$
(5)$(-14)\div(+9)=-(14\div9)=-\frac{14}{9}$
(6)$(-21)\div(-49)=+(21\div49)=+\frac{3}{7}$

2 (1)$-\frac{5}{4}$　(2)$-\frac{4}{27}$

解き方　わる数を逆数にしてかけます。
(1)$\left(-\frac{5}{8}\right)\div\left(+\frac{1}{2}\right)$
$=\left(-\frac{5}{8}\right)\times(+2)=-\frac{5}{4}$
(2)$\left(+\frac{8}{9}\right)\div(-6)$
$=\left(+\frac{8}{9}\right)\times\left(-\frac{1}{6}\right)=-\frac{4}{27}$

3 (1)30　(2)$\frac{3}{8}$

解き方
(1)$(-9)\times(-4)\div\frac{6}{5}$
$=+\left(9\times4\times\frac{5}{6}\right)=30$
(2)$(-3)^2\div(-6)\div(-4)$
$=9\div(-6)\div(-4)$
$=+\left(9\times\frac{1}{6}\times\frac{1}{4}\right)$
$=\frac{3}{8}$

4 (1)-12　(2)24　(3)54　(4)-3

解き方
(1)$-9+15\div(-5)$　）除法を先に計算
$=-9-3$
$=-12$
(2)$12-(-3)\times2^2$　）累乗を先に計算
$=12-(-3)\times4$　）乗法を計算
$=12-(-12)$
$=12+12=24$
(3)$(-6)\times(-7-2)$　）かっこの中を先に計算
$=(-6)\times(-9)$
$=54$
(4)$63\div\{(-2)^2-5^2\}$　）累乗を先に計算
$=63\div(4-25)$　）かっこの中を計算
$=63\div(-21)$
$=-3$

p.27　ぴたトレ1

1 (1)1　(2)-9600

解き方
(1)$\left(\frac{5}{7}-\frac{3}{4}\right)\times(-28)=\frac{5}{7}\times(-28)-\frac{3}{4}\times(-28)$
$=-20+21=1$
(2)$45\times(-96)+55\times(-96)$
$=(45+55)\times(-96)$
$=100\times(-96)=-9600$

2 (1)㋐，㋒　(2)㋐，㋑，㋒　(3)㋐，㋑，㋒，㋓

解き方　㋐□＋△，㋑□－△，㋒□×△，㋓□÷△として，□と△にその集合のなかにある数を入れて考えます。
(1)㋑は$4-5=-1$，㋓は$4\div5=0.8$となり，自然数になりません。
(2)㋓は$-4\div3=-\frac{4}{3}$となり，整数になりません。
(3)どんな場合も成り立ちます。

3 (1)65点　(2)66点

解き方
(1)平均点との差が＋3点なので，$68-(+3)=65$(点)
(2)(クラスの平均点)＋(平均点との差の平均)で求めます。
$\{(+3)+(-5)+0+(+8)+(-1)\}\div5=1$
$65+1=66$

p.28〜29　ぴたトレ2

1 (1) -48　(2) $+36$　(3) -7　(4) $+9$　(5) -7

(6) $-\frac{1}{4}$

解き方　同じ符号の2つの数の積，商は，絶対値の積，商に，正の符号をつけます。異なる符号の2つの数の積，商は，絶対値の積，商に，負の符号をつけます。

(1) $(+8)\times(-6)$
$=-(8\times6)=-48$

(2) $(-12)\times(-3)$
$=+(12\times3)=+36$

(3) $56\div(-8)$
$=-(56\div8)=-7$

(4) $(-21)\times\left(-\frac{3}{7}\right)$
$=+\left(21\times\frac{3}{7}\right)=+9$

(5) $2\div\left(-\frac{2}{7}\right)$
$=2\times\left(-\frac{7}{2}\right)$
$=-\left(2\times\frac{7}{2}\right)=-7$

(6) $\left(+\frac{1}{6}\right)\div\left(-\frac{2}{3}\right)$
$=\left(+\frac{1}{6}\right)\times\left(-\frac{3}{2}\right)$
$=-\left(\frac{1}{6}\times\frac{3}{2}\right)=-\frac{1}{4}$

2 (1) -4　(2) -18　(3) 3　(4) 5　(5) $\frac{40}{9}$　(6) -9

解き方

(1) $(-8)\div(-4)\times(-2)$
$=(-8)\times\left(-\frac{1}{4}\right)\times(-2)$
$=-\left(8\times\frac{1}{4}\times2\right)=-4$

(2) $(-3)^2\times(-2)=9\times(-2)=-18$

(3) $24\times(-9)\div(-18)\div4$
$=24\times(-9)\times\left(-\frac{1}{18}\right)\times\frac{1}{4}$
$=+\left(24\times9\times\frac{1}{18}\times\frac{1}{4}\right)=3$

(4) $(-68)\div17\times5\div(-4)$
$=(-68)\times\frac{1}{17}\times5\times\left(-\frac{1}{4}\right)$
$=+\left(68\times\frac{1}{17}\times5\times\frac{1}{4}\right)=5$

(5) $(-8)\div\frac{6}{5}\times\left(-\frac{2}{3}\right)$
$=(-8)\times\frac{5}{6}\times\left(-\frac{2}{3}\right)$
$=+\left(8\times\frac{5}{6}\times\frac{2}{3}\right)=\frac{40}{9}$

(6) $\frac{2}{3}\div\left(-\frac{1}{6}\right)\div\left(+\frac{4}{9}\right)$
$=\frac{2}{3}\times(-6)\times\frac{9}{4}$
$=-\left(\frac{2}{3}\times6\times\frac{9}{4}\right)=-9$

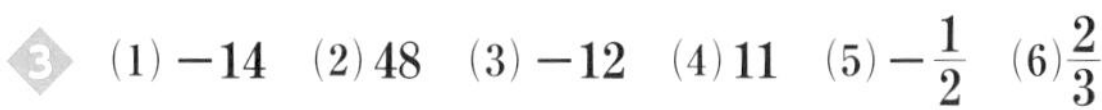

3 (1) -14　(2) 48　(3) -12　(4) 11　(5) $-\frac{1}{2}$　(6) $\frac{2}{3}$

解き方　加法，減法，乗法，除法の混じった式の計算では，次の手順で考えます。
①かっこのある式では，かっこの中を先に計算します。
②累乗のある式では，累乗を先に計算します。
③加減乗除の混じった式では，乗法，除法を先に計算します。

(1) $(-6)+12\div(-9)\times6$
$=(-6)+12\times\left(-\frac{1}{9}\right)\times6$
$=(-6)-\left(12\times\frac{1}{9}\times6\right)$
$=(-6)-8=-14$

(2) $(-84)\div(2-9)\times4$
$=(-84)\div(-7)\times4$
$=(-84)\times\left(-\frac{1}{7}\right)\times4$
$=+\left(84\times\frac{1}{7}\times4\right)=48$

(3) $-6\times(+4)-48\div(-2^2)$
$=-24-48\div(-4)$
$=-24+1=-12$

(4) $-10-\{(-6)\times5-(-9)\}$
$=-10-\{(-30)-(-9)\}$
$=-10-\{(-30)+(+9)\}$
$=-10-(-21)$
$=-10+(+21)=11$

(5) $-\frac{5}{12}+\frac{1}{2}\times\left(-\frac{1}{6}\right)$
$=-\frac{5}{12}-\left(\frac{1}{2}\times\frac{1}{6}\right)$
$=-\frac{5}{12}-\frac{1}{12}$
$=-\frac{6}{12}=-\frac{1}{2}$

(6) $-\frac{2}{3}\times\left(-\frac{1}{2}\right)^2-\left(-\frac{5}{6}\right)$

$=-\frac{2}{3}\times\frac{1}{4}-\left(-\frac{5}{6}\right)$

$=-\frac{1}{6}-\left(-\frac{5}{6}\right)$

$=-\frac{1}{6}+\left(+\frac{5}{6}\right)$

$=\frac{4}{6}=\frac{2}{3}$

4 (1)**5** (2)**−8600**

解き方

正の数，負の数では，次の計算法則が成り立ちます。

$a\times(b+c)=a\times b+a\times c$

$(a+b)\times c=a\times c+b\times c$

(1) $(-12)\times\left(\frac{1}{3}-\frac{3}{4}\right)$

$=(-12)\times\frac{1}{3}+(-12)\times\left(-\frac{3}{4}\right)$

$=-4+9=5$

(2) $(-71)\times86-29\times86$

$=(-71-29)\times86$

$=(-100)\times86=-8600$

5 ○…−　△…−　□…＋

解き方

○×△×□＝(正の数)は，

○×□×△＝(正の数)でも同じで，

○×□＝(負の数)なので，

(負の数)×△＝(正の数)

よって，△は，負の数になります。

次に，△＋□＝(正の数)なので，

(負の数)＋□＝(正の数)

よって，□は，正の数になります。

最後に，○×□＝(負の数)なので，

○×(正の数)＝(負の数)

よって，○は，負の数になります。

6 ㋐…○，㋑…×，㋒…○，㋓…×

解き方

㋑は，□＝1，△＝3のとき，

□−△＝1−3＝−2なので，自然数にならない場合があります。

㋓は，□＝1，△＝3のとき，

□÷△＝1÷3＝$\frac{1}{3}$なので，自然数にならない場合があります。

7 (1)**77点** (2)**72点**

解き方

(1)70点を基準としているので，4回目の点数は，

70＋(＋7)＝77(点)

(2)5回分の差をたすと，

(−12)＋(＋6)＋(−5)＋(＋7)＋(＋14)＝＋10

10÷5＝2より，70＋2＝72(点)

別解 1回目から5回目の点数をたします。

(58＋76＋65＋77＋84)÷5＝360÷5＝72(点)

理解のコツ

・四則の混じった式の計算の順序に注意し，途中の式をきちんと書いて，ていねいに計算しよう。

・指数の計算では，例えば，$(-2)^2$と-2^2の区別を正しくつけることが大切だよ。

p.30〜31　ぴたトレ3

1 (1)**90＝2×3²×5** (2)**西へ6km進む**

(3)**−6** (4)**−2，−1，0，1，2** (5)**−10，2**

解き方

(2)−6を＋6にするので，「東」を「西」にします。

(3)−6.2より大きい整数は，−6，−5，−4，…

よって，最も小さい数は−6です。

(4)絶対値が3より小さい数は，絶対値が3となる数をふくみません。

(5)数直線上で，−4から右へ6進むと2，左へ6進むと−10です。

2 $-1.5,\ -1,\ -\frac{2}{5},\ 0,\ 0.2,\ 1$

解き方

$-\frac{2}{5}$は小数になおして−0.4とします。正の数では，絶対値が大きい数ほど大きくなります。

負の数では，絶対値が大きい数ほど小さくなります。

3 (1)**−14** (2)**−16** (3)**−2.5** (4)$-\frac{9}{8}$ (5)**39**

(6)$-\frac{5}{2}$ (7)**−4** (8)**3**

解き方

(1) $(-27)+13$

$=-27+13=-14$

(2) $-31-(-15)$

$=-31+(+15)$

$=-31+15=-16$

(3) $(-1.6)+(-2.3)+1.4$

$=-(1.6+2.3)+1.4$

$=-3.9+1.4=-2.5$

(4) $\frac{3}{8}-\frac{5}{8}-\frac{7}{8}$

$=\frac{3-5-7}{8}=-\frac{9}{8}$

(5) $(-3)\times(-13)$
$=+(3\times13)=39$

(6) $1\div\left(-\dfrac{2}{5}\right)$
$=1\times\left(-\dfrac{5}{2}\right)=-\dfrac{5}{2}$

(7) $(-2)^3\times(-6)\div(-12)$
$=(-8)\times(-6)\times\left(-\dfrac{1}{12}\right)$
$=-\left(8\times6\times\dfrac{1}{12}\right)=-4$

(8) $\left(-\dfrac{3}{4}\right)^2\times\left(-\dfrac{2}{3}\right)\div\left(-\dfrac{1}{2}\right)^3$
$=\dfrac{9}{16}\times\left(-\dfrac{2}{3}\right)\div\left(-\dfrac{1}{8}\right)$
$=\dfrac{9}{16}\times\left(-\dfrac{2}{3}\right)\times(-8)$
$=+\left(\dfrac{9}{16}\times\dfrac{2}{3}\times8\right)=3$

4 (1) **−88**　(2) **26**　(3) $\boldsymbol{\dfrac{1}{6}}$　(4) **24**

解き方

(1) $(-46)-(-14)\times(-3)$
$=(-46)-(+42)$
$=-46-42=-88$

(2) $\{-3+2\times(-5)\}\times(-2)$
$=\{-3+(-10)\}\times(-2)$
$=(-3-10)\times(-2)$
$=(-13)\times(-2)=26$

(3) $\dfrac{1}{3}\times\left\{-\dfrac{1}{6}-\left(-\dfrac{2}{3}\right)\right\}$
$=\dfrac{1}{3}\times\left\{-\dfrac{1}{6}+\left(+\dfrac{4}{6}\right)\right\}$
$=\dfrac{1}{3}\times\dfrac{3}{6}=\dfrac{1}{6}$

(4) $(-6)^2\times\dfrac{5}{9}-0.5^2\times(-16)$
$=36\times\dfrac{5}{9}-0.25\times(-16)$
$=20+4=24$

5 **○…正の数　□…負の数　△…負の数**

解き方

それぞれの条件を，式で表すと，
㋐…○÷□＝(負の数)
㋑…□×△＝(正の数)
㋒…○－△＝(正の数)　となります。
㋑の条件から，□と△は同符号になります。
□と△がともに＋(正の数)の場合，
㋐から，○÷(正の数)＝(負の数)より，
○は，負の数であるが，
㋒から，○－(正の数)＝(正の数)より，
○は，正の数であるので不適です。
よって，□と△はともに－(負の数)といえます。
□と△がともに－(負の数)の場合，
㋐から，○÷(負の数)＝(負の数)より，
○は，正の数であり，
㋒から，○－(負の数)＝(正の数)より，
○は，正の数であるのでこれは正しいです。

6 (1) **曜日…木曜日　気温…18℃**　(2) **7℃**
(3) **21℃**

解き方

(2)最も気温が高い曜日は，日曜日で，最も気温が低い曜日は，木曜日です。
よって，気温の差は，$(+5)-(-2)=7$(℃)

(3) $\{(+5)+(-1)+0+(+2)+(-2)+(-1)$
$+(+4)\}\div7=1$
1週間の平均気温は，基準としている20℃より1℃高いので，$20+(+1)=21$(℃)

別解 1週間の曜日の気温をすべて求めてからでも解けます。
$(25+19+20+22+18+19+24)\div7=21$(℃)

2章　文字と式

p.33 ぴたトレ0

1 (1)680円　(2)$x\times6+200=y$　(3)740

解き方　(2)ことばの式を使って考えるとわかりやすいです。(1)で考えた値段80円のところをx円に置きかえて式をつくります。上の答え以外の表し方でも，意味があっていれば正解です。

2 (1)ノート8冊の代金
(2)ノート1冊と鉛筆1本をあわせた代金
(3)ノート4冊と消しゴム1個をあわせた代金

解き方　式の中の数が，それぞれ何を表しているのかを考えます。
(3)$x\times4$はノート4冊，70円は消しゴム1個の代金です。

p.35 ぴたトレ1

1 (1)$1000-350\times x$(円)　(2)$a\div6$(m)

解き方　(1)ケーキの代金は$350\times x$(円)
1000円出したので，おつりは
$1000-350\times x$(円)
(2)(テープの長さ)÷(等分する数)=(1本の長さ)

2 (1)$-5mn$　(2)$-x-4y$　(3)$2x^2$　(4)$-2y^2+y$

解き方　(1)$n\times m\times(-5)=-5mn$←数は文字の前に書きます
(2)$x\times(-1)-4\times y=-x-4y$←$-4$の$-$は省けません
$\quad -x \qquad 4y$
(3)$x\times x\times2=2x^2$
←同じ文字の積は累乗の指数を使って表します
(4)$y\times(-2)\times y+y=-2y^2+y$
←+は省けません

3 (1)$\dfrac{4x}{9}$　(2)$\dfrac{3a-2}{4}$　(3)$-\dfrac{a}{2}$　(4)$\dfrac{3}{y}$

解き方　分数の形で表します。
(1)$4x\div9=\dfrac{4x}{9}$
(2)$(3a-2)\div4=\dfrac{3a-2}{4}$　←分子のかっこははずします
(3)$a\div(-2)=\dfrac{a}{-2}=-\dfrac{a}{2}$
(4)$3\div y=\dfrac{3}{y}$

4 (1)$\dfrac{8a}{5}$　(2)$\dfrac{4(x-y)}{3}$

解き方　(1)$8\times a\div5=8a\div5=\dfrac{8a}{5}$
←÷は分数の形で表します

$\dfrac{8}{5}a$とは書いてもよいですが，$1\dfrac{3}{5}a$とは書きません。
(2)$4\times(x-y)\div3=4(x-y)\div3=\dfrac{4(x-y)}{3}$
$\dfrac{4}{3}(x-y)$と書いてもよいです。

5 (1)$6\times x\times y$　(2)$(a+b)\div3$

解き方　(1)記号×が省かれています。$6xy=6\times x\times y$
(2)$\dfrac{a+b}{3}=(a+b)\div3$←分子にかっこをつけます

p.37 ぴたトレ1

1 (1)a^3(cm^3)　(2)$\dfrac{x}{3}$(時間)
(3)$1000a+b$(g)(もしくは，$a+\dfrac{b}{1000}$(kg))

解き方　(1)(立方体の体積)=(1辺)×(1辺)×(1辺)だから，$a\times a\times a=a^3$(cm^3)
(2)(時間)=(道のり)÷(速さ)だから，$\dfrac{x}{3}$(時間)
(3)単位をgにそろえると，$a$kg$=1000a$gです。
単位をkgにそろえると，bg$=\dfrac{b}{1000}$kgです。

2 (1)4　(2)3　(3)-7　(4)-25　(5)-15　(6)4

解き方　$x=5$，$y=-3$をそれぞれの式に代入します。
(1)$2x-6=2\times5-6=4$
(2)$-y=-(-3)=3$　←(-3)として代入します
(3)$\dfrac{21}{y}=\dfrac{21}{-3}=-7$
(4)$-x^2=-5^2=-25$
(5)$2xy-5y=2\times5\times(-3)-5\times(-3)$
$=-30+15=-15$
(6)$-x+y^2=-5+(-3)^2=-5+9=4$

3 (1)100円の鉛筆と150円のペンの本数の合計
単位…本
(2)100円の鉛筆a本と150円のペンb本買うときの代金
単位…円

解き方　(1)$a+b$=(100円の鉛筆の本数)+(150円のペンの本数)(本)
(2)$100a$は，100円の鉛筆をa本買うときの代金，$150b$は，150円のペンをb本買うときの代金を表しています。

4 (1)$10x+3$ (2)$100x+50+y$

解き方 (1)十の位の数がxということは，10がx個あることを表しています。
(2)百の位の数がxで$100x$，十の位の数が5で50，一の位の数がyです。

p.38〜39 ぴたトレ2

1 (1)$-9x^2$ (2)$7a-3$ (3)$-a^2b^2$

(4)$\frac{5x}{y}$ (5)$\frac{6a}{b}$ (6)$\frac{ab}{3}-5c$

(7)$3(x+y)-\frac{a-b}{2}$ (8)$4a+\frac{b(x-y)}{2}$

解き方 文字を使った式では，乗法の記号×を省いて書きます。同じ文字の積は，累乗の指数を使って表します。除法の記号÷は使わないので，分数の形で表します。

(1)$(-9)\times x\times x=-9x^2$（$x\times x$ は x^2）

(2)$7\times a-3=7a-3$（$7\times a$ は $7a$）

(3)$a\times b\times b\times a\times(-1)=a^2b^2\times(-1)$（$b\times b$ は b^2，$a\times a$ は a^2）

$=-a^2b^2$ ←$-1a^2b^2$としないこと

(4)$x\times5\div y=x\times5\times\frac{1}{y}=\frac{5x}{y}$

(5)$a\div b\times6=a\times\frac{1}{b}\times6=\frac{6a}{b}$

(6)$a\div3\times b-5\times c=a\times\frac{1}{3}\times b-5\times c$

$=\frac{ab}{3}-5c$

(7)$(x+y)\times3-(a-b)\div2$

$=(x+y)\times3-(a-b)\times\frac{1}{2}$ ← かっこはとります

$=3(x+y)-\frac{a-b}{2}$

(8)$a\times4+b\div2\times(x-y)$

$=a\times4+b\times\frac{1}{2}\times(x-y)$

$=4a+\frac{b(x-y)}{2}$

2 (1)$b\div3$ (2)$3\times a+2\div b$ (3)$(x-1)\div5$
(4)$2\times(a+b)-3\times c$ (5)$x\times x\div6-2\times y\times y$
(6)$a\div b\div c-3\div d$

解き方 (1)$\frac{b}{3}=b\times\frac{1}{3}=b\div3$

(2)$3a+\frac{2}{b}=3\times a+2\times\frac{1}{b}=3\times a+2\div b$

(3)$\frac{x-1}{5}=(x-1)\times\frac{1}{5}=(x-1)\div5$
↑かっこをつけます

(4)$2(a+b)-3c=2\times(a+b)-3\times c$

(5)$\frac{x^2}{6}-2y^2=x^2\times\frac{1}{6}-2\times y^2$

$=x\times x\div6-2\times y\times y$

(6)$\frac{a}{bc}-\frac{3}{d}=a\times\frac{1}{bc}-3\times\frac{1}{d}$

$=a\times\frac{1}{b}\times\frac{1}{c}-3\times\frac{1}{d}=a\div b\div c-3\div d$

3 (1)$0.7x$(km) (2)$0.15a$(m) (3)$x-\frac{y}{1000}$(L)

(4)$120x+100$(円) (5)$2x+3y$ (6)時速$\frac{a}{5}$(km)

解き方 (1)70%を小数で表すと0.7です。分数で表すと$\frac{7}{10}$だから，$\frac{7}{10}x$(km)でもよいです。

(2)15%を小数で表すと0.15です。分数で表すと$\frac{15}{100}=\frac{3}{20}$だから，$\frac{3}{20}a$(m)でもよいです。

(3)単位をそろえます。ymLは$\frac{y}{1000}$Lより，残りの牛乳の量は，$x-\frac{y}{1000}$(L)
xLは$1000x$mLより，$1000x-y$(mL)でもよいです。

(4)1個120円のりんごx個の代金は，
$120\times x=120x$(円)
100円のかごの代金を加えると，$120x+100$(円)

(5)xの2倍は，$x\times2=2x$，yの3倍は，
$y\times3=3y$，その和は，$2x+3y$

(6)(速さ)=(道のり)÷(時間)より，$a\div5=\frac{a}{5}$

4 $2xy-x^2$(cm^2)

解き方 長方形のへこんだ部分は，1辺が$x$cmの正方形です。よって，図形の面積は，
$2x\times y-x\times x=2xy-x^2$(cm^2)

5 (1)6 (2)36 (3)18 (4)20

解き方 それぞれのaの値を$18-6a$に代入します。
(1)$18-6a=18-6\times2=18-12=6$
(2)$18-6a=18-6\times(-3)=18+18=36$
↖ここの代入のしかたに注意
(3)$18-6a=18-6\times0=18-0=18$
(4)$18-6a=18-6\times\left(-\frac{1}{3}\right)=18+2=20$

6 (1)-12 (2)8 (3)-2 (4)14

解き方 $x=-2$をそれぞれの式に代入します。

(1)$6x=6\times(-2)=-12$

(2)$-x^3=-(-2)^3$
$=-(-2)\times(-2)\times(-2)$
$=-(-8)=8$

(3)$6-2x^2=6-2\times(-2)^2$
$=6-2\times4$
$=6-8=-2$

(4)$x^2-5x=(-2)^2-5\times(-2)$
$=4+10=14$

7 (1)**数量…面積，単位…cm^2**
(2)**数量…周の長さ，単位…cm**

解き方 下の図のような正三角形です。

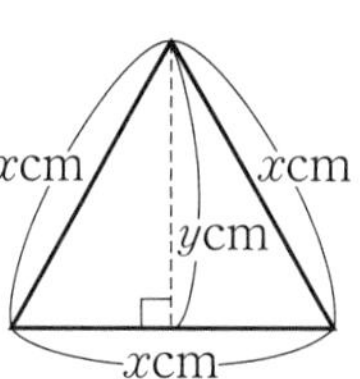

(1)面積は，
$\frac{1}{2}\times$(底辺)$\times$(高さ)より，
$\frac{1}{2}\times x\times y=\frac{xy}{2}$ (cm^2)

(2)周の長さは，$x\times3=3x$(cm)

8 (1)853 (2)603

解き方 (1)$100a+10b+3$に，$a=8$，$b=5$を代入します。
$100\times8+10\times5+3$
$=800+50+3=853$

(2)(1)と同様に代入すると，
$100\times6+10\times0+3=600+0+3=603$

理解のコツ
・文字と数の積では，文字の前に数を書こう。
$1\times a=a$，$-1\times a=-a$となるので注意しよう。

p.41 ぴたトレ1

1 (1)**項…$4x$，-6 $4x$の係数…4**
(2)**項…a，$-\frac{b}{3}$ aの係数…1，$-\frac{b}{3}$の係数…$-\frac{1}{3}$**

解き方 項は－(マイナス)もつけます。

(1)$4x-6=4x+(-6)$ $4x=4\times x$
(項) (係数)

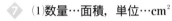

(2)$a-\frac{b}{3}=a+\left(-\frac{b}{3}\right)$ $a=1\times a$，$-\frac{b}{3}=-\frac{1}{3}\times b$

2 (1)$3a$ (2)$-5x$ (3)$2x-9$ (4)3

解き方 分配法則を使ってまとめます。

(1)$2a+a=(2+1)a=3a$

(2)$4x-9x=(4-9)x=-5x$

(3)$7x-9-5x=7x-5x-9$
$=(7-5)x-9$
$=2x-9$

(4)$-13y+9+13y-6=-13y+13y+9-6$
$=(-13+13)y+9-6$
$=3$

3 (1)$-24x$ (2)$\frac{9}{2}y$

解き方 (1)$3x\times(-8)=3\times(-8)\times x$
$=-24x$

(2)$\left(-\frac{3}{4}y\right)\times(-6)=\left(-\frac{3}{4}\right)\times(-6)\times y$
$=\frac{9}{2}y$

4 (1)$-5x$ (2)$-24x$

解き方 (1)$-20x\div4=\frac{-20x}{4}=-5x$

(2)$16x\div\left(-\frac{2}{3}\right)=16x\times\left(-\frac{3}{2}\right)$
$=16\times\left(-\frac{3}{2}\right)\times x=-24x$

5 (1)$-15x+6$ (2)$-10x+9$

解き方 (1)$(5x-2)\times(-3)=5x\times(-3)+(-2)\times(-3)$
$=-15x+6$

(2)$-(10x-9)=(-1)\times10x+(-1)\times(-9)$
$=-10x+9$

6 (1)$3a-1$ (2)$4x-3$

解き方 (1)$(18a-6)\div6=\frac{18a}{6}-\frac{6}{6}$
$=3a-1$

(2)$(-12x+9)\div(-3)=\frac{-12x}{-3}+\frac{9}{-3}$
$=4x-3$

p.43 ぴたトレ1

1 (1)$6x-16$ (2)$-36a+4$

解き方 (1)$\frac{3x-8}{7}\times14=\frac{(3x-8)\times14}{7}$
$=(3x-8)\times2$
$=6x-16$

(2)$(-16)\times\frac{9a-1}{4}=\frac{-16\times(9a-1)}{4}$
$=-4\times(9a-1)$
$=-36a+4$

2 (1)$6x-8$ (2)$-4x-2$

解き方 (1)$(4x+1)+(2x-9)$ ）かっこをはずす
$=4x+1+2x-9$ ）文字の部分が同じ項を集める
$=4x+2x+1-9$
$=6x-8$

(2) $(-8x+3)+(4x-5)$
$=-8x+3+4x-5$
$=-8x+4x+3-5$
$=-4x-2$

3 $\mathbf{-8y-1}$

解き方
$(-3y+2)+(-5y-3)$ ←式にかっこをつけて加えます
$=-3y+2-5y-3$
$=-3y-5y+2-3$
$=-8y-1$

4 (1) $\mathbf{2x-2}$ (2) $\mathbf{14a-3}$

解き方
(1) $(5x+4)-(3x+6)$
$=(5x+4)+(-3x-6)$ ← $-(3x+6)\to+(-3x-6)$
$=5x+4-3x-6$ ← かっこをはずす
$=5x-3x+4-6$ ← 文字の部分が同じ項を集める
$=2x-2$
(2) $(4a-6)-(-10a-3)$
$=(4a-6)+(10a+3)$
$=4a-6+10a+3$
$=4a+10a-6+3$
$=14a-3$

5 $\mathbf{2y+5}$

解き方
$(-3y+2)-(-5y-3)$ ←式にかっこをつけてひきます
$=-3y+2+5y+3$
$=-3y+5y+2+3$
$=2y+5$

6 (1) $\mathbf{-x+16}$ (2) $\mathbf{7x-8}$
(3) $\mathbf{-20a}$ (4) $\mathbf{-9x+15}$

解き方
分配法則を使って，かっこをはずしてから計算します。
(1) $2(x+5)+3(-x+2)$
$=2x+10-3x+6$
$=2x-3x+10+6$
$=-x+16$
(2) $-(-x+4)+2(3x-2)$
$=x-4+6x-4$
$=x+6x-4-4$
$=7x-8$
(3) $4(a-2)-8(3a-1)$
$=4a-8-24a+8$
$=4a-24a-8+8$
$=-20a$
(4) $-2(6x-9)-3(-x+1)$
$=-12x+18+3x-3$
$=-12x+3x+18-3$
$=-9x+15$

p.45 ぴたトレ1

1 こうた…㋑　みどり…㋐

解き方
㋐の図は，5本ずつの囲みn個と最後の1本の合計で求めています。
㋑の図は，6本ずつの囲みn個から2回数えている$n-1$(本)をひいて求めています。

2 (1) $\mathbf{200-30a=b}$ (2) $\mathbf{1000-4a=b}$

解き方
(1) (画用紙の枚数)−(配った枚数)＝(残りの枚数)という関係があります。
(2) (出したお金)−(代金)＝(おつり)という関係があります。

3 (1) $\mathbf{5a<1000}$ (2) $\mathbf{30a+300>80b}$
(3) $\mathbf{2x-4\leqq y-7}$

解き方
(1) 1枚a円の画用紙5枚の代金$5a$(円)が1000円より少ないことを表します。
(2) (ゆかさんの代金)＞(まさとさんの代金)という関係があります。
ゆかさんの代金…$30a+300$(円)
まさとさんの代金…$80b$(円)
(3) ある数xの2倍から4をひいた数…$2x-4$
ある数yから7をひいた数…$y-7$

p.46〜47 ぴたトレ2

1 (1) $\mathbf{5x}$ (2) $\mathbf{-8a}$ (3) $\mathbf{-\frac{1}{3}c}$
(4) $\mathbf{3x-3}$ (5) $\mathbf{-3m-4}$

解き方
(1) $8x-3x$
$=(8-3)x=5x$
(2) $a-9a$
$=(1-9)a=-8a$
aは$1\times a$と考えます。
(3) $\frac{2}{3}c-c$
$=\left(\frac{2}{3}-\frac{3}{3}\right)c=-\frac{1}{3}c$
(4) $4x-8-x+5$
$=4x-x-8+5$
$=3x-3$
(5) $2m-7-5m+3$
$=2m-5m-7+3$
$=-3m-4$

2 (1) $\mathbf{18x}$ (2) $\mathbf{-56a}$ (3) $\mathbf{\frac{3}{2}a}$ (4) $\mathbf{8x}$ (5) $\mathbf{a}$
(6) $\mathbf{-20b}$ (7) $\mathbf{3x+27}$ (8) $\mathbf{6x+2}$ (9) $\mathbf{-2x-3}$
(10) $\mathbf{-3a+2}$ (11) $\mathbf{4x+10}$ (12) $\mathbf{-12x+9}$

解き方

(1) $6x\times3=6\times x\times3$
$=6\times3\times x$
$=18x$

(2) $(-7)\times8a=(-7)\times8\times a$
$=-56a$

(3) $\left(-\frac{1}{4}a\right)\times(-6)=\left(-\frac{1}{4}\right)\times(-6)\times a$
$=\frac{3}{2}a$

(4) $56x\div7=\frac{56x}{7}=8x$

(5) $(-8a)\div(-8)=\frac{-8a}{-8}=a$

(6) $24b\div\left(-\frac{6}{5}\right)=24b\times\left(-\frac{5}{6}\right)$
$=-\frac{24b\times5}{6}$
$=-20b$

(7) $3(x+9)=3\times x+3\times9$
$=3x+27$

(8) $(-3x-1)\times(-2)$
$=(-3x)\times(-2)+(-1)\times(-2)$
$=6x+2$

(9) $(-8x-12)\div4=(-8x-12)\times\frac{1}{4}$
$=-2x-3$

(10) $(9a-6)\div(-3)=(9a-6)\times\left(-\frac{1}{3}\right)$
$=-3a+2$

(11) $\frac{2x+5}{3}\times6=\frac{(2x+5)\times6}{3}$
$=(2x+5)\times2$
$=4x+10$

(12) $\frac{4x-3}{4}\times(-12)=\frac{(4x-3)\times(-12)}{4}$
$=(4x-3)\times(-3)$
$=-12x+9$

 (1) $\boldsymbol{11x+8}$ (2) $\boldsymbol{-3m-4}$ (3) $\boldsymbol{x+3}$ (4) $\boldsymbol{10y-2}$

解き方

(1) $(4x-1)+(7x+9)$
$=4x-1+7x+9$
$=4x+7x-1+9$
$=11x+8$

(2) $(-5m+3)+(2m-7)$
$=-5m+3+2m-7$
$=-5m+2m+3-7$
$=-3m-4$

(3) $(3x-2)-(2x-5)$
$=3x-2-2x+5$
$=3x-2x-2+5$
$=x+3$

(4) $(5y-4)-(-5y-2)$
$=5y-4+5y+2$
$=5y+5y-4+2$
$=10y-2$

4 (1) $\boldsymbol{13a-17}$ (2) $\boldsymbol{-6x-1}$ (3) $\boldsymbol{\frac{23}{12}a-\frac{19}{12}}$

(4) $\boldsymbol{x+7}$ (5) $\boldsymbol{3a-15}$ (6) $\boldsymbol{23x-5}$

(7) $\boldsymbol{\frac{6x+21}{4}}$ (8) $\boldsymbol{\frac{1}{3}}$

解き方

分配法則を使ってかっこをはずします。

(1) $5(2a-1)+3(a-4)=10a-5+3a-12$
$=10a+3a-5-12$
$=13a-17$

(2) $2(3x-2)-3(4x-1)=6x-4-12x+3$
$=6x-12x-4+3$
$=-6x-1$

(3) $\left(\frac{2}{3}a-\frac{5}{4}\right)+6\left(\frac{5}{24}a-\frac{1}{18}\right)$
$=\frac{2}{3}a-\frac{5}{4}+\frac{5}{4}a-\frac{1}{3}$
$=\frac{8}{12}a+\frac{15}{12}a-\frac{15}{12}-\frac{4}{12}$
$=\frac{23}{12}a-\frac{19}{12}$

(4) $-\frac{1}{2}(2x-6)+\frac{1}{4}(8x+16)$
$=-x+3+2x+4$
$=x+7$

(5) $-6(-a+2)-3(1+a)$
$=6a-12-3-3a$
$=3a-15$

(6) $8x-\{2-3(5x-1)\}$
$=8x-(2-15x+3)$
$=8x-(-15x+5)$
$=8x+15x-5$
$=23x-5$

(7) $\frac{5x+6}{2}-\frac{4x-9}{4}=\frac{2(5x+6)-(4x-9)}{4}$
$=\frac{10x+12-4x+9}{4}$
$=\frac{6x+21}{4}$

(8) $\frac{1-2a}{2}+\frac{6a-1}{6}=\frac{3(1-2a)+(6a-1)}{6}$
$=\frac{3-6a+6a-1}{6}$
$=\frac{2}{6}=\frac{1}{3}$

5 (1) $\mathbf{5a+3b=970}$ (2) $\mathbf{70x+130y<3000}$
(3) $\mathbf{5x+3y>1500}$

解き方
(1) a 円のノート5冊で $5a$(円)
b 円の消しゴム3個で $3b$(円)
(2)分速70mで x 分間歩いて $70x$(m)
分速130mで y 分間走って $130y$(m)
(3)1個 x 円のお菓子5個で $5x$(円)
1個 y 円のお菓子3個で $3y$(円)

6 (1)**4年後にAさんの年齢はBさんの年齢の2倍になる。**
(2)**AさんはBさんより20歳以上年上である。**

解き方
(1) $x+4$, $y+4$ は，Aさん，Bさんの4年後の年齢を表しています。
(2) $y+20 \leqq x$ なので，Bさんの年齢に20をたしてもAさんの年齢を超えません。

理解のコツ
・分配法則は慣れるまで何回も練習しよう。かっこの前の「−」には気をつけましょう。

p.48〜49 ぴたトレ3

1 (1) $\mathbf{-8a}$ (2) $\mathbf{3x^3y}$ (3) $\mathbf{-6-\frac{a}{4}}$ (4) $\mathbf{5x-\frac{y}{4}}$

解き方
乗法は記号×を省き，除法は記号÷を使わないで分数の形で表します。
(1) $a\times(-8)=(-8)\times a=-8a$
(2) $x\times3\times x\times y\times x=3\times \underbrace{x\times x\times x}_{x^3}\times y=3x^3y$
(3) $-6-\underbrace{a\div4}_{a\times\frac{1}{4}}=-6-a\times\frac{1}{4}=-6-\frac{a}{4}$
(4) $\underbrace{x\times5}_{5x}-\underbrace{y\div4}_{y\times\frac{1}{4}}=5x-y\times\frac{1}{4}=5x-\frac{y}{4}$

2 (1) $\mathbf{150-6x}$**(ページ)** (2) $\mathbf{0.7a}$**(円)**
(3) $\mathbf{\frac{120+3a}{5}}$**(点)**

解き方
(1)6ページずつ x 日間読むと，$6x$ ページ読んだことになるので，残りのページ数は $150-6x$(ページ)
(2)30%を小数で表すと，0.3です。30%引きで買うので，その代金は，$a\times(1-0.3)=0.7a$(円)
(3)国語と社会の合計点は $60\times2=120$(点)
数学と理科と英語の合計点は $a\times3=3a$(点)
よって，5科目の平均点は $\frac{120+3a}{5}$(点)

3 (1) $\mathbf{-72}$ (2) $\mathbf{-\frac{13}{2}\left(-6\frac{1}{2}\right)}$

解き方
式の中の文字を数に置きかえて，式の値を求めます。
(1) $-2x^2$ に $x=6$ を代入すると，
$-2\times6^2=-2\times36=-72$
(2) $-7-\frac{a}{14}$ に $a=-7$ を代入すると，
$-7-\frac{-7}{14}=-7-\left(-\frac{1}{2}\right)$
$=-7+\frac{1}{2}=-\frac{13}{2}$

4 (1) $\mathbf{3a}$ (2) $\mathbf{-10x}$ (3) $\mathbf{-5x+9}$ (4) $\mathbf{-8a-33}$

解き方
(1) $10a-7a=(10-7)a=3a$
(2) $x-11x=(1-11)x=-10x$
x は，$1\times x$ と考えます。
(3) $11x-4-16x+13=11x-16x-4+13$
$=-5x+9$
(4) $-21-17a-12+9a=-17a+9a-21-12$
$=-8a-33$

5 (1) $\mathbf{15x}$ (2) $\mathbf{-9a}$ (3) $\mathbf{-18x+24}$
(4) $\mathbf{-18x+12}$ (5) $\mathbf{-5y+3}$ (6) $\mathbf{-12x+15}$

解き方
(1) $(-5x)\times(-3)=(-5)\times(-3)\times x=15x$
(2) $-54a\div6$
$=\frac{-54a}{6}=-9a$
(3) $-6(3x-4)$
$=-6\times3x+(-6)\times(-4)$
$=-18x+24$
(4) $(-6x+4)\times3$
$=-6x\times3+4\times3$
$=-18x+12$
(5) $(20y-12)\div(-4)$
$=(20y-12)\times\left(-\frac{1}{4}\right)$
$=-5y+3$
(6) $\frac{4x-5}{7}\times(-21)$
$=\frac{(4x-5)\times(-21)}{7}$
$=(4x-5)\times(-3)$
$=-12x+15$

6 (1)$2x+2$　(2)-1　(3)$-2x+54$　(4)$6x-10$

解き方

1次式の計算では，文字の部分が同じ項を集めてから，文字の部分が同じ項と数の項をそれぞれまとめます。

(1)$(4x-1)+(-2x+3)$
$=4x-1-2x+3$
$=4x-2x-1+3$
$=2x+2$

(2)$(-a+4)-(5-a)$
$=-a+4-5+a$
$=-a+a+4-5$
$=-1$

(3)$6(x+5)-8(x-3)$
$=6x+30-8x+24$
$=6x-8x+30+24$
$=-2x+54$

(4)$\frac{1}{2}(4x-8)-\frac{2}{3}(9-6x)$
$=\frac{1}{2}\times4x+\frac{1}{2}\times(-8)-\frac{2}{3}\times9-\frac{2}{3}\times(-6x)$
$=2x-4-6+4x$
$=2x+4x-4-6$
$=6x-10$

7 (1)$10y+x+36=10x+y$

(2)$7-\frac{3}{4}x=y$　(3)$4x+3y\leqq2000$

解き方

(1)一の位の数がx，十の位の数がyである2桁の自然数が$10y+x$です。
一の位の数と十の位の数を入れかえた数は，$10y+x$のxとyを入れかえて$10x+y$となります。よって，一の位の数と十の位の数を入れかえた数は，もとの数より36大きくなるので，
$10y+x+36=10x+y$

(2)時速$x$kmで45分進んだ道のりは，
45分$=\frac{3}{4}$時間なので，$\frac{3}{4}x$(km)
7km－(進んだ道のり)＝(残った道のり)
なので，$7-\frac{3}{4}x=y$

(3)「aはb以下である」は$a\leqq b$で表し，「aはbより小さい」は$a<b$で表します。
1個x円のケーキ4個で$4x$(円)
1個y円のケーキ3個で$3y$(円)
代金が2000円以下なので，≦を使って表します。

8 (1)**1個a円のお菓子を3個と1本b円のジュースを2本買って1000円出したときのおつり**

(2)**1個a円のお菓子を4個と1本b円のジュースを6本買った代金が1500円以下**

解き方

(1)(出した金額)－(買った品物の代金)と考えることができるので，1000円で買ったときのおつりを表していることになります。

(2)(買った品物の代金)≦1500　なので，買った品物の代金が1500円以下と考えることができます。

3章　1次方程式

p.51　ぴたトレ0

1 (1)**分速 80 m**　(2)**80 km**　(3)**0.2 時間**

解き方

(1)速さ＝道のり÷時間　だから，
$400\div5=80$

(2)1時間20分＝$\frac{80}{60}$時間　だから，
$60\times\frac{80}{60}=80$(km)

(3) 1 時間は(60×60)秒　だから，
秒速 75mを時速になおすと，
$75\times3600=270000$(m)，
270000m＝270km
です。時間＝道のり÷速さ　だから，
$54\div270=0.2$(時間)
12 分もしくは720秒でも正解です。

2 (1)$\mathbf{\frac{2}{5}}$ **(0.4)**　(2)$\mathbf{\frac{8}{5}\left(1\frac{3}{5},\ 1.6\right)}$　(3)$\mathbf{\frac{5}{6}}$

解き方

$a:b$ の比の値は，$a\div b$ で求められます。

(2)$4\div2.5=40\div25=\frac{40}{25}=\frac{8}{5}$

(3)$\frac{2}{3}\div\frac{4}{5}=\frac{2}{3}\times\frac{5}{4}=\frac{5}{6}$

3 (1)**17：19**　(2)**36：19**

解き方

(2)クラス全体の人数は，$17+19=36$(人)です。

p.53　ぴたトレ1

1 ㋒

解き方

㋐，㋑，㋒の x の値を代入します。
㋐…左辺＝$6\times(-2)-7=-19$，右辺＝$-2+3=1$
㋑…左辺＝$6\times0-7=-7$，右辺＝$0+3=3$
㋒…左辺＝$6\times2-7=5$，右辺＝$2+3=5$

2 ㋑，㋓

解き方

$x=-3$を式に代入して，左辺＝右辺が成り立つものを探します。
㋐…左辺＝$4\times(-3)+5=-7$，右辺＝17
㋒…左辺＝$-3\times(-3)=9$，右辺＝$6+(-3)=3$

3 (1)①**3**　②**4**　③**4**　(2)①**4**　②**−12**

解き方

(1)まず，両辺から同じ数をひきます。
(2)両辺に同じ数をかけます。

p.55　ぴたトレ1

1 (1)$\boldsymbol{x=5}$　(2)$\boldsymbol{x=-2}$　(3)$\boldsymbol{x=12}$
(4)$\boldsymbol{x=-7}$　(5)$\boldsymbol{x=2}$　(6)$\boldsymbol{x=3}$

解き方

等式の性質を使って，左辺をxだけの式にします。

(1)両辺に8をたすと，$x-8+8=-3+8$，$x=5$

(2)両辺から6をひくと，$x+6-6=4-6$，$x=-2$

(3)両辺に3をかけると，$\frac{x}{3}\times3=4\times3$，$x=12$

(4)両辺を-2でわると，$\frac{-2x}{-2}=\frac{14}{-2}$，$x=-7$

(5)両辺に9をたすと，$8x-9+9=7+9$，$8x=16$
両辺を8でわると，$\frac{8x}{8}=\frac{16}{8}$，$x=2$

(6)両辺から13をひくと，
$-7x+13-13=-8-13$，$-7x=-21$
両辺を-7でわると，$\frac{-7x}{-7}=\frac{-21}{-7}$，$x=3$

2 (1)$\boldsymbol{x=3}$　(2)$\boldsymbol{x=2}$　(3)$\boldsymbol{x=3}$
(4)$\boldsymbol{x=4}$　(5)$\boldsymbol{x=-1}$　(6)$\boldsymbol{x=0}$

解き方

文字xをふくむ項を左辺，数だけの項を右辺に移項してから解きます。

(1)
$$\begin{aligned}5x-3&=12\\5x&=12+3\\5x&=15\\x&=3\end{aligned}$$

(2)
$$\begin{aligned}8x&=2x+12\\8x-2x&=12\\6x&=12\\x&=2\end{aligned}$$

(3)
$$\begin{aligned}5x-9&=2x\\5x-2x&=9\\3x&=9\\x&=3\end{aligned}$$

(4)
$$\begin{aligned}4-3x&=-2x\\-3x+2x&=-4\\-x&=-4\\x&=4\end{aligned}$$

(5)
$$\begin{aligned}3x+5&=x+3\\3x-x&=3-5\\2x&=-2\\x&=-1\end{aligned}$$

(6)
$$\begin{aligned}8-12x&=-7x+8\\-12x+7x&=8-8\\-5x&=0\\x&=0\end{aligned}$$

p.57　ぴたトレ1

1 (1)$\boldsymbol{x=-8}$　(2)$\boldsymbol{x=3}$　(3)$\boldsymbol{x=3}$　(4)$\boldsymbol{x=-2}$

解き方 かっこがある方程式は，まず，かっこをはずします。

(1) $7x+4=4(x-5)$
$7x+4=4x-20$
$7x-4x=-20-4$
$3x=-24$
$x=-8$

(2) $x-2(2x-7)=5$
$x-4x+14=5$
$x-4x=5-14$
$-3x=-9$
$x=3$

(3) $2(4x-5)=7(x-1)$
$8x-10=7x-7$
$8x-7x=-7+10$
$x=3$

(4) $-(2x+1)=3(x+3)$
$-2x-1=3x+9$
$-2x-3x=9+1$
$-5x=10$
$x=-2$

2 (1) $\boldsymbol{x=-2}$ (2) $\boldsymbol{x=3}$

解き方 係数に小数がある方程式は，両辺に10や100などをかけて，係数を整数になおします。

(1)両辺に10をかけると，
$1.6x\times10=(0.8x-1.6)\times10$
$16x=8x-16$
$16x-8x=-16$
$8x=-16$
$x=-2$

(2)両辺に100をかけると，
$(0.04x+0.48)\times100=0.2x\times100$
$4x+48=20x$
$4x-20x=-48$
$-16x=-48$
$x=3$

3 (1) $\boldsymbol{x=-2}$ (2) $\boldsymbol{x=-30}$ (3) $\boldsymbol{x=16}$ (4) $\boldsymbol{x=7}$

解き方 係数に分数がある方程式は，両辺に分母の最小公倍数をかけて，係数を整数になおします。

(1)両辺に4をかけると，
$\left(\frac{x}{4}+1\right)\times4=\frac{1}{2}\times4$
$x+4=2$
$x=2-4$
$x=-2$

(2)両辺に6をかけると，
$\left(\frac{1}{2}x-3\right)\times6=\left(\frac{2}{3}x+2\right)\times6$
$3x-18=4x+12$
$3x-4x=12+18$
$-x=30$
$x=-30$

(3)両辺に6をかけると，
$\left(\frac{x-2}{3}\right)\times6=\left(\frac{x}{6}+2\right)\times6$
$2x-4=x+12$
$2x-x=12+4$
$x=16$

(4)両辺に12をかけると，
$\left(\frac{2x+1}{3}\right)\times12=\left(\frac{3x-1}{4}\right)\times12$
$8x+4=9x-3$
$8x-9x=-3-4$
$-x=-7$
$x=7$

p.59 ぴたトレ1

1 **3：9＝12：36，20：45＝4：9**

解き方 それぞれ比の値を求めます。

㋐…$\frac{3}{9}=\frac{1}{3}$ ㋑…$\frac{7}{6}$ ㋒…$\frac{20}{45}=\frac{4}{9}$ ㋓…$\frac{6}{7}$

㋔…$\frac{4}{9}$ ㋕…$\frac{12}{36}=\frac{1}{3}$

比の値が等しいのは，㋐と㋕，㋒と㋔です。

2 (1) $\boldsymbol{x=8}$ (2) $\boldsymbol{x=25}$ (3) $\boldsymbol{x=30}$ (4) $\boldsymbol{x=35}$

解き方 比の値が等しいことを使って方程式に表します。

(1) $x:6=4:3$
$\frac{x}{6}=\frac{4}{3}$
$x=8$
両辺に6をかける

(2) $5:2=x:10$
$\frac{5}{2}=\frac{x}{10}$
$x=25$
両辺に10をかけて，左辺と右辺を入れかえる

(3) $20:8=x:12$
$\frac{20}{8}=\frac{x}{12}$
$2x=60$
$x=30$
両辺に24をかけて，左辺と右辺を入れかえる

(4) $x:15=7:3$
$\frac{x}{15}=\frac{7}{3}$
$x=35$
両辺に15をかける

3 (1)$\boldsymbol{x=28}$　(2)$\boldsymbol{x=30}$　(3)$\boldsymbol{x=7}$　(4)$\boldsymbol{x=4.5}$
(5)$\boldsymbol{x=15}$　(6)$\boldsymbol{x=10}$

解き方

$a:b=c:d$ ならば $ad=bc$ を使います。

(1)$4:7=16:x$

$4\times x=7\times16$

$4x=112$

$x=28$

(2)$x:36=5:6$

$x\times6=36\times5$

$6x=180$

$x=30$

(3)$5.6:x=4:5$

$5.6\times5=x\times4$　｝左辺と右辺を入れかえる

$4x=28$

$x=7$

(4) $5:3=x:2.7$

$5\times2.7=3\times x$

$3x=13.5$

$x=4.5$

(5) $3:8=x:(25+x)$

$3\times(25+x)=8\times x$　｝かっこをはずす

$75+3x=8x$

$3x-8x=-75$

$-5x=-75$

$x=15$

(6)$(x-1):(x+2)=3:4$

$(x-1)\times4=(x+2)\times3$

$4x-4=3x+6$

$4x-3x=6+4$

$x=10$

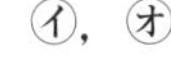

p.60~61　ぴたトレ2

1 ㋑，㋔

解き方

それぞれの式に解 -5 を代入して，等式が成り立つものを探します。

㋑…左辺 $=2\times(-5)=-10$,

右辺 $=(-5)-5=-10$

よって，左辺 = 右辺

㋔…左辺 $=0.2\times(-5)+6=5$,

右辺 $=-(-5)=5$

よって，左辺 = 右辺

2 (1)①イ　②エ　(2)①ウ　②ア

解き方

(1)①両辺から2をひきます。

②両辺を6でわります。

(2)①両辺に5をかけます。

②両辺に3を加えます。

3 (1)1　(2)1　(3)−1　(4)1　(5)1　(6)0

解き方

それぞれの方程式に $x=-1$, 0, 1を代入して等式が成り立つ解を探します。

(1)$x=1$ のとき，

左辺 $=6\times1-6=0$ より，

左辺 = 右辺

(2)$x=1$ のとき，

左辺 $=3(1-1)-9=3\times0-9$

$=0-9=-9$ より，

左辺 = 右辺

(3)$x=-1$ のとき，

左辺 $=2\times(-1)+1=-1$ より，

左辺 = 右辺

(4)$x=1$ のとき，

左辺 $=3\times1-7=-4$ より，

左辺 = 右辺

(5)$x=1$ のとき，

左辺 $=8\times1=8$,

右辺 $=13-5\times1=8$ より，

左辺 = 右辺

(6)$x=0$ のとき，

左辺 $=0.6\times0-7=-7$,

右辺 $=\dfrac{4}{5}\times0-7=-7$ より，

左辺=右辺

4 (1)$\boldsymbol{x=-4}$　(2)$\boldsymbol{x=4}$　(3)$\boldsymbol{a=-7}$　(4)$\boldsymbol{y=6}$
(5)$\boldsymbol{x=\dfrac{11}{12}}$　(6)$\boldsymbol{b=-6.2}$

解き方

(1)両辺から6をひくと，

$x+6-6=2-6$,　$x=-4$

(2)両辺に9をたすと，$x-9+9=-5+9$

$x=4$

(3)両辺から3をひくと，$-a+3-3=10-3$

$-a=7$

両辺に -1 をかけると，　$a=-7$

(4)両辺に8をたすと，$y=-2+8$,　$y=6$

(5)両辺に $\dfrac{2}{3}$ をたすと，$x=\dfrac{1}{4}+\dfrac{2}{3}$,　$x=\dfrac{11}{12}$

(6)両辺に10をかけると，$9-10b=71$
←注意

両辺から9をひくと，　$-10b=62$

両辺を -10 でわると，　$b=-6.2$

5 (1)$\boldsymbol{x=2}$　(2)$\boldsymbol{x=-5}$　(3)$\boldsymbol{a=-3}$　(4)$\boldsymbol{m=2}$
(5)$\boldsymbol{x=3}$　(6)$\boldsymbol{a=-\dfrac{1}{4}}$

解き方

(1)$2x+1=5$
$2x=5-1$
$2x=4$
$x=2$

(2) $2x-6=3x-1$
$2x-3x=-1+6$
$-x=5$
$x=-5$

(3) $-2a=9+a$
$-2a-a=9$
$-3a=9$
$a=-3$

(4) $m+3=7-m$
$m+m=7-3$
$2m=4$
$m=2$

(5)$4x+5=20-x$
$4x+x=20-5$
$5x=15$
$x=3$

(6) $a+3=9a+5$
$a-9a=5-3$
$-8a=2$
$a=-\frac{1}{4}$

(1)$\boldsymbol{x=4}$ (2)$\boldsymbol{a=4}$ (3)$\boldsymbol{x=-3}$ (4)$\boldsymbol{y=3}$
(5)$\boldsymbol{x=20}$ (6)$\boldsymbol{a=-11}$ (7)$\boldsymbol{x=15}$ (8)$\boldsymbol{a=6}$

解き方

かっこがある方程式は，まず，かっこをはずします。小数がある方程式は，両辺に10，100，…をかけ，分数がある方程式は，両辺に分母の最小公倍数をかけて，それぞれの係数を整数になおします。

(1)$3(x-3)+1=x$
$3x-9+1=x$
$3x-x=9-1$
$2x=8$
$x=4$

(2) $1-a=3(a-5)$
$1-a=3a-15$
$-a-3a=-15-1$
$-4a=-16$
$a=4$

(3)$3(4x+5)=7x$
$12x+15=7x$
$12x-7x=-15$
$5x=-15$
$x=-3$

(4)$8-3(2y-1)=2-3y$
$8-6y+3=2-3y$
$-6y+3y=2-8-3$
$-3y=-9$
$y=3$

(5)両辺に100をかけます。
$7x-40=20x-300$
$7x-20x=-300+40$
$-13x=-260$
$x=20$

(6)両辺に100をかけます。
$100a+8=60(1.2a-5)$
かっこの中には100をかけないので注意
$100a+8=72a-300$
$100a-72a=-300-8$
$28a=-308$
$a=-11$

(7)両辺に6をかけると，
$3x-18=x+12$
$3x-x=12+18$
$2x=30$
$x=15$

(8)両辺に21をかけると，
$7a=84-3(20-a)$
かっこでくくります
$7a=84-60+3a$
$7a-3a=84-60$
$4a=24$
$a=6$

7 (1)$\boldsymbol{x=36}$ (2)$\boldsymbol{x=17}$ (3)$\boldsymbol{x=6}$

解き方

(1)$9\times28=7\times x$
$7x=252$
$x=36$

(2)$(x+1)\times7=21\times6$
$7x+7=126$
$7x=126-7$
$7x=119$
$x=17$

(3)$7\times x=5\times8.4$
$7x=42$
$x=6$

理解のコツ

・分数や小数がある方程式は，両辺に同じ数をかけて簡単な方程式になおしてから$ax=b$の形に整理しよう。

p.63 ぴたトレ1

1 **300円**

解き方

1個x円のお菓子を買ったとすると，兄の残金は$800-2x$(円)，弟の残金は$500-x$(円)だから，

$800-2x=500-x$

$-2x+x=500-800$

$-x=-300$

$x=300$

300円は，問題の答えとしてよいです。

2 **(1)① 40　② $3x+45$　(2) 85人**

解き方

(1)個数の関係を図に表して考えます。

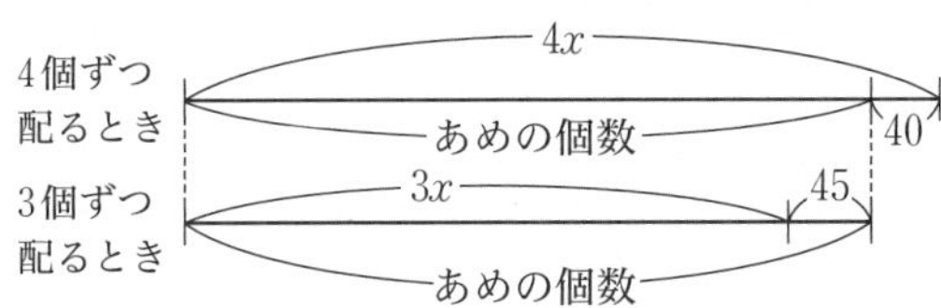

(2)あめの個数が等しいことから，(1)より，

$4x-40=3x+45$

$4x-3x=45+40$

$x=85$

85人は，問題の答えとしてよいです。

3 **240km**

解き方

P，Q間の道のりを$x$kmとすると，行きにかかった時間は$\frac{x}{60}$時間，帰りにかかった時間は$\frac{x}{40}$時間です。帰りの時間は行きより2時間多くかかったことから式をつくります。

$\frac{x}{60}=\frac{x}{40}-2$

$2x=3x-240$

$-x=-240$

$x=240$

240kmは，問題の答えとしてよいです。

4 **(1) $23+x=3(17+x)$　(2) 14年前**

解き方

(1)姉のx年後の年齢は，$23+x$(歳)，弟のx年後の年齢は，$17+x$(歳)だから，

$23+x=3(17+x)$

(2) $23+x=3(17+x)$

$23+x=51+3x$

$x-3x=51-23$

$-2x=28$

$x=-14$

-14年後，つまり，14年前は，問題の答えとしてよいです。

p.64～65 ぴたトレ2

1 **(1) $6x+12=48$　(2) 6**

解き方

(1) $x\times 6+12$が48と等しくなります。

(2) $6x+12=48$

$6x=48-12$

$6x=36$

$x=6$

2 **7人**

解き方

子どもの人数をx人とすると，みかんの個数は，

3個ずつ分けたとき，$3x-5$(個)

2個ずつ分けたとき，$2x+2$(個)

$3x-5=2x+2$

$3x-2x=2+5$

$x=7$

これは，問題の答えとしてよいです。

3 **45分**

解き方

家から学校まで$x$kmとすると，

30分$=\frac{1}{2}$時間より，

$\frac{x}{12}+\frac{1}{2}=\frac{x}{4}$

$x+6=3x$

$-2x=-6$

$x=3$

この道のりを歩いて行く時間を求めるので，

時間$=\frac{道のり}{速さ}$より，$\frac{3}{4}$時間

すなわち，45分かかります。

これは，問題の答えとしてよいです。

xの値がそのまま答えにならないので，気をつけましょう。

4 **1時間20分後**

解き方

Bさんが出発してからの時間をx時間とすると，Aさんが進んだ時間は$x+2$(時間)だから，

$4(x+2)+5x=20$

$4x+8+5x=20$

$4x+5x=20-8$

$9x=12$

$x=\frac{4}{3}$

すなわち，1時間20分後です。

これは，問題の答えとしてよいです。

5 **30円**

解き方

バナナ1本の値段をx円とすると，
バナナ8本と120円のオレンジ1個を買ったときの代金は，$8x+120$(円)
バナナ1本と150円のりんご1個を買ったときの代金は，$x+150$(円)だから，

$$8x+120=2(x+150)$$
$$8x+120=2x+300$$
$$8x-2x=300-120$$
$$6x=180$$
$$x=30$$

これは，問題の答えとしてよいです。

6 **191人**

解き方

2年生の生徒数をx人とすると，1年生の生徒数は$x-8$(人)，3年生の生徒数は$x+13$(人)だから，

$$(x-8)+x+(x+13)=578$$
$$3x+5=578$$
$$3x=573$$
$$x=191$$

これは，問題の答えとしてよいです。

7 **450円**

解き方

仕入れ値をx円とすると，

$$1.3x\times0.8-x=18$$
$$1.04x-x=18$$
$$0.04x=18$$
$$x=450$$

これは，問題の答えとしてよいです。

8 **できない**

解き方

ケーキの個数をx個とすると，

$$110\times4+240x=1500$$
$$440+240x=1500$$
$$240x=1060$$
$$x=\frac{1060}{240}=\frac{53}{12}$$ ←解が整数にならない

理解のコツ

- 文章題では，何をxにするかによって計算が複雑になるので，ふだんからいろいろな問題にチャレンジしよう。
- 解を答えとしてよいかどうかを確かめるのを忘れないように。

1 ㋐，㋓，㋕

解き方

それぞれの式に解の2を代入します。

㋐…$2x-4=0$，$2\times2-4=0$

㋓…$\frac{4}{m}=2$，$\frac{4}{2}=2$

㋕…$b+2=2+2=4$

$\frac{b}{2}+3=\frac{2}{2}+3=4$

2 (1)$\boldsymbol{x=-2}$　(2)$\boldsymbol{x=-7}$　(3)$\boldsymbol{m=1}$　(4)$\boldsymbol{y=1}$
(5)$\boldsymbol{x=3}$　(6)$\boldsymbol{x=-2}$

解き方

(1) $-3x=6$

両辺を-3でわると，

$$-3x\div(-3)=6\div(-3)$$
$$x=-2$$

(2)
$$2x-6=3x+1$$
$$2x-3x=1+6$$
$$-x=7$$
$$x=-7$$

(3)
$$7m-10=3m-6$$
$$7m-3m=-6+10$$
$$4m=4$$
$$m=1$$

(4)
$$-3y+6=12-9y$$
$$-3y+9y=12-6$$
$$6y=6$$
$$y=1$$

(5)
$$6x-2(x-2)=16$$
$$6x-2x+4=16$$
$$6x-2x=16-4$$
$$4x=12$$
$$x=3$$

(6)
$$8x-5=3(4x+1)$$
$$8x-5=12x+3$$
$$8x-12x=3+5$$
$$-4x=8$$
$$x=-2$$

3 (1)$\boldsymbol{x=-7}$　(2)$\boldsymbol{x=\frac{1}{3}}$　(3)$\boldsymbol{x=-2}$　(4)$\boldsymbol{x=8}$
(5)$\boldsymbol{a=8}$　(6)$\boldsymbol{x=-2}$

解き方

係数に小数がある方程式は，両辺に10や100などをかけて，係数を整数になおします。係数に分数がある方程式は，両辺に分母の最小公倍数をかけて，係数を整数になおします。

(1)両辺に10をかけると，

$$12x=7x-35$$
$$12x-7x=-35$$
$$5x=-35$$
$$x=-7$$

(2)両辺に10をかけると，

$2x-70=32x-80$

$2x-32x=-80+70$

$-30x=-10$

$x=\frac{1}{3}$

(3)両辺に4をかけると，

$4x-6=x-12$

$4x-x=-12+6$

$3x=-6$

$x=-2$

両辺に100をかけて求めてもよいです。

(4)両辺に3をかけると，

$2x-1=15$

$2x=15+1$

$2x=16$

$x=8$

(5)両辺に12をかけると，

$9a+8=12a-16$

$9a-12a=-16-8$

$-3a=-24$

$a=8$

(6)両辺に4をかけると，

$2x-3=3x-1$

$2x-3x=-1+3$

$-x=2$

$x=-2$

4 (1) $\boldsymbol{x=18}$　(2) $\boldsymbol{x=12}$

解き方

(1) $x\times7=63\times2$

$7x=126$

$x=18$

(2) $(2x+1)\times3=(x+3)\times5$

$6x+3=5x+15$

$6x-5x=15-3$

$x=12$

5 $\boldsymbol{a=-4}$

解き方

解が2なので，式に$x=2$を代入して，aの値を求めます。

$\frac{2+a}{2}=2a+7$

$2+a=2(2a+7)$

$2+a=4a+14$

$a-4a=14-2$

$-3a=12$

$a=-4$

6 **縦…15cm，横…19cm**

解き方

縦の長さを$x$cmとすると，横の長さは，$x+4$(cm)と表されます。長方形の周の長さは，(縦の長さ＋横の長さ)×2　なので，

$\{x+(x+4)\}\times2=68$

$(2x+4)\times2=68$

$4x+8=68$

$4x=60$

$x=15$　←縦の長さ

これは，問題の答えとしてよいです。

横の長さは15＋4＝19(cm)

7 **6人**

解き方

子どもの人数をx人とすると，鉛筆の本数は，6本ずつ分けるとき$6x-7$(本)，4本ずつ分けるとき$4x+5$(本)だから，

$6x-7=4x+5$

$6x-4x=5+7$

$2x=12$

$x=6$

これは，問題の答えとしてよいです。

8 **10000円**

解き方

仕入れ値をx円とすると，定価は，

$(1+0.2)\times x=1.2x$(円)

定価の2割引きで売った売り値は，

$1.2x\times(1-0.2)=1.2x\times0.8$

よって，$1.2x\times0.8-x=-400$

$96x-100x=-40000$

$-4x=-40000$

$x=10000$

これは，問題の答えとしてよいです。

9 **52.5km**

解き方

目的地までの道のりを$x$kmとすると，

$\frac{x}{45}+\frac{30+5}{60}=\frac{x}{30}$

両辺に180をかけると，

$4x+105=6x$

$4x-6x=-105$

$-2x=-105$

$x=52.5$

これは，問題の答えとしてよいです。

4章　量の変化と比例，反比例

p.69　ぴたトレ0

1 (1) $y=1000-x$

(2) $y=90x$，○

(3) $y=\dfrac{100}{x}$，△

解き方　式は上の表し方以外でも，意味があっていれば正解です。

(2) xの値が2倍，3倍，…になると，yの値も2倍，3倍，…になります。

(3) xの値が2倍，3倍，…になると，yの値は$\dfrac{1}{2}$倍，$\dfrac{1}{3}$倍，…になります。

2

x(cm)	1	2	3	4	5	6	7
y(cm^2)	3	6	9	12	15	18	21

解き方　表から［決まった数］を求めます。

$y=$［決まった数］$\times x$　だから，

$12\div4=3$　で，［決まった数］は3になります。

3

x(cm)	1	2	3	4	5	6
y(cm)	48	24	16	12	9.6	8

解き方　表から［決まった数］を求めます。

$y=$［決まった数］$\div x$　だから，

$3\times16=48$　で，［決まった数］は48になります。

p.71　ぴたトレ1

1 ㋐，㋒

解き方　㋑は，xの値が決まっても，yの値が1つに決まるとはいえません。

2 $-2<x<6$

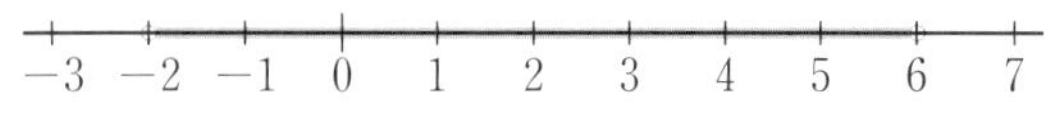

解き方　-2と6は範囲にふくまれません。数直線上では，-2と6に○をかきます。

3 xの変域…$0\leqq x\leqq8$

yの変域…$0\leqq y\leqq8$

解き方　8Lの水を使うので，xの値は8までになります。

$x=0$のとき，$y=8-0=8$

$x=8$のとき，$y=8-8=0$

4 (1) $y=40x$，○　比例定数…40

(2) $y=6-x$，×

解き方　比例は$y=ax$の形で表されます。このときの文字aを比例定数といいます。

(1)（道のり）＝（速さ）×（時間）だから，　$y=40x$

(2)（残りの長さ）＝（はじめの長さ）−（切り取った長さ）だから，　$y=6-x$

5 (1)① 3　② -6　(2) $\dfrac{y}{x}=-3$

解き方　(1)① $x=-1$のとき，$y=-3\times(-1)=3$

② $x=2$のとき，$y=-3\times2=-6$

(2) $x=1$，$y=-3$のとき，$\dfrac{y}{x}=\dfrac{-3}{1}=-3$

p.73　ぴたトレ1

1 A(1, 5)　B(3, −3)　C(−2, −4)　D(−3, 0)　E(−5, 4)

解き方　Aからx軸，y軸に垂直な直線をひき，x軸上の1とy軸上の5を組み合わせてA(1, 5)と表します。

2

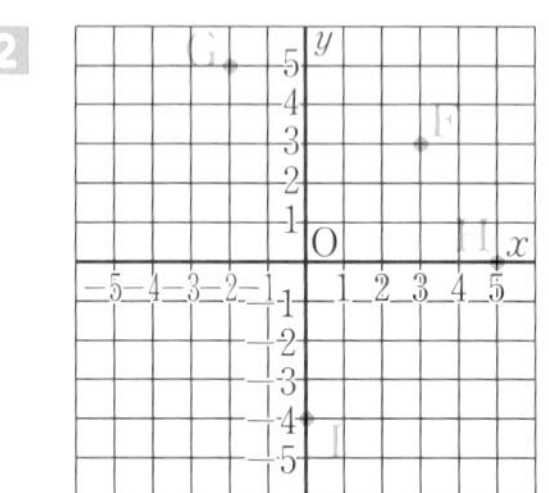

解き方　点Hはy座標が0なので，x軸上にあります。

点Iはx座標が0なので，y軸上にあります。

3 (1)① -3

② 6

(2) 右の図

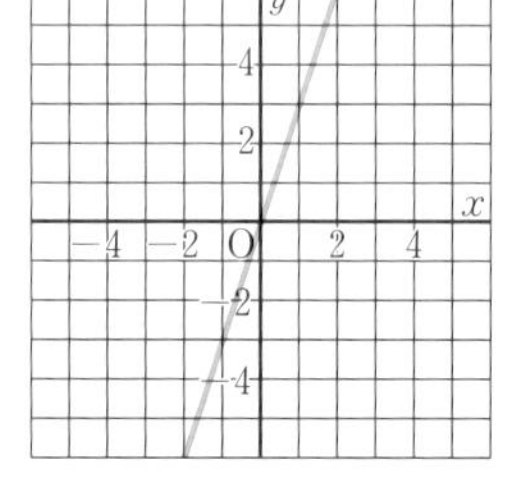

解き方　(2)(1)の表より，対応するx，yの値の組を座標とする点をとって，その点を通る直線をひきます。比例のグラフは必ず原点を通ります。

p.75　ぴたトレ1

1

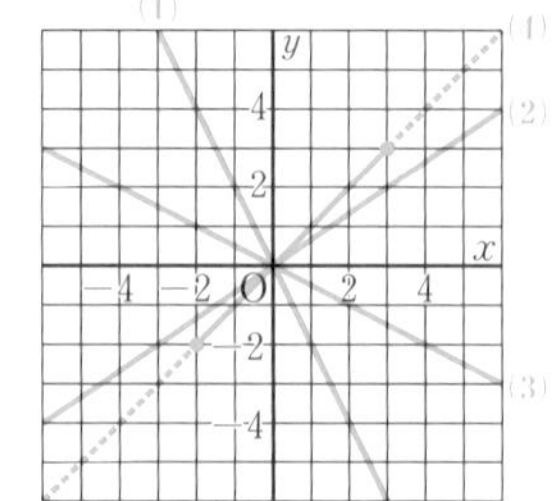

解き方

比例のグラフをかくには，原点とそれ以外の1つの点を決めて直線をひきます。

(1) $x=1$のとき，$y=-2$だから，原点と$(1,\ -2)$を通る直線をひきます。

(2) $x=3$のとき，$y=2$だから，原点と$(3,\ 2)$を通る直線をひきます。

(3) $x=2$のとき，$y=-1$だから，原点と$(2,\ -1)$を通る直線をひきます。

(4) $x=-2$のとき，$y=-2$，$x=3$のとき，$y=3$だから，グラフは$(-2,\ -2)$と$(3,\ 3)$を両端とする直線の部分になります。

2

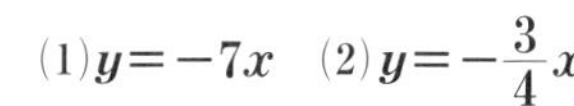
(1) $\boldsymbol{y=-7x}$　(2) $\boldsymbol{y=-\frac{3}{4}x}$

解き方

yはxに比例するから，比例定数をaとすると，$y=ax$と表されます。

(1) $y=ax$に$x=4$，$y=-28$を代入すると，

$-28=a\times4$より，$a=-7$

よって，$y=-7x$

(2) $y=ax$に$x=-4$，$y=3$を代入すると，

$3=a\times(-4)$より，$a=-\frac{3}{4}$

よって，$y=-\frac{3}{4}x$

3 (1) $\boldsymbol{y=4x}$　(2) $\boldsymbol{y=-\frac{1}{3}x}$

解き方

比例のグラフだから，$y=ax$と表されます。

(1)点$(1,\ 4)$を通るので，$y=ax$に$x=1$，$y=4$を代入すると，$4=a\times1$より，$a=4$

よって，$y=4x$

(2)点$(3,\ -1)$を通るので，$y=ax$に$x=3$，$y=-1$を代入すると，$-1=a\times3$より，$a=-\frac{1}{3}$

よって，$y=-\frac{1}{3}x$

p.76～77　ぴたトレ2

1 ㋐，㋒

解き方

㋐ $y=6x$と表せます。

㋑ x cmと長さのちがう辺の長さがわからないと，面積は求められません。

㋒ $y=x-5$と表せます。

2 (1)左から　**12，8，0，−4，−8，−12**

(2) $\boldsymbol{y=-4x}$

(3)① $\boldsymbol{y=-16}$　② $\boldsymbol{y=40}$

解き方

(2) $x=-1$のとき$y=4$より，比例定数は-4

(3) $y=-4x$にそれぞれのxの値を代入します。

① $y=-4\times4=-16$

② $y=-4\times(-10)=40$

3 (1) $\boldsymbol{y=2(x+7)}$　(2) $\boldsymbol{y=5x}$　(3) $\boldsymbol{y=450x+60}$

比例するものは(2)　比例定数は5

解き方

$y=ax$の形になっているものが比例です。比例定数はaの値です。

4 (1) **(1，5)**　(2) **(−2，1)**　(3) **(5，−5)**

(4) **(−5，0)**

解き方

符号に気をつけて座標を書きましょう。

(2) x座標が-2，y座標が1です。

(4) x軸上にある点はy座標が0になります。

5

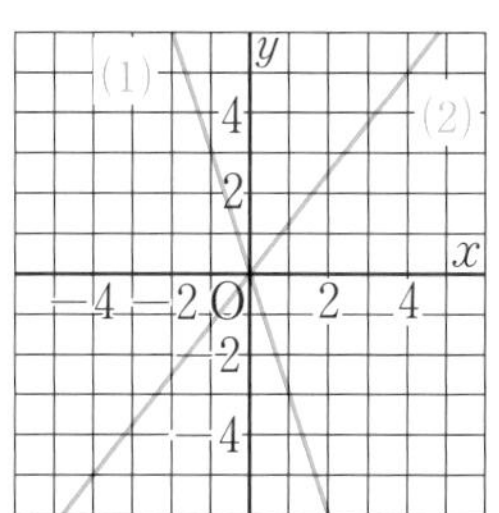

解き方

(1) $x=1$のとき$y=-3$より，点$(1,\ -3)$と原点を通る直線をひきます。

(2) $x=4$のとき$y=5$より，点$(4,\ 5)$と原点を通る直線をかきます。

6 (1) $\boldsymbol{y=5x}$　(2) $\boldsymbol{y=10}$

解き方

(1) $y=ax$に$x=-3$，$y=-15$を代入すると，

$-15=a\times(-3)$，$a=5$

よって，$y=5x$

(2) $y=5x$に$x=2$を代入すると，

$y=5\times2=10$

7 (1) $\boldsymbol{y=2x}$　(2) $\boldsymbol{y=-\frac{1}{6}x}$

解き方

(1)点$(1,\ 2)$を通っているので，

$y=ax$に$x=1$，$y=2$を代入すると，

$2=a\times1$，$a=2$

よって，$y=2x$

(2)点$(6,\ -1)$を通っているので，$y=ax$に$x=6$，$y=-1$を代入すると，

$-1=a\times6$，$a=-\frac{1}{6}$

よって，$y=-\frac{1}{6}x$

理解のコツ

・xがm倍になったときyもm倍になっていれば，比例しているといえるよ。

・座標をとるときは，符号に注意し，正確なグラフがかけるようにしよう。

p.79 ぴたトレ1

1 (1)㋐9　㋑36　㋒−18　㋓−9

(2)$\frac{1}{2}$倍，$\frac{1}{3}$倍，$\frac{1}{4}$倍，……になる。

(3)比例定数

解き方
(1)㋐$x=-4$のとき，$y=-\frac{36}{-4}=9$

㋑$x=-1$のとき，$y=-\frac{36}{-1}=36$

㋒$x=2$のとき，$y=-\frac{36}{2}=-18$

㋓$x=4$のとき，$y=-\frac{36}{4}=-9$

(2)表より，xの値が2倍，3倍，4倍になるときのyの値がどのように変わるかを調べます。

3倍

x	1	3
y	−36	−12

$\frac{1}{3}$倍

(3)yがxに反比例するとき，
xyの値は一定で，比例定数に等しくなります。

2 (1)$y=90-x$，×

(2)$y=\frac{18}{x}$，○　比例定数…18

(3)$y=\frac{50}{x}$，○　比例定数…50

解き方
$y=\frac{a}{x}$の形で表されるものが反比例で，aの値が比例定数です。

(1)(残りの長さ)=(はじめの長さ)−(使った長さ)だから，$y=90-x$

(2)(平行四辺形の面積)=(底辺)×(高さ)だから，
$18=x\times y$より，$y=\frac{18}{x}$

(3)(1本分の長さ)=(はじめの長さ)÷(等分した数)
だから，$y=\frac{50}{x}$

3 (1)

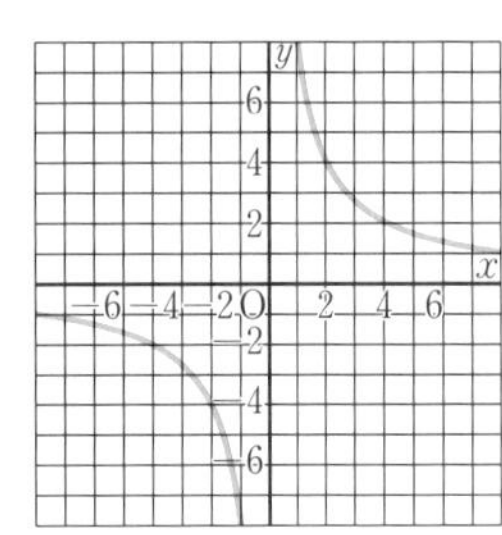

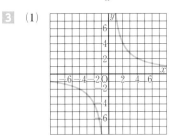

(2)

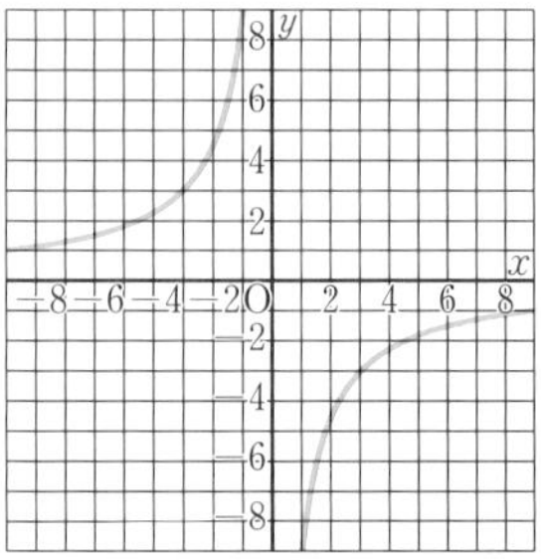

解き方
yが整数になるような，整数xの値を反比例の式に代入して，x，yの値の組を座標とする点を座標平面上にとり，なめらかな曲線になるようにかきます。

(1)$x=1$を代入して，$y=\frac{8}{1}=8$より，(1，8)
同様にして，(2，4)，(4，2)，(8，1)，(−1，−8)，(−2，−4)，(−4，−2)，(−8，−1)
これらの点を通るなめらかな曲線になります。

(2)$x=1$を代入して，$y=-\frac{9}{1}=-9$より，(1，−9)
同様にして，(3，−3)，(9，−1)，(−1，9)，(−3，3)，(−9，1)
これらの点を通るなめらかな曲線になります。

p.81 ぴたトレ1

1 (1)減少する　(2)減少する

解き方
(1)xの値が2から4に増加すると，yの値は8から4に減少します。

(2)xの値が−4から−2に増加すると，yの値は−4から−8に減少します。

2 (1)$y=\frac{48}{x}$　(2)$y=\frac{30}{x}$

解き方
yはxに反比例するから，比例定数をaとすると，
$y=\frac{a}{x}$と表されます。

(1)$y=\frac{a}{x}$に$x=6$，$y=8$を代入すると，

$8=\frac{a}{6}$より，$a=48$

よって，$y=\frac{48}{x}$

(2)$y=\frac{a}{x}$に$x=-2$，$y=-15$を代入すると，

$-15=\frac{a}{-2}$より，$a=30$

よって，$y=\frac{30}{x}$

3 (1)$y=\frac{10}{x}$　(2)$y=-\frac{12}{x}$

解き方

グラフが双曲線だから，$y=\frac{a}{x}$と表されます。

(1)点(2，5)を通るので，$y=\frac{a}{x}$に$x=2$，$y=5$を代入すると，

$5=\frac{a}{2}$より，$a=10$

よって，$y=\frac{10}{x}$

(2)点(2，−6)を通るので，$y=\frac{a}{x}$に$x=2$，$y=-6$を代入すると，

$-6=\frac{a}{2}$より，$a=-12$

よって，$y=-\frac{12}{x}$

p.83 ぴたトレ1

1 (1)**列車A…$y=1.5x$ $\left(y=\frac{3}{2}x\right)$**

列車B…$y=-1.25x$ $\left(y=-\frac{5}{4}x\right)$

(2)**16.5km**

解き方

(1)列車Aは10分で東に15km進むから，$y=ax$に$x=10$，$y=15$を代入して，

$15=a\times10$より，$a=1.5$

よって，$y=1.5x$

列車Bは8分で東に−10km進むから，$y=ax$に$x=8$，$y=-10$を代入して，

$-10=a\times8$より，$a=-1.25$

よって，$y=-1.25x$

(2)6分後，列車Aは山町駅から9km，列車Bは山町駅から−7.5km離れています。よって，列車Aと列車Bは$9-(-7.5)=16.5$(km)離れています。

2 (1)**$y=\frac{60}{x}$** (2)**毎分5L**

解き方

(1)1分間に2Lの割合で入れると満水まで30分かかるので，水槽の容積は，$2\times30=60$(L)

よって，$xy=60$より，$y=\frac{60}{x}$

(2)$xy=60$に$y=12$を代入すると，

$x\times12=60$，$x=5$

3 (1)**$y=4x$**

(2)**xの変域…$0\leqq x\leqq15$**

yの変域…$0\leqq y\leqq60$

(3)

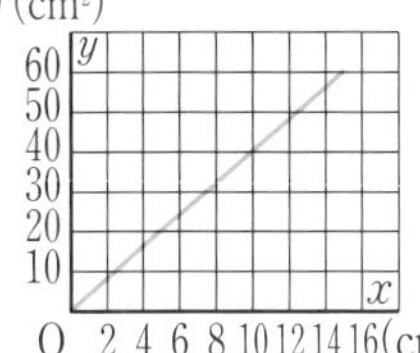

解き方

(1)(三角形の面積)＝(底辺)×(高さ)÷2より，比例の関係があることを使います。

BPが15cmのとき，面積は$15\times8\div2=60$(cm²)

だから，$y=ax$に$x=15$，$y=60$を代入して，

$60=a\times15$より，$a=4$

よって，$y=4x$

(2)xの変域は，点PがBからCまで動く範囲だから，$0\leqq x\leqq15$

$x=0$のとき$y=0$，$x=15$のとき$y=60$だから，

yの変域は$0\leqq y\leqq60$

(3)$0\leqq x\leqq15$のときの$y=4x$のグラフをかきます。

原点と(15，60)を結んでかきます。

p.84～85 ぴたトレ2

1 (1)**左から −2，4**

(2)**左から 1，3，−4，−2**

解き方

(1)$y=\frac{a}{x}$に，$x=-2$，$y=-4$を代入すると，

$-4=\frac{a}{-2}$，$a=8$ よって，$y=\frac{8}{x}$

(2)$y=\frac{a}{x}$に，$x=-6$，$y=2$を代入すると，

$2=\frac{a}{-6}$，$a=-12$ よって，$y=-\frac{12}{x}$

2 (1)**$y=\frac{20}{x}$** (2)**$y=50x$** (3)**$y=120x$**

反比例するものは(1) 比例定数は20

解き方

$y=\frac{a}{x}$の形になっているものが反比例で，aの値が比例定数です。

(1)$\frac{1}{2}\times x\times y=10$より，$y=\frac{20}{x}$

(2)$y=x\times5\times10$より，$y=50x$

(3)$y=120\times x$より，$y=120x$

3 (1)**$y=-\frac{40}{x}$** (2)**$y=-10$**

解き方

(1)$y=\frac{a}{x}$に$x=-5$，$y=8$を代入すると，

$8=\frac{a}{-5}$，$a=-40$だから，$y=-\frac{40}{x}$

(2)$y=-\frac{40}{x}$に$x=4$を代入すると，

$y=-\frac{40}{4}=-10$

4 (1)ウ (2)ア (3)イ (4)エ

解き方

(1)$xy=24$，$y=\frac{24}{x}$

(2)$xy=6$，$y=\frac{6}{x}$

aの値が小さければ小さいほどx軸やy軸に近いグラフになります。

5 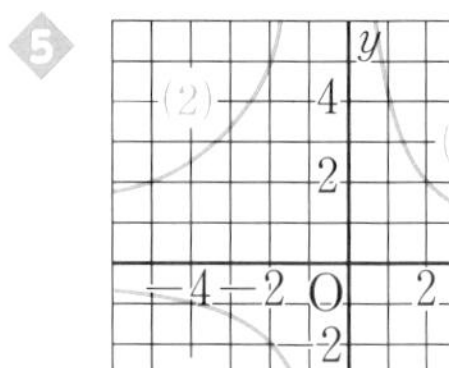

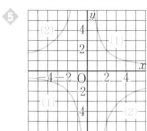

解き方 (1)点$(1,\ 4)$，$(4,\ 1)$と点$(-4,\ -1)$，$(-1,\ -4)$を通る双曲線です。
(2)点$(2,\ -5)$，$(5,\ -2)$と点$(-5,\ 2)$，$(-2,\ 5)$を通る双曲線です。

6 (1)$\boldsymbol{y=-\dfrac{15}{x}}$ (2)$\boldsymbol{y=\dfrac{8}{x}}$

解き方 (1)グラフが点$(3,\ -5)$を通っているので，
$y=\dfrac{a}{x}$に$x=3$，$y=-5$を代入すると，
$-5=\dfrac{a}{3}$，$a=-15$ よって，$y=-\dfrac{15}{x}$
(2)グラフが点$(2,\ 4)$を通っているので，$y=\dfrac{a}{x}$に$x=2$，$y=4$を代入すると，
$4=\dfrac{a}{2}$，$a=8$ よって，$y=\dfrac{8}{x}$

7 (1)$\boldsymbol{y=\dfrac{24}{x}}$ (2)

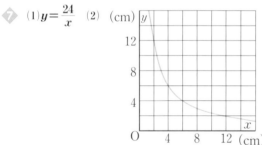

解き方 (1)(三角形の面積)$=\dfrac{1}{2}\times$(底辺)$\times$(高さ)より，
$12=\dfrac{1}{2}\times x\times y$，$y=\dfrac{24}{x}$
(2)できるだけたくさんの座標をとってなめらかな曲線にします。

8 **500cm^2**

解き方 $x$cm^{2}のときygとすると$y=ax$が成り立ちます。
図㋐において，$20\times20=400$(cm^2)のとき640gだから，$y=ax$に$x=400$，$y=640$を代入すると，
$640=a\times400$，$a=\dfrac{8}{5}$
よって，$y=\dfrac{8}{5}x$
この式に$y=800$を代入すると，$x=500$

理解のコツ

・比例は$y=ax$，反比例は$y=\dfrac{a}{x}$で表されることを確かめておこう。
・比例のグラフは原点を通る直線で，反比例のグラフは双曲線であることを覚えておこう。

p.86~87 ぴたトレ3

1 (1)㋐ (2)㋓

解き方 ㋐は，$\dfrac{1}{2}\times8\times x=y$ $y=4x$で比例します。
㋑は，$y=20-x$
㋒は，xとyの関係はわかりません。
㋓は，$y=\dfrac{2000}{x}$で反比例します。

2 (1)㋐，㋑，㋒ (2)㋓，㋔，㋕
(3)㋒ (4)㋑，㋓

解き方 (1)，(2)「$y=$」の形にします。㋑は$y=-3x$，㋒は$y=\dfrac{1}{3}x$，㋔は$y=-\dfrac{1}{x}$なので，㋐，㋑，㋒が$y=ax$の形になり，比例します。
㋓，㋔，㋕が$y=\dfrac{a}{x}$の形になり，反比例します。
(3)$x=6$を式に代入し，$y=2$となる式を選びます。
(4)比例のとき比例定数が負の数，反比例のとき比例定数が正の数になるものを選びます。

3 (1)$\boldsymbol{y=9x}$ (2)$\boldsymbol{y=\dfrac{18}{x}}$

解き方 (1)$y=ax$で比例定数aが9です。
(2)yがxに反比例しているから，比例定数をaとすると，$y=\dfrac{a}{x}$と表されます。
この式に$x=6$，$y=3$を代入すると，
$3=\dfrac{a}{6}$，$a=18$ よって，$y=\dfrac{18}{x}$

4 (1)$\boldsymbol{\dfrac{3}{2}\leqq y\leqq 9}$ (2)$\boldsymbol{y=1}$

解き方

(1) $y=\frac{a}{x}$ で $x=3$，$y=6$ を代入すると，

$6=\frac{a}{3}$，$a=18$ より，$y=\frac{18}{x}$

$y=\frac{18}{x}$ で $x=2$ のとき $y=\frac{18}{2}=9$

$x=12$ のとき $y=\frac{18}{12}=\frac{3}{2}$　よって，$\frac{3}{2}\leqq y\leqq 9$

(2)比例定数を a とすると，$y=ax$ と表されます。

この式に $x=6$，$y=-\frac{2}{3}$ を代入すると，

$-\frac{2}{3}=a\times 6$，$a=-\frac{1}{9}$ だから，$y=-\frac{1}{9}x$

この式に $x=-9$ を代入すると，

$y=-\frac{1}{9}\times(-9)=1$

5　**(1) $y=\frac{3}{4}x$　(2) $y=-2x$　(3) $y=-\frac{3}{x}$**

解き方

グラフ上の x 座標，y 座標が整数になる点の x 座標，y 座標を読み，$y=ax$，$y=\frac{a}{x}$ の式に，その座標を代入します。また，原点Oを通る直線が比例のグラフで，双曲線が反比例のグラフです。

(1)点 $(4,\ 3)$ を通っているので，$y=ax$ に

$x=4$，$y=3$ を代入すると，$3=a\times 4$，$a=\frac{3}{4}$

よって，$y=\frac{3}{4}x$

(2)点 $(-2,\ 4)$ を通っているので，$y=ax$ に

$x=-2$，$y=4$ を代入すると，$4=a\times(-2)$，

$a=-2$　よって，$y=-2x$

(3)点 $(3,\ -1)$ を通っているので，$y=\frac{a}{x}$ に

$x=3$，$y=-1$ を代入すると，

$-1=\frac{a}{3}$，$a=-3$　よって，$y=-\frac{3}{x}$

6

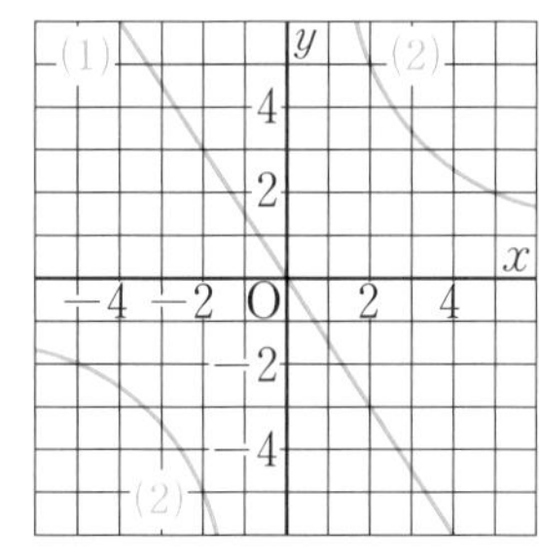

解き方

(1)点 $(2,\ -3)$ と原点を通る直線をひきます。右下がりの直線になります。

(2)点 $(2,\ 5)$，$(5,\ 2)$ と点 $(-2,\ -5)$，$(-5,\ -2)$ を通る双曲線です。

7　**(1) $y=\frac{80}{x}$　(2)時速40km**

解き方

(1)時間 $=\frac{道のり}{速さ}$ より，$y=\frac{80}{x}$

(2) $xy=80$ に $y=2$ を代入すると，

$x\times 2=80$，$x=40$

8　**(1) $y=\frac{210}{x}$　(2)毎分21回転　(3)7個**

解き方

(1)Aの歯車のかみ合う歯数と，Bの歯車のかみ合う歯数が等しいので，

$xy=35\times 6$，$y=\frac{210}{x}$

(2)(1)の式に $x=10$ を代入すると，

$y=\frac{210}{10}=21$

(3) $xy=210$ に $y=30$ を代入すると，

$x\times 30=210$，$x=7$

5章　平面の図形

p.89　ぴたトレ0

1 (1)

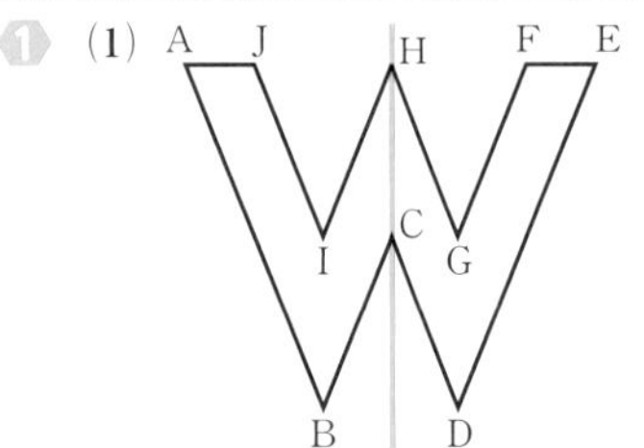

(2)**垂直に交わる。**　(3)**3cm**

解き方　線対称な図形は，対称の軸を折り目にして折ると，ぴったりと重なります。対応する2点を結ぶと対称の軸と垂直に交わり，軸からその2点までの長さは等しくなります。

(3)点Hは，対称の軸上にあるので，
AH＝EHです。

2 (1)**下の図の点O**　(2)**点H**　(3)**下の図の点Q**

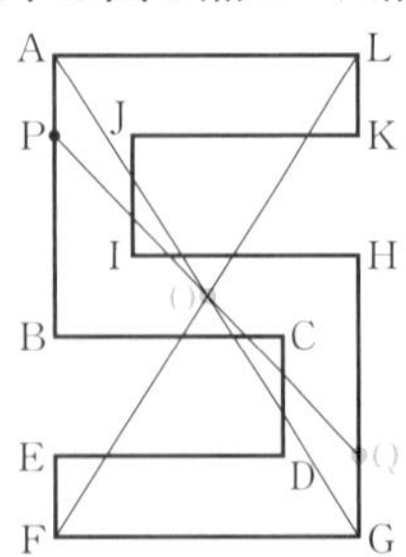

解き方　(1)例えば，点Aと点G，点Fと点Lを直線で結び，それらの線の交わった点が対称の中心Oです。

(3)点Pと点Oを結ぶ直線をのばし，辺GHと交わる点が点Qとなります。

p.91　ぴたトレ1

1

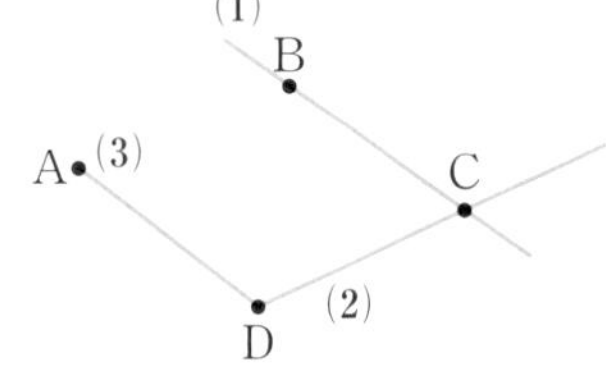

解き方　(1)直線BCは，B，Cの両方に延ばします。

(2)半直線DCは，線分DCをCのほうに延ばします。

(3)線分ADは，A，Dを結ぶ直線で，A，Dの両方とも延ばしません。

2 (1)**2AB＝AD**　(2)**∠ACB(∠BCA)**

(3)**AD//BC**　(4)**AB⊥BC**

解き方　(1)ADの長さはABの長さの2倍に等しいから，
2AB＝ADと表せます。

(2)角は頂点を表す文字を真ん中にし，辺上の点の文字と合わせて，ふつう3文字で表します。

(3)長方形の向かい合う2辺は平行です。記号//を使って表します。

(4)長方形のとなり合う2辺は直角に交わるので，辺ABと辺BCは垂直です。記号⊥を使って表します。

3 (1)**5cm**　(2)**4cm**　(3)**4cm**

解き方　(1)点と点の距離は，2点を結ぶ線分の長さになります。平行四辺形の向かい合う辺の長さは等しいので，CD＝AB＝5cmです。

(2)点と直線の距離は，点から直線にひいた垂線の長さになります。点Aから辺BCにひいた垂線の長さはAH＝4cmです。

(3)2直線が平行であるとき，一方の直線上の点からもう一方の直線にひいた垂線の長さが，その2直線間の距離になります。
辺ADと辺BCは平行だから，距離はAHの長さに等しくなります。

4

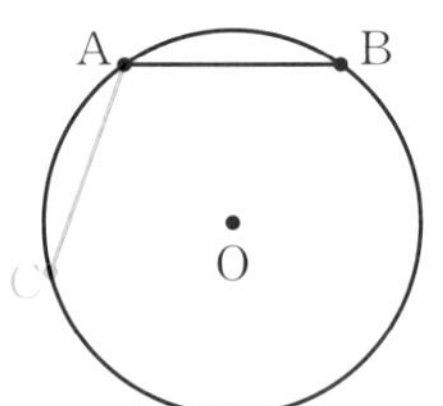

解き方　弦ABの長さをとって，点Aから点Bと反対側の円周上の交点をCとします。点AとCを結びます。

p.93　ぴたトレ1

1 (1)**円周の長さ…10πcm**

面積…25πcm²

(2)**円周の長さ…9πcm**

面積…$\frac{81}{4}\pi$cm²

解き方　半径rの円で，円周の長さをℓ，面積をSとすると，$\ell=2\pi r$，$S=\pi r^2$

(1)半径5cmの円だから，

$\ell=2\pi\times5=10\pi$ (cm)

$S=\pi\times5^2=25\pi$ (cm²)

(2)直径9cmの円だから，半径は$\frac{9}{2}$cmです。

$\ell=2\pi\times\frac{9}{2}=9\pi$ (cm)

$S=\pi\times\left(\frac{9}{2}\right)^2=\frac{81}{4}\pi$ (cm²)

2 (1)**弧の長さ…4πcm**

面積…20πcm^2

(2)**弧の長さ…7πcm**

面積…21πcm^2

解き方

半径r，中心角$a°$のおうぎ形の弧の長さをℓ，面積をSとすると，$\ell=2\pi r\times\frac{a}{360}$，$S=\pi r^2\times\frac{a}{360}$

(1)半径10cm，中心角72°のおうぎ形だから，

$\ell=2\pi\times10\times\frac{72}{360}=4\pi$(cm)

$S=\pi\times10^2\times\frac{72}{360}=20\pi$(cm^2)

(2)半径6cm，中心角210°のおうぎ形だから，

$\ell=2\pi\times6\times\frac{210}{360}=7\pi$(cm)

$S=\pi\times6^2\times\frac{210}{360}=21\pi$(cm^2)

3 (1)**144°** (2)**240°**

解き方

(1)おうぎ形の中心角を$x°$とすると，半径5cm，弧の長さ4πcmだから，

$2\pi\times5\times\frac{x}{360}=4\pi$

これを解くと，$x=144$

別解

おうぎ形の中心角を$x°$とすると，半径5cmの円周の長さは10πcmだから，

$x=360\times\frac{4\pi}{10\pi}=144$

(2)おうぎ形の中心角を$x°$とすると，半径12cm，弧の長さ16πcmだから，

$2\pi\times12\times\frac{x}{360}=16\pi$

これを解くと，$x=240$

別解

おうぎ形の中心角を$x°$とすると，半径12cmの円周の長さは24πcmだから，

$x=360\times\frac{16\pi}{24\pi}=240$

4 **6πcm^2**

解き方

おうぎ形の中心角を$x°$とすると，半径4cm，弧の長さ3πcmだから，

$2\pi\times4\times\frac{x}{360}=3\pi$

これを解くと，$x=135$

半径4cm，中心角135°のおうぎ形の面積は，

$S=\pi\times4^2\times\frac{135}{360}=6\pi$(cm^2)

別解

おうぎ形の面積Sは，半径をr，弧の長さをℓとすると，$S=\frac{1}{2}\ell r$で求められます。

$S=\frac{1}{2}\times3\pi\times4=6\pi$(cm^2)

p.94~95 ぴたトレ2

1 (1)**ℓ∥AC** (2)**直線BD** (3)**点B** (4)**点F**

解き方

(1)直線ℓと直線ACは交わらないので，平行です。

(2)$\ell\perp$BDとなります。

(3)(4)直線ℓとの距離はそれぞれ，

点A…4　点B…1　点C…4　点D…5

点E…2　点F…6

これより，最も短い点はB

最も長い点はF

2

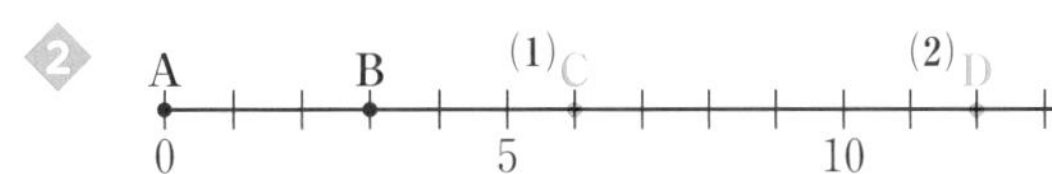

解き方

(1)AB＝3なので，

AC＝2AB＝2×3＝6

(2)AB＝3なので，

AD＝4AB＝4×3＝12

3 (1)**AB∥DC** (2)**BC⊥DF** (3)**∠EDF(∠FDE)**

(4)**線分DE**

解き方

(1)平行を表す記号は∥

(2)垂直を表す記号は⊥

(3)∠Dとは表せないので注意します。

(4)点Dから辺ABにひいた垂線になります。

4

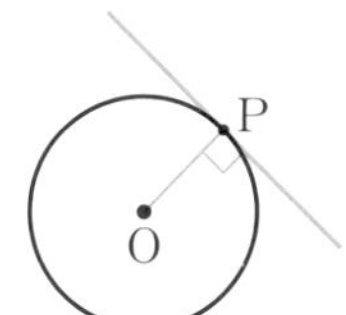

解き方

まず，中心Oと点Pを結びます。線分OPに，点Pを角の中心として90°となる点を分度器でとり，その点とPを通る直線をひきます。

5

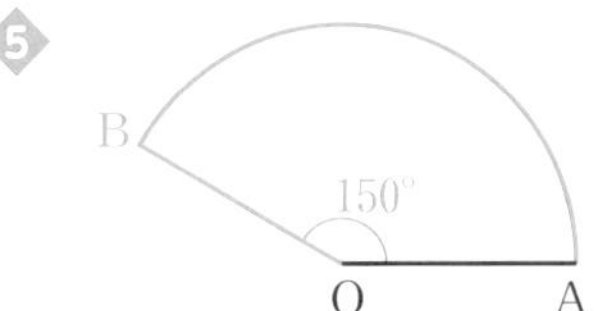

解き方

まず，OAからの角度が150°となる角をかきます。その角とOを中心とする半径OAの円との交点をBとします。

6 **(1)円周の長さ…10πcm**
面積…25πcm^2
(2)弧の長さ…10πcm
面積…40πcm^2
(3)中心角…270°　面積…27πcm^2
(4)中心角…108°　面積…30πcm^2

解き方
(1)直径10cmの円だから，半径は5cmです。
円周の長さは，$2\pi\times5=10\pi$(cm)
面積は，$\pi\times5^2=25\pi$(cm^2)
(2)半径8cm，中心角225°のおうぎ形だから，
弧の長さは，$2\pi\times8\times\frac{225}{360}=10\pi$(cm)
面積は，$\pi\times8^2\times\frac{225}{360}=40\pi$(cm^2)
(3)おうぎ形の中心角をx°とすると，半径6cm，
弧の長さ9πcmだから，
中心角は，$2\pi\times6\times\frac{x}{360}=9\pi$
これを解くと，$x=270$
面積は，$\pi\times6^2\times\frac{270}{360}=27\pi$(cm^2)
(4)おうぎ形の中心角をx°とすると，半径10cm，
弧の長さ6πcmだから，
中心角は，$2\pi\times10\times\frac{x}{360}=6\pi$
これを解くと，$x=108$
面積は，$\pi\times10^2\times\frac{108}{360}=30\pi$(cm^2)

理解のコツ
・直線・平面の関係は，交わる・交わらないが基本です。交わるときには垂直かどうか，交わらないときには平行かどうかを考えるとよいです。
・おうぎ形の弧の長さや面積は，このあとの章などでもよく使います。きちんと公式を覚えておこう。

p.97 ぴたトレ1

1

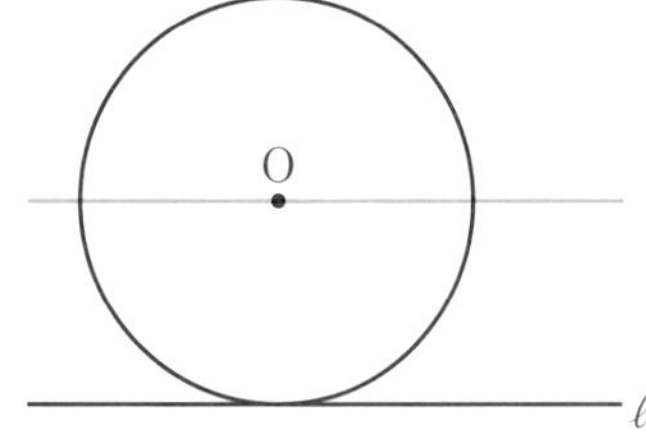

解き方
点Oと直線ℓとの距離は，円Oの半径になるので，距離は一定です。よって，円Oの中心の集合と直線ℓは平行になります。

2

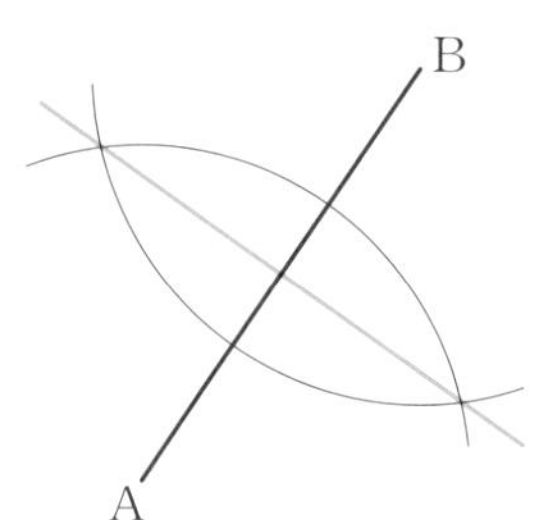

解き方
作図の手順
①点Aを中心として，適当な半径の円をかきます。
②点Bを中心として，①と等しい半径の円をかきます。
③①と②でかいた円の2つの交点を結びます。

3 (1)

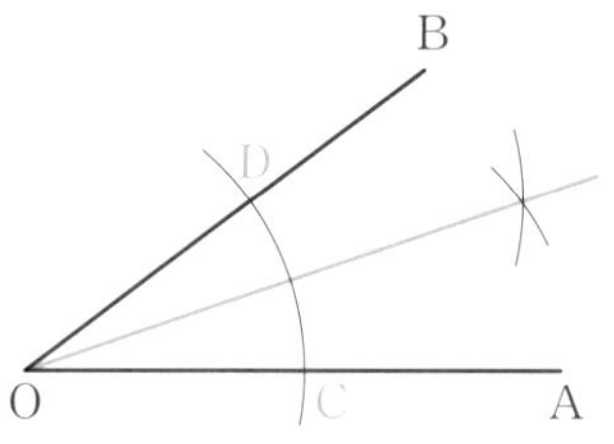

(2)

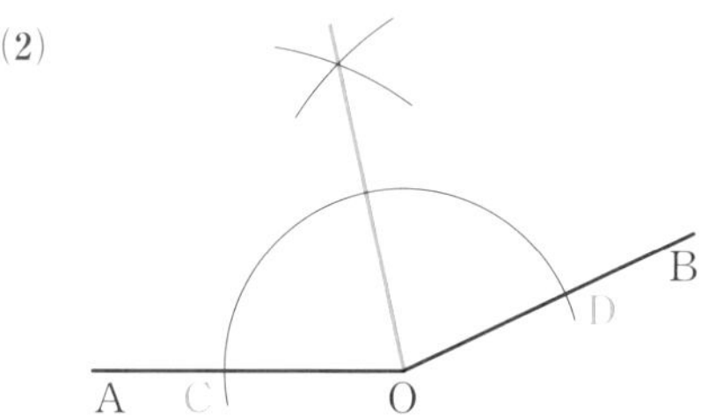

解き方
作図の手順
①点Oを中心とする円をかき，半直線OA，OBとの交点をそれぞれC，Dとします。
②点C，Dをそれぞれ中心とし，半径が等しい円を交わるようにかきます。
③②で交わった点と点Oを結びます。

p.99 ぴたトレ1

1 (1)

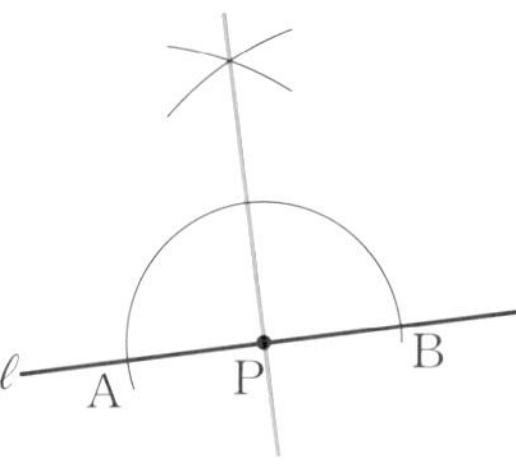

(2)

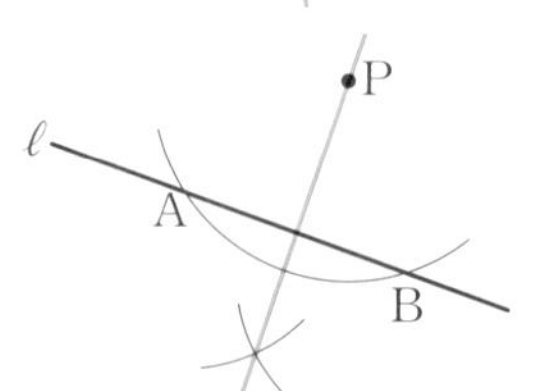

解き方

作図の手順

①点Pを中心とする円をかき，直線ℓとの交点をそれぞれA，Bとします。

②点A，Bをそれぞれ中心とする等しい半径の円を交わるようにかきます。

③②で交わった点と点Pを結びます。

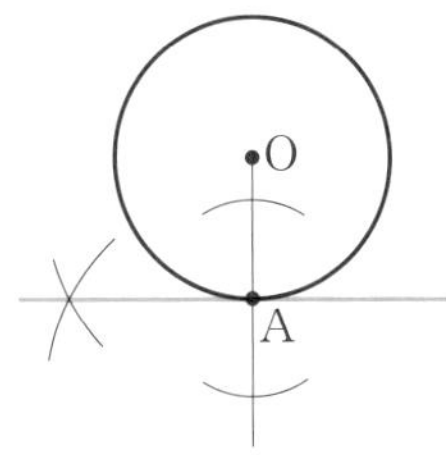

解き方

円の接線は，その接点を通る半径に垂直であることを利用します。

作図の手順

①半直線OAをひきます。

②点Aを通る半直線OAの垂線をひきます。

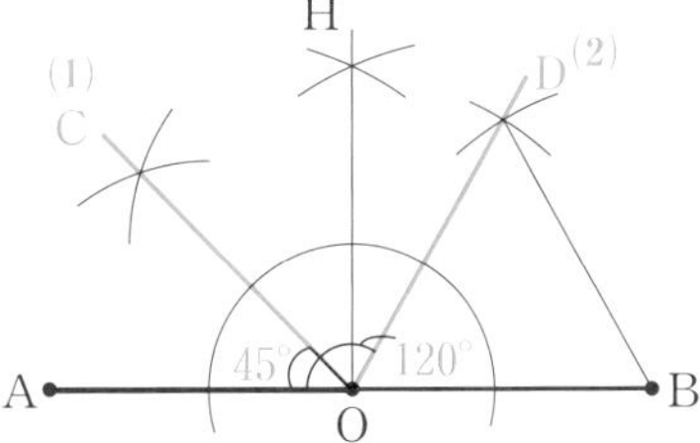

解き方

(1)45°は90°の半分であることを利用します。

作図の手順

①点Oを通る線分ABの垂線OHをひきます。

②∠AOHの二等分線をひきます。

(2)120°＝90°＋30°だから，(1)で作図した∠AOH＝90°を使うと，あと30°の角を作図すればよいとわかります。

作図の手順

①点O，Bを中心として，半径がOBの円を交わるようにかきます。(正三角形の作図)

②①の交点と点Oを結びます。

p.101 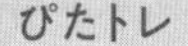

ぴたトレ1

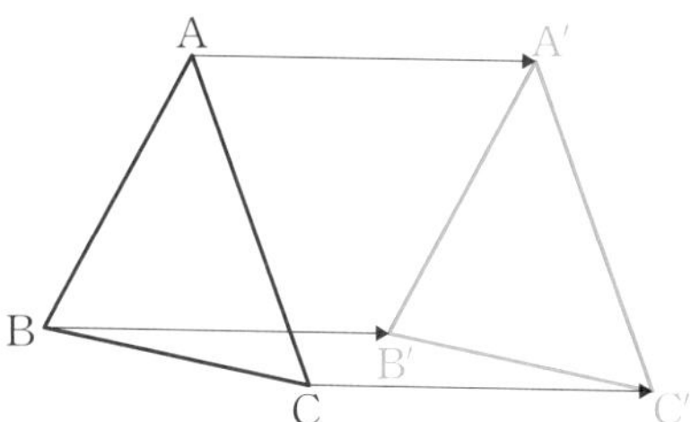

解き方

頂点A，B，Cに対応するのはそれぞれ頂点A′，B′，C′です。対応する点を結ぶ線分は平行で，その長さはどれも等しくなることを使ってかきます。

AA′//BB′//CC′，AA′＝BB′＝CC′となります。

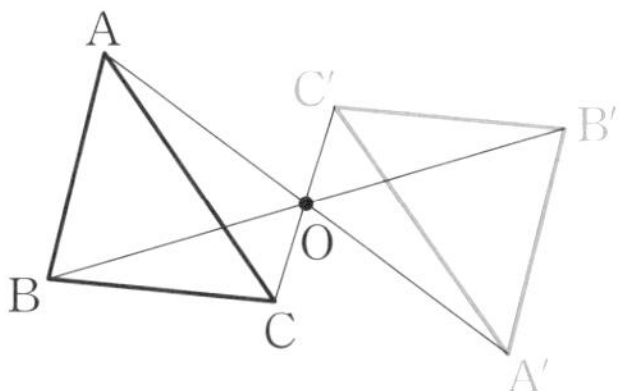

解き方

回転の中心は対応する2点から等しい距離にあり，対応する点と回転の中心が一直線になるようにかきます。

AO＝A′O，BO＝B′O，CO＝C′Oとなります。

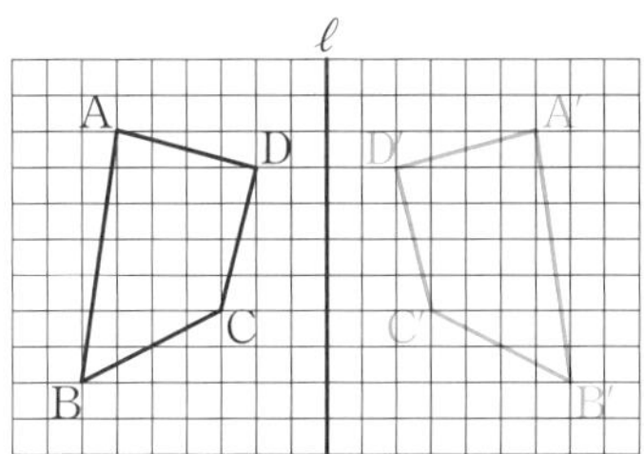

解き方

対応する2点を結ぶ線分が直線ℓと垂直に交わり，対応する点と直線ℓとの距離が等しくなるようにかきます。

点Aから，ℓまでの距離は6だから，点Aからひいた垂線上の点Aと反対側の，ℓからの距離が6のところに点A′をとります。

4 平行移動と対称移動

解き方

△A′B′C′は△ABCを，AからA′の方向にAA′の長さだけ平行移動させた図です。

次に，△PQRは△A′B′C′を，直線ℓを対称軸として対称移動させた図です。

p.102〜103 ぴたトレ2

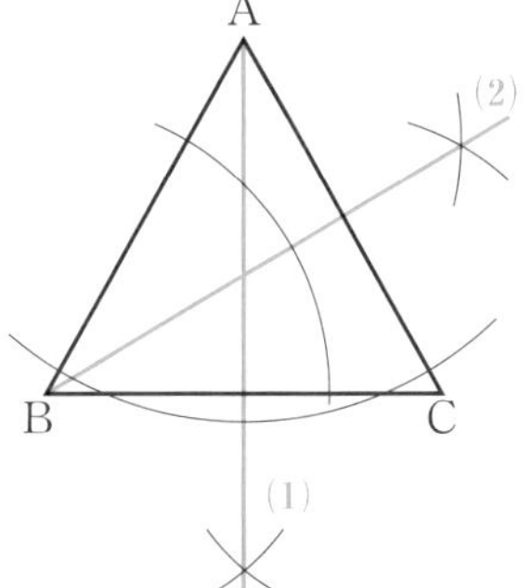

解き方

(1)点Aを通り辺BCに垂直な直線をひきます。

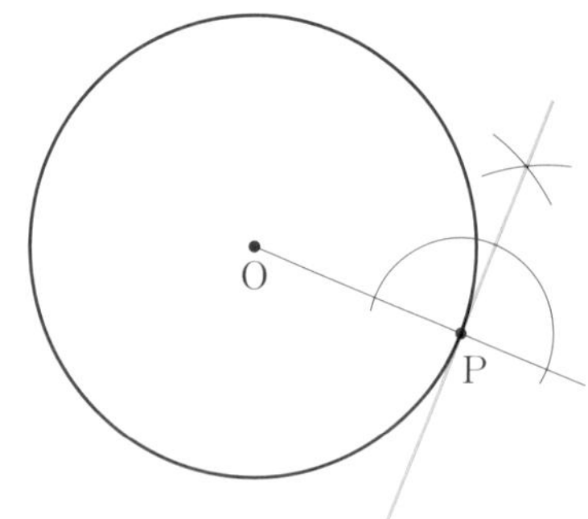

解き方　半直線OPをひき，点Pを通る半直線OPの垂線をひきます。

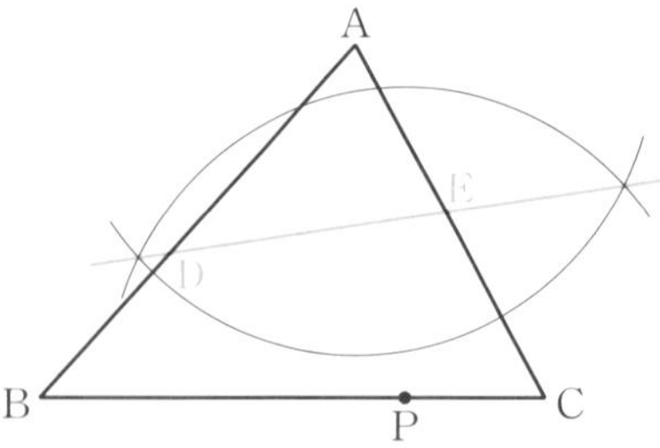

解き方　線分APをひくと，折り目となる直線DEは線分APを垂直に二等分します。

作図の手順

①APの垂直二等分線をひきます。

②辺ABと①の交点が点Dです。

③辺ACと①の交点が点Eです。

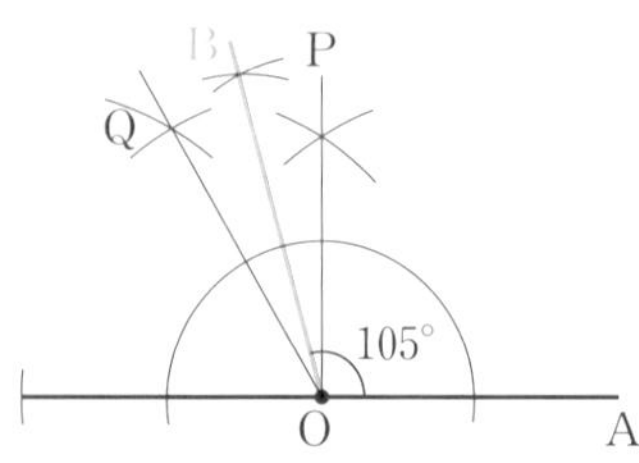

解き方　105°＝90°＋15°だから，90°と15°の角を作図すればよいです。

作図の手順

①点Oを通るOAの垂線OPをひきます。

②点Oを頂点とし，1辺が直線OA上にある正三角形を点Oより左側にかき，OA上にない頂点をQとします。

③∠POQの二等分線OBをひきます。

(1)線分D′E　(2)線分C″F′　(3)AB∥A″B″

解き方

(1)台形A′B′C′D′は台形ABCDを，直線ℓを対称軸として対称移動させたものです。対応する点と対称軸との距離は等しいから，DE＝D′Eです。

(2)台形A″B″C″D″は台形A′B′C′D′を，直線mを対称軸として対称移動させたものだから，C′F′＝C″F′です。

(3)辺ABを対称移動（裏返して）させて辺A′B′，さらに辺A′B′を対称移動（裏返して）させて辺A″B″だから，AB∥A″B″です。

6

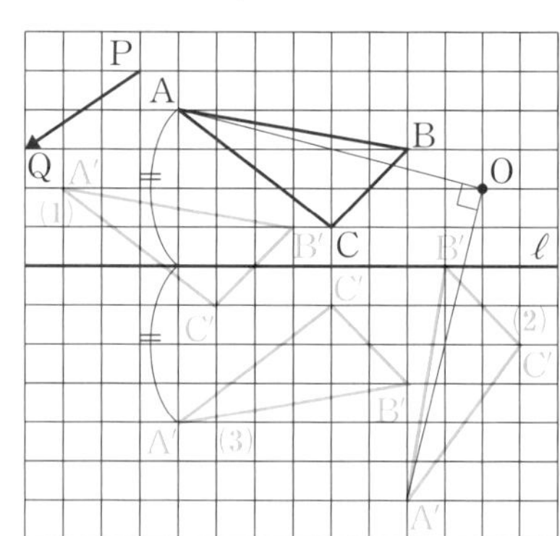

解き方

(1)矢印PQは，左に3マス，下に2マス進んでいます。それぞれの頂点を矢印と同じだけ移動させます。

(2)∠AOA′＝90°となるように，点A′をとります。同様にして，点B′，C′をとります。

(3)それぞれの頂点から直線ℓまでの長さを，直線ℓの△ABCと反対側にとります。

7

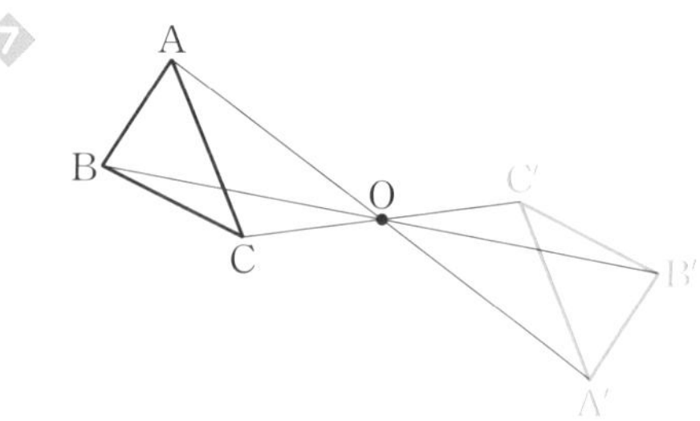

解き方　点対称移動させたとき，対応する点と回転の中心は一直線上になることを使います。

AO＝A′Oとなるように，直線AO上に点A′をとります。同様にして，点B′，C′をとります。

理解のコツ

・垂直二等分線と角の二等分線の基本的な作図ができるようになったら，いろいろな問題に挑戦して，コンパスを使いこなせるようになろう。

・平行移動，回転移動は平面上の移動であるが，対称移動は裏返しの移動であることに注意しよう。

p.104〜105 ぴたトレ3

❶ (1)**AD⊥CD** (2)**AD∥BC** (3)**∠ABD(∠DBA)**
(4)**線分DC**

解き方
平行を表す記号は「∥」，垂直を表す記号は「⊥」
(4)点と直線との距離は，点から直線にひいた垂線の長さです。

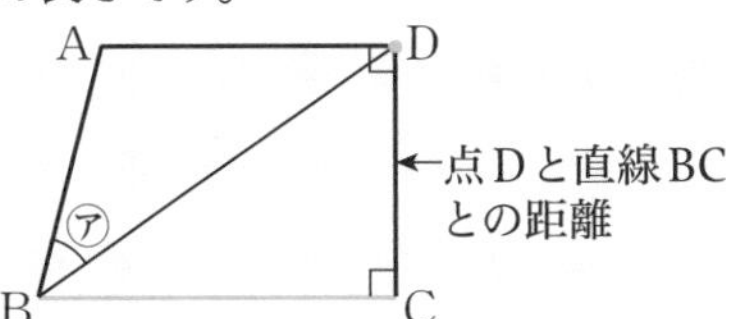

❷

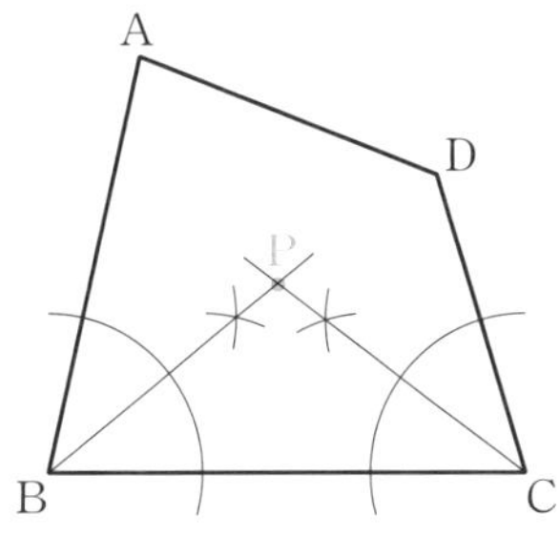

解き方
角の二等分線上の点は，その角を作る2辺までの距離が等しいことを使います。
∠ABCの二等分線と∠DCBの二等分線の交点をPとします。

❸ (1)

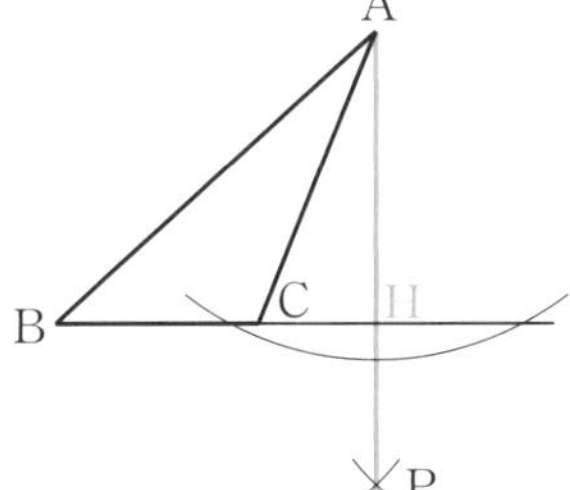

(2)

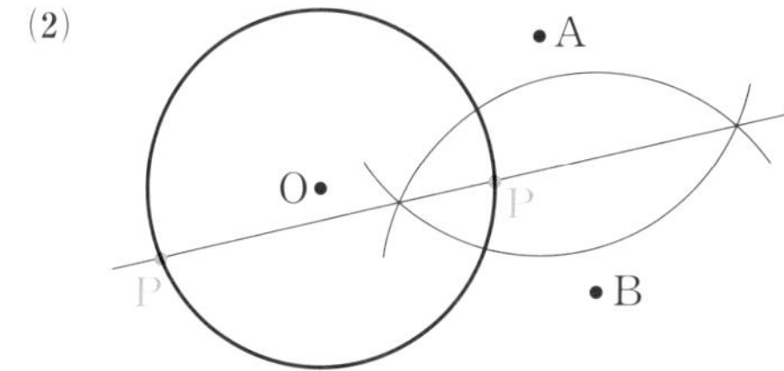

解き方
(1)垂線の作図の手順
①点Aを中心とする円をかき，直線BCとの交点をとります。
②その交点を，それぞれ中心として，半径が等しい円を交わるようにかきます。
③その交点をPとして，直線APをひきます。
④直線BCと直線APの交点がHとなります。
(2)線分ABの垂直二等分線と円Oとの交点が点Pです。

❹ (1)△**OFC** (2)△**CGO** (3)△**DGO**，△**BEO**

解き方
(1)平行移動は，ある方向に一定の長さだけずらす移動のことです。△AEOに対応する点は，それぞれ，A→O，E→F，O→Cになります。

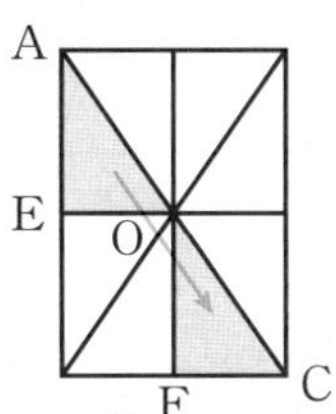

(2)点対称移動は，180°回転移動させる移動のことです。△AEOに対応する点は，それぞれ，A→C，E→G，O→Oになります。

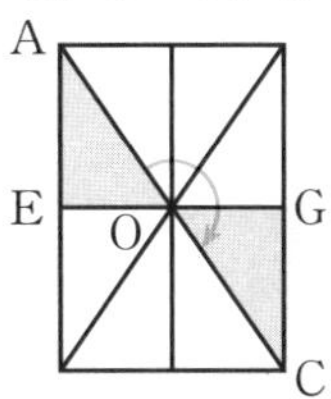

(3)対称軸をHFとしたときに，△AEOを対称移動して重なる三角形は，△DGO

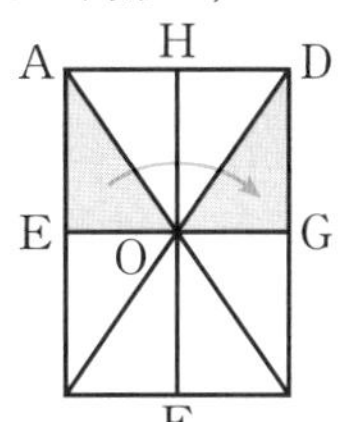

対称軸をEGとしたときに，△AEOを対称移動して重なる三角形は，△BEO

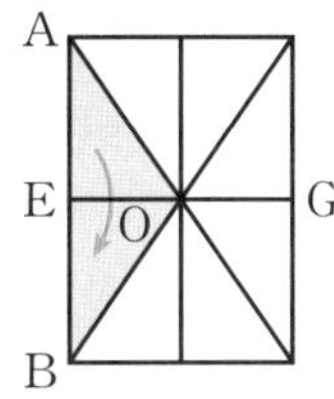

❺ (1)

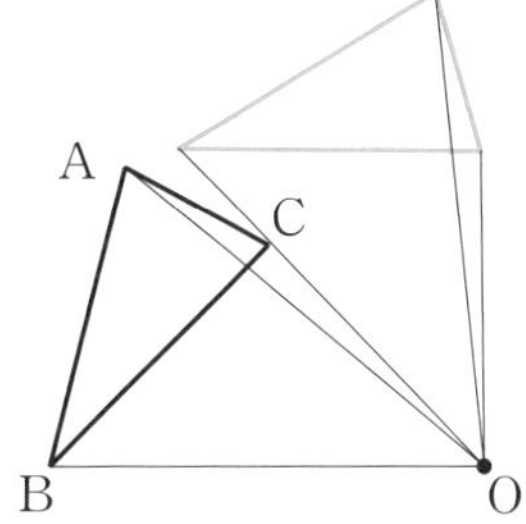

(2)

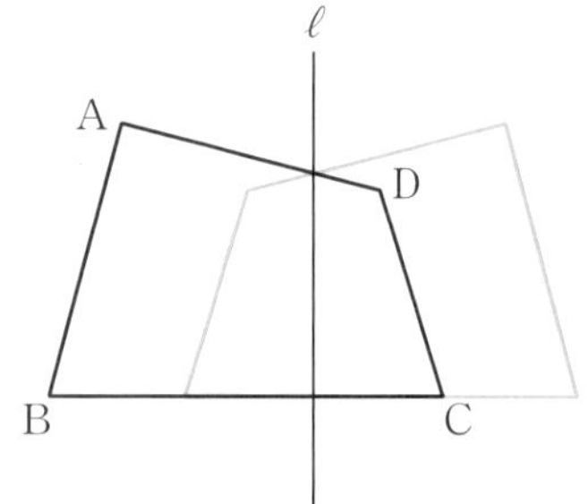

解き方　回転移動，対称移動ともに，移動させたときに移る点をかいて，点どうしを結びます。

❻

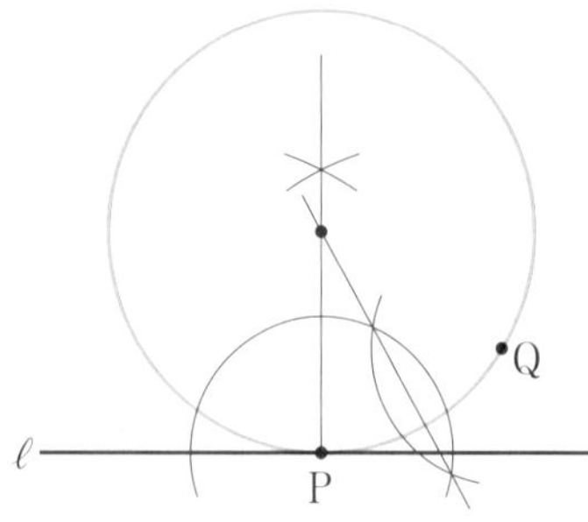

解き方　PQの垂直二等分線は，円の中心を通ることを利用します。
作図の手順
①PQの垂直二等分線をひきます。
②点Pを通る直線ℓの垂線をひきます。
③①，②の交点が円の中心です。

6章　空間の図形

p.107　ぴたトレ0

❶ (1)**四角柱**　(2)**三角柱**

解き方　それぞれの展開図を，点線にそって折り曲げ，組み立てた図を考えます。
見取図をかくと，次のようになります。

(1) 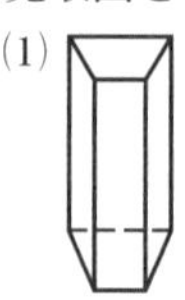　(2) 

❷ (1)**辺IH**　(2)**頂点A，頂点I**

解き方　わかりにくいときは，見取図をかき，頂点をかき入れてみます。

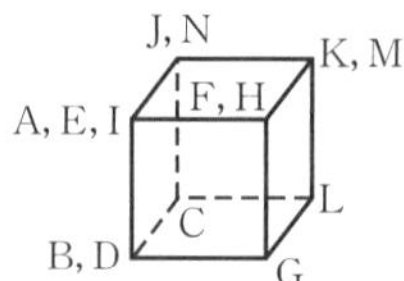

(1)辺HIとしても正解です。

❸ (1)**120 cm³**　(2)**180 cm³**
(3)**2198 cm³**　(4)**401.92 cm³**

解き方　それぞれ，底面積×高さ　で求めます。
(1)$(5\times3)\times8=120$(cm³)
(2)$(6\times10\div2)\times6=180$(cm³)
(3)$(10\times10\times3.14)\times7=2198$(cm³)
(4)底面は，半径が4cmの円です。
$(4\times4\times3.14)\times8=401.92$(cm³)

p.109　ぴたトレ1

1 (1)**円錐**　(2)**円柱**　(3)**球**

解き方　(1)底面が1つなので，錐体になります。
(2)底面が2つなので，柱体になります。
(3)曲面だけでできているのは，球です。

2 **頂点の数…20個**
辺の数…30本

解き方　正十二面体の1つの面の形は正五角形です。
1つの頂点に面が3つ集まっているから，頂点の数は$5\times12\div3=20$(個)です。
1つの辺に面が2つ集まっているから，辺の数は$5\times12\div2=30$(本)です。

3 ㊤

解き方　㋐，㋑，㋒は右のように1つの平面に決まります。

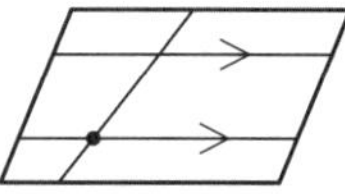

㋓は右のようにいろいろな平面ができます。

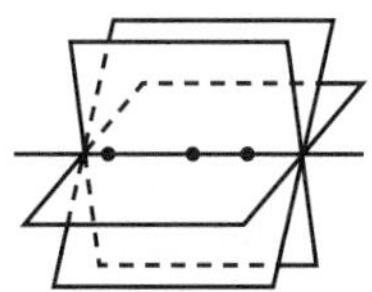

4 (1)**平面DEF** (2)**平面ADEB，平面ADFC**

解き方
(1)直線ACと向かい合う平面から考えます。
(2)1つの辺に2つの面が集まっているから，直線ADがふくまれる平面は2つあります。

p.111 ぴたトレ1

1 (1)**辺CG** (2)**平面EFGH**
(3)**平面AEFB，BFGC，CGHD，AEHD**

解き方
(1)辺CGは，この四角柱の高さで，平面EFGHに垂直になります。
(2)四角柱の底面だから，平面ABCDと平面EFGHは平行になります。
(3)平面ABCDと垂直な直線AE，BF，CG，DHをふくむ平面を見つけます。

2

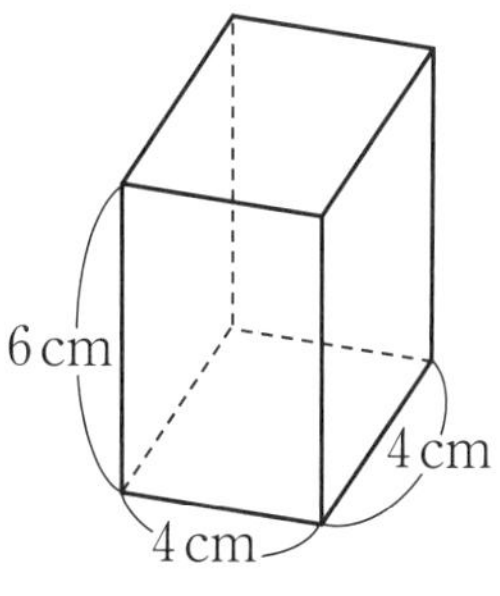

解き方
垂直な方向に6cm動かした長さが，立体の高さになります。したがって，底面が正方形の四角柱(直方体)になります。

3 (1)

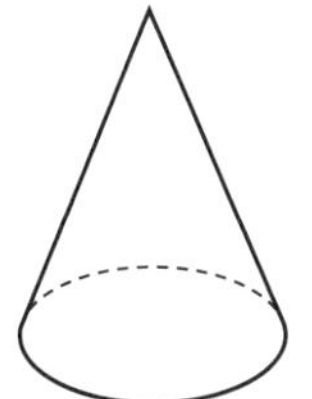

(2)**13cm** (3)**二等辺三角形**

解き方
(1)直角三角形ABCを，直線ℓを回転の軸として1回転させると円錐になります。底面は半径5cmの円になります。
(2)回転体の側面をつくる線分が母線です。
(3)切り口は，△ABCを辺ACを対称軸として対称移動させた図形になります。

p.113 ぴたトレ1

1 **(正)四角錐**

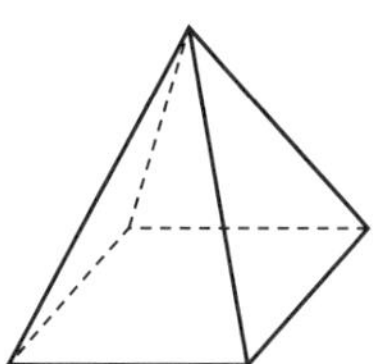

解き方
平面図が四角形だから，底面の形は四角形だとわかります。また，立面図が三角形だから，角錐だとわかります。

2

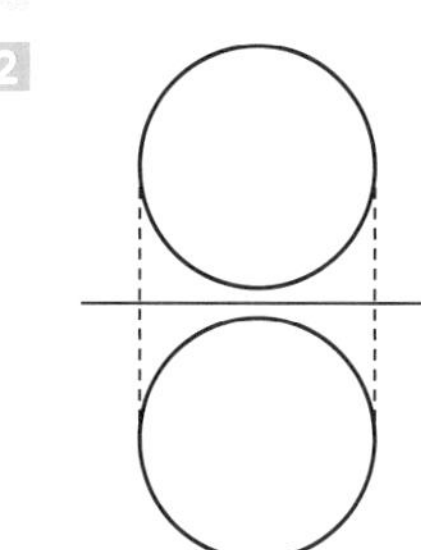

解き方
球はどこから見ても円に見えるので，立面図も平面図も円になります。

3 (1)**辺AB，BC，OB** (2)**点B，E**

解き方
(1)見取図において，展開図でくっついている辺に印をつけて考えます。印のつかない辺が切り開いた辺になります。
(2)辺ABと辺ADが重なり，辺CBと辺CEが重なります。よって，点Dと重なるのは，点Bと点Eです。

4 (1)**8cm** (2)**4πcm**

解き方
(1)展開図のおうぎ形は，円錐の側面になります。円錐の母線がおうぎ形の半径になります。
(2)展開図のおうぎ形の弧の長さは，底面の円周と等しくなります。
$\pi \times 4 = 4\pi$ (cm)

p.114～115 ぴたトレ2

1 (1)㋑，㋓ (2)㋑ (3)㋓ (4)㋑，㋔

解き方
(1)角柱の側面は長方形で，角錐の側面は三角形です。
(2)底面の形はそれぞれ，㋐…三角形，㋑…正方形，㋒…八角形，㋓…六角形，㋔…五角形となります。
(3)辺の数はそれぞれ，㋐…6本，㋑…12本，㋒…16本，㋓…18本，㋔…10本となります。
(4)面の数はそれぞれ，㋐…4つ，㋑…6つ，㋒…9つ，㋓…8つ，㋔…6つとなります。

(1)正四面体　(2)正六面体　(3)正二十面体
(4)正十二面体　(5)正八面体

解き方
(1)正多面体は，正四面体，正六面体，正八面体，正十二面体，正二十面体の5種類しかありません。
(2)面の数が6つの正六面体は，立方体ともよばれます。
(3)正二十面体の面の数は20個です。
(4)1つの面の形は，正四面体…正三角形，正六面体…正方形，正八面体…正三角形，正十二面体…正五角形，正二十面体…正三角形となります。
(5)正八面体は，立方体の対角線の交点を結ぶとできる立体でもあります。

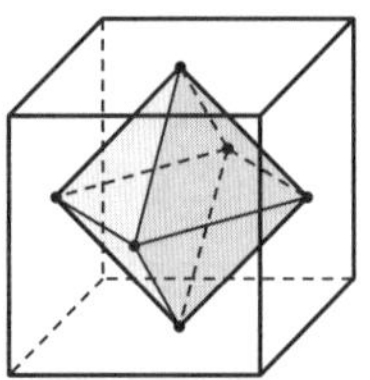

(1)直線AB，BC，EF，EH，AG，GH
(2)直線AG，DJ，EH，FI，GH，JI
(3)平面AGJD，EHIF，GHIJ
(4)平面AGJD，EHIF，AGHEB，DJIFC
(5)辺AG，DJ

解き方
(1)直線AG，GHとBEは，右の図のように延ばすと交わることがわかります。
(2)点B，Cを通る辺すべてに×をつけます。次に，直線BCと平行な直線AD，EF，GJ，HIに×をつけます。残っている直線が，ねじれの位置にある直線です。

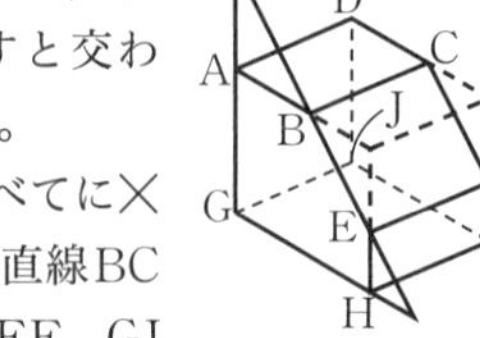

(3)直線BCと平行な直線をふくむ平面を見つけます。
(4)平面GHIJと垂直な直線をふくむ平面を見つけます。
(5)平面ABCDと平面GHIJは平行だから，この2平面と垂直な辺が距離になります。

(1)㋒　(2)㋐　(3)㋑

解き方
立体の中心を通る回転の軸をかき，母線とつくられる図形をかけばわかります。

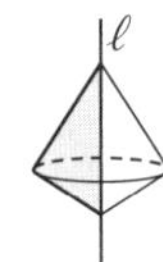

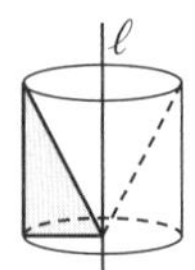

(1)三角柱　(2)四角錐(または正四角錐)

解き方
立体の投影図は，正面から見たときの図と真上から見たときの図を合わせたものです。
(1)立面図が長方形だから，柱体で，底面が三角形なので，三角柱です。
(2)立面図が三角形だから，錐体で，底面が四角形なので，四角錐です。

(1)円錐　(2)6πcm

解き方
(1)底面が円の錐体になるから，円錐です。
(2)展開図のおうぎ形の弧の長さは，底面の円周と等しくなります。
$2\pi\times3=6\pi$(cm)

理解のコツ
・空間の位置関係を問う問題は，何度かやっておくと直感的にわかるようになるよ。
・回転体の見取図をかく問題では，回転する線分と回転の軸との距離に注目して判断しよう。

p.117
ぴたトレ1

1　**(1)84cm^2　(2)168πcm^2**

解き方
角柱や円柱は底面が2個あることに気をつけて，表面積を求めましょう。
(1)展開図の側面は，縦の長さが6cm，横の長さが$(5+4+3)=12$(cm)の長方形になります。
側面積は，$6\times12=72$(cm^2)
底面積は，$\frac{1}{2}\times4\times3=6$(cm^2)
表面積は，$72+6\times2=72+12=84$(cm^2)
(2)展開図の側面は長方形になり，その横の長さは底面の円周と等しくなります。
側面積は，$8\times(2\pi\times6)=96\pi$(cm^2)
底面積は，$\pi\times6^2=36\pi$(cm^2)
表面積は，$96\pi+36\pi\times2=96\pi+72\pi$
$=168\pi$(cm^2)

2　**(1)120cm^2　(2)48πcm^2**

解き方
(1)側面は，底辺が6cm，高さが7cmの二等辺三角形になります。
側面積は，$\left(\frac{1}{2}\times6\times7\right)\times4=84$(cm^2)
底面積は，$6\times6=36$(cm^2)
表面積は，$84+36=120$(cm^2)
(2)展開図の側面は半径が8cmのおうぎ形になります。
側面積は，$\pi\times8^2\times\frac{2\times\pi\times4}{2\times\pi\times8}=32\pi$(cm^2)
底面積は，$\pi\times4^2=16\pi$(cm^2)
表面積は，$32\pi+16\pi=48\pi$(cm^2)

3 **36π cm²**

解き方

できる回転体は，右のような底面が半径3cmの円で，高さが3cmの円柱になります。
側面積は，$3\times(2\pi\times3)=18\pi(\text{cm}^2)$
底面積は，$\pi\times3^2=9\pi(\text{cm}^2)$
表面積は，$18\pi+9\pi\times2=18\pi+18\pi$
$=36\pi(\text{cm}^2)$

4 (1)**225 cm³** (2)**20π cm³**

解き方

角柱や円柱の体積をV，底面積をS，高さをhとすると，$V=Sh$

(1)底面は，底辺が9cm，高さが10cmの三角形だから，$\frac{1}{2}\times9\times10\times5=225(\text{cm}^3)$

(2)底面は，半径2cmの円だから，
$\pi\times2^2\times5=20\pi(\text{cm}^3)$

p.119 ぴたトレ1

1 (1)**40 cm³** (2)**144π cm³**

解き方

角錐や円錐の体積をV，底面積をS，高さをhとすると，$V=\frac{1}{3}Sh$

(1)底面は，底辺が6cm，高さが5cmの三角形だから，$\frac{1}{3}\times\frac{1}{2}\times6\times5\times8=40(\text{cm}^3)$

(2)底面は，半径6cmの円だから，
$\frac{1}{3}\times\pi\times6^2\times12=144\pi(\text{cm}^3)$

2 **表面積…144π cm²　体積…288π cm³**

解き方

半径がrの球の，表面積をS，体積をVとすると，
$S=4\pi r^2$，$V=\frac{4}{3}\pi r^3$
表面積は，$4\pi\times6^2=144\pi(\text{cm}^2)$
体積は，$\frac{4}{3}\pi\times6^3=288\pi(\text{cm}^3)$

3

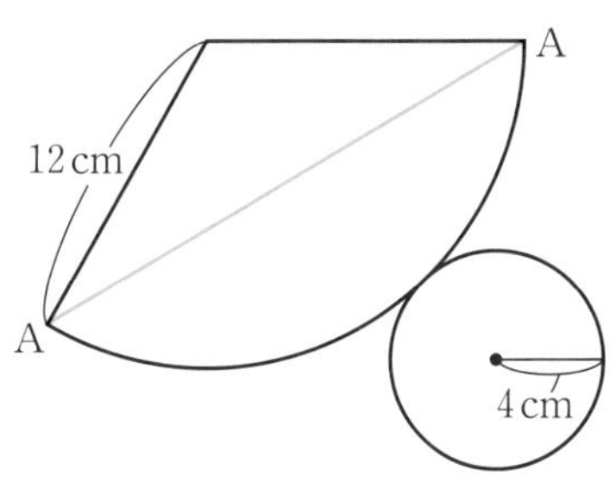

解き方

糸が最短になるのは，AとAを結ぶ線分をひいたときです。

4 **90π cm³**

解き方

半球部分と円柱部分にわけて求めます。
半球の体積は，$\frac{4}{3}\pi\times3^3\times\frac{1}{2}=18\pi(\text{cm}^3)$
円柱の体積は，$\pi\times3^2\times8=72\pi(\text{cm}^3)$
よって，この立体の体積は，
$18\pi+72\pi=90\pi(\text{cm}^3)$

p.120～121 ぴたトレ2

1 (1)**表面積…300π cm²　体積…500π cm³**
(2)**表面積…96 cm²　体積…48 cm³**
(3)**表面積…96π cm²　体積…96π cm³**
(4)**表面積…100π cm²　体積…$\frac{500}{3}\pi$ cm³**

解き方

(1)表面積…側面積は，$5\times(2\pi\times10)=100\pi(\text{cm}^2)$
だから，$100\pi+\pi\times10^2\times2=300\pi(\text{cm}^2)$
体積…$\pi\times10^2\times5=500\pi(\text{cm}^3)$

(2)表面積…$\left(\frac{1}{2}\times6\times5\right)\times4+6\times6$
$=60+36=96(\text{cm}^2)$
体積…$\frac{1}{3}\times6\times6\times4=48(\text{cm}^3)$

(3)表面積…側面積は，
$\pi\times10^2\times\frac{2\times\pi\times6}{2\times\pi\times10}=60\pi(\text{cm}^2)$だから，
表面積は，$60\pi+36\pi=96\pi(\text{cm}^2)$
体積…$\frac{1}{3}\times\pi\times6^2\times8=96\pi(\text{cm}^3)$

(4)表面積は，$4\pi\times5^2=100\pi(\text{cm}^2)$
体積は，$\frac{4}{3}\pi\times5^3=\frac{500}{3}\pi(\text{cm}^3)$

2 (1)**表面積…300π cm²　体積…240π cm³**
(2)**表面積…48π cm²　体積…$\frac{128}{3}\pi$ cm³**

解き方

(1)できる回転体は，右の図のような底面が半径12cmの円で，高さが5cmの円錐になります。

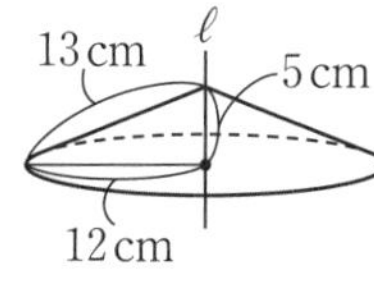

表面積…側面積は，
$\pi\times13^2\times\frac{2\times\pi\times12}{2\times\pi\times13}=156\pi(\text{cm}^2)$
だから，$156\pi+144\pi=300\pi(\text{cm}^2)$
体積…$\frac{1}{3}\times\pi\times12^2\times5=240\pi(\text{cm}^3)$

(2)できる回転体は，右の図のような半径4cmの半球になります。
表面積…$\underbrace{4\pi\times4^2\times\frac{1}{2}}_{\text{球の表面積の}\frac{1}{2}}+\underbrace{\pi\times4^2}_{\text{半球の断面部分}}$
$=32\pi+16\pi=48\pi(\text{cm}^2)$
体積…$\frac{4}{3}\pi\times4^3\times\frac{1}{2}=\frac{128}{3}\pi(\text{cm}^3)$

3 **120°**

解き方

円錐の展開図をかくと，右のようになります。この側面のおうぎ形の中心角は，

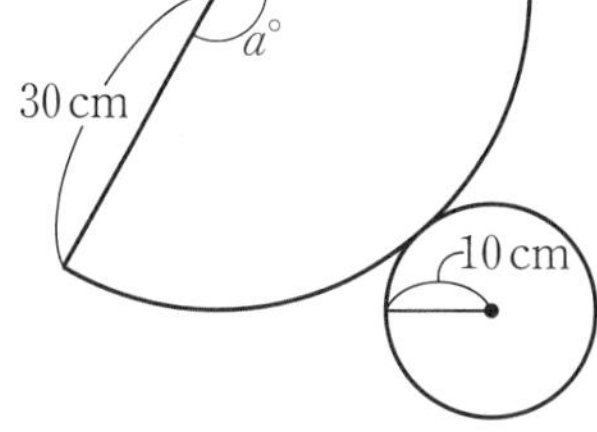

$360° \times \dfrac{2\times\pi\times10}{2\times\pi\times30}$
$=120°$

4 (1)**正三角錐**　(2)**54 cm²**　(3)**36 cm³**

解き方

(1)底面が1つで，その形が正三角形なので，正三角錐です。

(2)△ABCを底面とすると，側面は直角をはさむ2辺が6 cmの直角三角形となります。

$\dfrac{1}{2}\times6\times6\times3=54(\text{cm}^2)$

(3)底面を△ABCとしたときの頂点をOとします。このとき，底面を△OBCとして，頂点をAとする三角錐とみると，体積は，

$\dfrac{1}{3}\times\left(\dfrac{1}{2}\times6\times6\right)\times6=36(\text{cm}^3)$

5 (1)**54π cm²**　(2)**57π cm³**

解き方

(1)円柱の側面積は，

$5\times(2\pi\times3)=30\pi(\text{cm}^2)$

円錐の側面積は，

$\pi\times5^2\times\dfrac{2\times\pi\times3}{2\times\pi\times5}=15\pi(\text{cm}^2)$

よって，この立体の表面積は，

$30\pi+15\pi+\pi\times3^2=54\pi(\text{cm}^2)$

(2)円柱の体積は，$\pi\times3^2\times5=45\pi(\text{cm}^3)$

円錐の体積は，$\dfrac{1}{3}\times\pi\times3^2\times4=12\pi(\text{cm}^3)$

よって，この立体の体積は，

$45\pi+12\pi=57\pi(\text{cm}^3)$

6

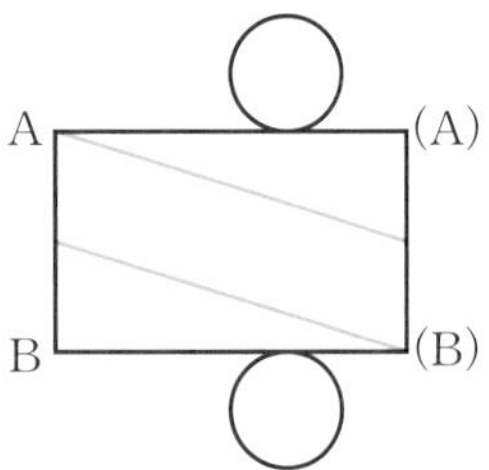

解き方

円柱の側面の展開図は長方形です。
両端が母線ABになるように展開図をかくと，側面の2周の最短は，Aから(A)(B)の中点までの線分とABの中点から(B)までの線分になります。

理解のコツ

・立体の体積や表面積で基本的な形のものが求められるようになったら，いろいろな形の立体，立体と立体が組み合わさった形や回転体などの体積や表面積も求められるように練習しよう。

p.122～123　ぴたトレ3

1 (1)**直線AD，MN，FG**
(2)**直線MN，FG，EF，MF，AM**
(3)**平面AEFM，DHGN**
(4)**平面AMND，AEHD，EFGH，MFGN**

解き方

(2)交わりもせず，平行でもない2直線がねじれの位置です。
辺NGは，延長すると辺DHの延長と交わるので，ねじれの位置ではありません。
(3)辺MNと直角に交わる面を見つけます。
(4)平行な面DHGN以外のすべての面です。

2

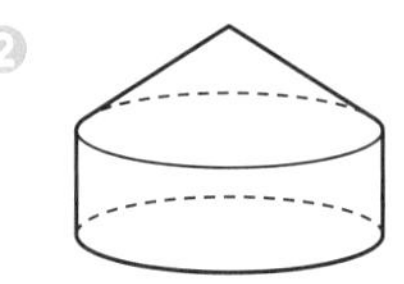

解き方

回転させる図形を2つに分けると，上が三角形で，下が長方形になります。上の三角形をℓを回転の軸として1回転させると，円錐になります。
下の長方形をℓを回転の軸として1回転させると，円柱になります。
よって，1回転させてできる立体は，円柱の上に円錐がのっている形になります。

3 (1)**円柱**　(2)**正三角柱**

解き方

(1)立面図が正方形，平面図が円だから，この立体は円柱です。
(2)右の図のような角柱になります。

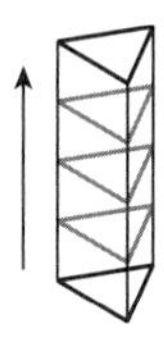

4 (1)**10568 cm²**　(2)**256 cm²**

解き方

(1)側面積は，$40\times(60+25+39+52)$
$=40\times176=7040(\text{cm}^2)$

底面積は，2つの三角形の和と考えて，

$\left(\dfrac{1}{2}\times60\times25+\dfrac{1}{2}\times52\times39\right)\times2$
$=(750+1014)\times2$
$=1764\times2$
$=3528(\text{cm}^2)$

よって，表面積は，$7040+3528=10568(\text{cm}^2)$

(2)側面積は，$\dfrac{1}{2}\times8\times12\times4=192(\text{cm}^2)$

底面積は，$8\times8=64(\text{cm}^2)$

よって，表面積は，$192+64=256(\text{cm}^2)$

5 (1)$\mathbf{12\pi cm^3}$　(2)$\mathbf{144\pi cm^3}$

解き方

(1)$\frac{1}{3}\times\pi\times2^2\times9=12\pi(\text{cm}^3)$

(2)$\frac{4}{3}\pi\times6^3\times\frac{1}{2}=144\pi(\text{cm}^3)$

6 (1)$\mathbf{162\pi cm^2}$　(2)$\mathbf{162\pi cm^3}$

解き方

(1)側面積は，半径6cmの円柱の分と，半径3cmの円柱の分になります。
$6\times2\pi\times6+6\times2\pi\times3$
$=72\pi+36\pi$
$=108\pi(\text{cm}^2)$
底面積は，
$(\pi\times6^2-\pi\times3^2)\times2$
$=(36\pi-9\pi)\times2$
$=27\pi\times2$
$=54\pi(\text{cm}^2)$
よって，表面積は，$108\pi+54\pi=162\pi(\text{cm}^2)$となります。

(2)底面は，半径6cmの円から，半径3cmの円を抜いたドーナツの形をしていると考えます。体積は，
$(\pi\times6^2-\pi\times3^2)\times6$
$=(36\pi-9\pi)\times6$
$=27\pi\times6$
$=162\pi(\text{cm}^3)$

7 (1)$\mathbf{12\pi cm^2}$　(2)$\mathbf{16\pi cm^2}$

解き方

(1)半径6cmの円の円周と，円錐の底面の円の円周の3周分が等しいことから，底面の円の半径を$r$cmとおくと，
$2\pi\times r\times3=2\pi\times6$
よって，$r=2$
側面のおうぎ形の面積は，
$\pi\times6^2\times\frac{2\times\pi\times2}{2\times\pi\times6}=12\pi(\text{cm}^2)$

(2)底面積は，$\pi\times2^2=4\pi(\text{cm}^2)$
よって，表面積は，$12\pi+4\pi=16\pi(\text{cm}^2)$

8 $\mathbf{\frac{8}{3}}$ **cm**

解き方

できる三角錐の体積は，
EB＝BF＝4cmより，△EBFを底面とみると，
高さはAD＝CD＝8cmだから，
$\frac{1}{3}\times\left(\frac{1}{2}\times4\times4\right)\times8=\frac{64}{3}(\text{cm}^3)$
△DEFの面積は，
$8\times8-\left(\frac{1}{2}\times4\times4+\frac{1}{2}\times4\times8\times2\right)$
$=64-40$
$=24(\text{cm}^2)$
よって，△DEFを底面とした三角錐の高さを$x$cmとすると，
$\frac{1}{3}\times24\times x=\frac{64}{3}$，$x=\frac{8}{3}$

7章　データの分析

p.125　ぴたトレ0

1 (1)**24 m**　(2)**23.5 m**　(3)**23 m**

(4)

距離(m)	度数(人)
以上　未満 15 ～ 20	3
20 ～ 25	5
25 ～ 30	4
30 ～ 35	2
計	14

(5)

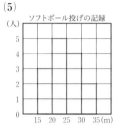

ソフトボール投げの記録

(人)

5 4 3 2 1 0

15 20 25 30 35(m)

解き方　(1)データの値の合計は336，データの個数は14だから，$336 \div 14 = 24$(m)

(2)データの個数が14だから，7番目と8番目の値の平均値を求めます。

$(23 + 24) \div 2 = 23.5$(m)

p.127　ぴたトレ1

1 **35点**

解き方　データの最大値から最小値をひいた差を範囲といいます。データを小さい順に並べて考えます。

46，48，53，59，69，72，78，81となるので，

$81 - 46 = 35$(点)

2 (1)**4 m**　(2)(3)**下の図**

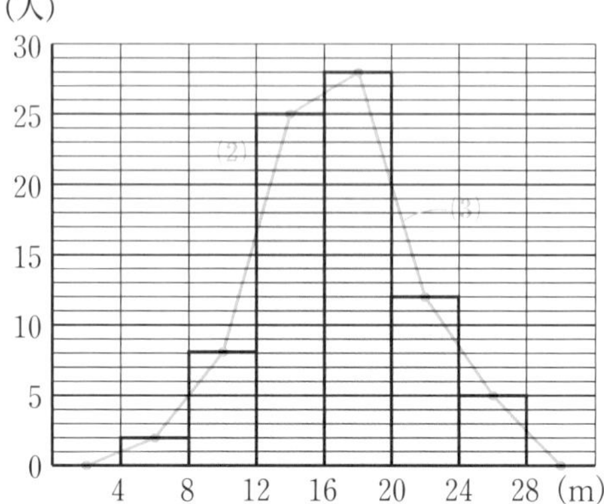

解き方　(1)4 ～ 8などの6つの区間が階級で，その区間の幅が階級の幅です。

$8 - 4 = 4$(m)

(2)それぞれの階級の長方形の高さは，度数を表します。度数分布表から読み取ります。

(3)ヒストグラムの長方形の上の辺の中点を折れ線で結びます。また，ヒストグラムから度数分布多角形をかくときは，左右の両端に度数が0の階級があるものとします。

3 (1)㋐**0.46**　㋑**0.28**

(2)**0.34**

解き方　(1)$(\text{相対度数}) = \dfrac{(\text{階級の度数})}{(\text{度数の合計})}$で求めます。

㋐$\dfrac{23}{50} = 0.46$　㋑$\dfrac{14}{50} = 0.28$

相対度数の合計は1で，四捨五入により少しずれたときには1になるように調整します。

(2)160 cm以上170 cm未満の階数の相対度数と，170 cm以上180 cm未満の階数の相対度数の合計を求めればよいので，$0.28 + 0.06 = 0.34$

p.129　ぴたトレ1

1 (1)㋐**16**　㋑**37**　㋒**0.250**　㋓**0.700**　㋔**1**

(2)**0.7**　(3)**150 cm以上160 cm未満の階級**

解き方　最小の階級から各階級までの，度数の総和が累積度数で，相対度数の総和が累積相対度数です。

(1)㋐$6 + 10 = 16$(人)

㋑$28 + 9 = 37$(人)

㋒$10 \div 40 = 0.250$←他の相対度数の桁と合わせる

㋓$0.400 + 0.300 = 0.700$

$\dfrac{28}{40} = 0.700$と求めてもよいです。

㋔最後の累積相対度数は，必ず1になります。

(2)160 cm未満の度数は累積度数より，28人です。

$28 \div 40 = 0.7$

(3)度数の総和が40人だから，中央値は20番目と21番目の平均になります。よって，中央値は150 cm以上160 cm未満の階級にふくまれます。

2 (1)㋐**55**　㋑**75**　㋒**6**　(2)**55 kg**

解き方　(1)階級値は，階級の中央の値です。

㋐$(50 + 60) \div 2 = 55$(kg)

㋑$(70 + 80) \div 2 = 75$(kg)

㋒$20 - (4 + 9 + 1) = 6$(人)

(2)最大の度数は9人で，その階級は50 kg以上60 kg未満です。

p.131　ぴたトレ1

1 (1)**上から順に，0.41，0.40，0.39，0.42，0.38，0.38**

0.40，0.40，0.40

(2)**下の図**　(3)**およそ0.40**

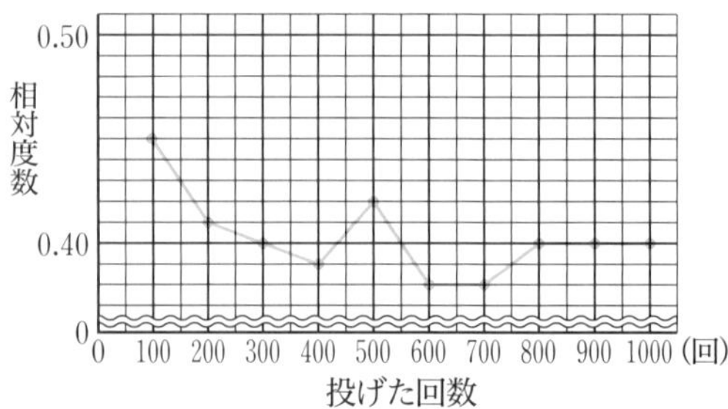

解き方

(1)それぞれの相対度数は,

200回…$\frac{81}{200}=0.4\overset{1}{\cancel{05}}$　300回…$\frac{120}{300}=0.40$

400回…$\frac{157}{400}=0.39\cancel{25}$　500回…$\frac{210}{500}=0.42$

600回…$\frac{228}{600}=0.38$　700回…$\frac{266}{700}=0.38$

800回…$\frac{320}{800}=0.40$　900回…$\frac{356}{900}=0.\overset{40}{\cancel{395}}\cdots$

1000回…$\frac{398}{1000}=0.\overset{40}{\cancel{398}}$

(2)各回の相対度数の値の点をグラフに取り,点を折れ線で結びます。

(3)相対度数がある一定の値に近づくとき,その値が,そのことがらの起こる確率となります。(2)のグラフより,0.40に近づくと考えられます。

2 (1)㋐**0.61**　㋑**0.60**　(2)**上向きになる確率**

解き方

(1)㋐$\frac{305}{500}=0.61$　㋑$\frac{596}{1000}=0.\overset{60}{\cancel{596}}$

(2)各実験回数の上向きになることの相対度数が0.5を超えているので,上向きになることのほうが起こりやすいと考えられます。

p.132~133　ぴたトレ2

1 **2組**

解き方

それぞれのデータを小さい順に並べて考えます。

1組…4, 4, 5, 5, 5, 5, 6, 6, 6, 7, 7, 7, 8, 9, 10

2組…2, 3, 4, 4, 5, 5, 5, 6, 6, 6, 7, 7, 8, 8, 9

(範囲)=(最大値)−(最小値)だから,1組の範囲は10−4=6(点),2組の範囲は9−2=7(点)です。

2 (1)**5kg**　(2)**4**

(3)**55kg以上60kg未満**

(4)**下の図**　(5)**47.5kg**

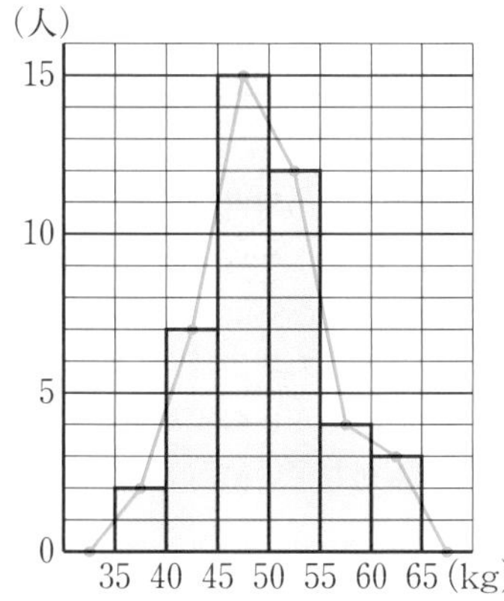

解き方

(1)40−35=5(kg)

(2)43−(2+7+15+12+3)=4

(3)50kg以上55kg未満の階級に55kgはふくめません。

(4)度数分布多角形をかくときは,左右の両端をかき忘れないようにしましょう。

(5)最大の度数15をもつ階級の階級値だから,

(45+50)÷2=47.5(kg)

3 (1)㋐**38**　㋑**46**　㋒**0.76**　㋓**0.92**

(2)**0.64**　(3)**下の図,25m以上30m未満の階級**

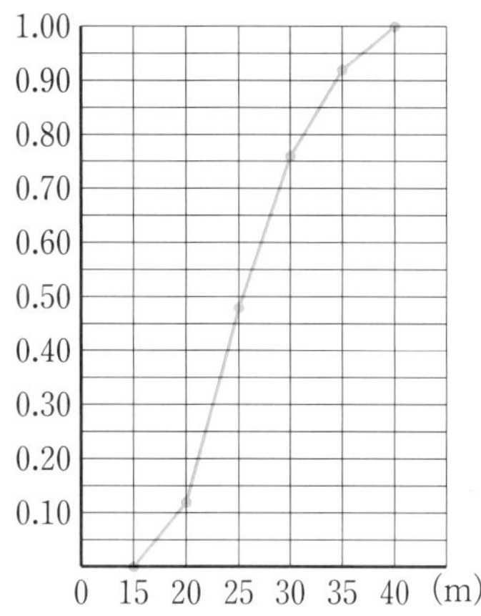

解き方

(1)㋐24+14=38(人)

㋑38+8=46(人)

㋒0.48+0.28=0.76

㋓0.76+0.16=0.92

(2)20m以上25m未満と25m以上30m未満の度数の合計は18+14=32(人)です。よって,割合は32÷50=0.64

(3)15m以上20m未満の階級の累積相対度数が0.12なので,グラフの(20, 0.12)に点をとります。他の階級も同様に点をとり,折れ線で結びます。15m未満の度数は0と考えて,(15, 0)に点をとります。

また,中央値は,累積相対度数0.50をふくむ25m以上30m未満の階級にふくまれます。

4 (1)㋐**0.21**　㋑**0.21**　㋒**0.22**　㋓**0.22**

(2)**それ以外になる確率**

解き方

(1)㋐$\frac{83}{400}=0.2\overset{1}{\cancel{075}}$　㋑$\frac{124}{600}=0.2\overset{1}{\cancel{06}}\cdots$

㋒$\frac{174}{800}=0.2\overset{2}{\cancel{175}}$　㋓$\frac{215}{1000}=0.2\overset{2}{\cancel{15}}$

(2)各実験回数の表向きになることの相対度数が0.5を超えていないので,それ以外になることのほうが起こりやすいと判断できます。

理解のコツ

・範囲や階級値など,言葉の意味をはっきりさせて,正しく使えるようにしておこう。

・度数分布表から代表値を求める問題は重要です。計算に慣れるように何回も練習をしよう。

p.134〜135 ぴたトレ3

1 **(1)バレーボール部　(2)10 cm**

(3)バレーボール部…165 cm

サッカー部…155 cm

(4)バレーボール部

…160 cm 以上 170 cm 未満の階級

サッカー部…160 cm 以上 170 cm 未満の階級

(5)

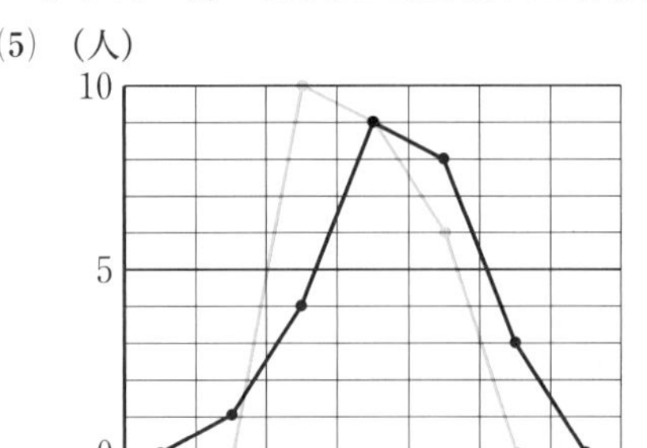

解き方

(1)最大値と最小値がわからないので，データの散らばり具合で考えます。

バレーボール部は，140 cm 以上 150 cm 未満の階級から，180 cm 以上 190 cm 未満の階級まで，サッカー部は，150 cm 以上 160 cm 未満の階級から，170 cm 以上 180 cm 未満の階級までにデータが散らばっています。散らばりが大きいほうが，範囲が大きいといえます。

(2)$150-140=10$(cm)

(3)バレーボール部…最大の度数をもつ階級は，160 cm 以上 170 cm 未満だから，

$(160+170)\div 2=165$(cm)

サッカー部…最大の度数をもつ階級は，150 cm 以上 160 cm 未満だから，

$(150+160)\div 2=155$(cm)

(4)どちらも度数の合計が25人なので，中央値は13番目の人の値になります。

よって，13番目の人をふくむ階級を見つけます。

(5)各階級の中点を折れ線で結んだグラフになります。

2

時間(分)	度数(人)	累積度数(人)	相対度数	累積相対度数
以上 未満 0〜10	3	3	0.06	0.06
10〜20	9	12	0.18	0.24
20〜30	18	30	0.36	0.60
30〜40	12	42	0.24	0.84
40〜50	8	50	0.16	1
計	50		1	

解き方

・累積度数は，最小の階級から各階級までの度数の総和です。求める階級の1つ前の階級の累積度数にその階級の度数をたします。

・$(\text{相対度数})=\dfrac{(\text{階級の度数})}{(\text{度数の合計})}$で求めます。

・累積相対度数は，求める階級の1つ前の階級の累積相対度数にその階級の相対度数をたします。

$\dfrac{(\text{累積度数})}{(\text{度数の合計})}$で求めることもできます。

3 **(1)㋐45　㋑16　㋒880　㋓2160　(2)54 kg**

解き方

(1)㋐$(40+50)\div 2=45$(kg)

㋑$40-(2+12+8+2)=16$(人)

㋒$55\times 16=880$

㋓$70+540+880+520+150=2160$

(2)度数分布表から平均値を求めるときは，

$(\text{平均値})=\dfrac{\{(\text{階級値})\times(\text{度数})\text{の合計}\}}{(\text{度数の合計})}$に

あてはめます。

$\dfrac{2160}{40}=54$(kg)

4 **(1)㋐0.647　㋑0.631　㋒0.632　㋓0.631**

(2)表が出る確率

解き方

(1)㋐$\dfrac{453}{700}=0.6471\cdots$　㋑$\dfrac{505}{800}=0.63125$

㋒$\dfrac{569}{900}=0.6322\cdots$　㋓$\dfrac{631}{1000}=0.631$

(2)相対度数が0.5より大きいか小さいかで起こりやすさがわかります。

各実験回数の表が出ることの相対度数が0.5を超えているので，表が出ることのほうが起こりやすいと判断できます。

5 **A選手を選ぶ**

(例)最大値が大きいことから，よい記録を出す可能性があると考えられるから。

B選手を選ぶ

(例)記録の範囲が小さく，平均値がA選手より大きいことから，安定してよい記録を出すと考えられるから。

解き方

A選手のヒストグラムの特徴は，記録の範囲が大きいことです。B選手よりも大きい記録を出していることも特徴の1つです。

B選手のヒストグラムの特徴は，記録の範囲が小さく，安定して同じくらいの記録を出していることです。A選手よりも平均値が大きいことも特徴の1つです。

定期テスト予想問題〈解答〉 p.138～151

p.138～139 予想問題 1

出題傾向

正の数，負の数の計算問題は，今後の中学数学における基本となるので必ず定着させよう。
また，簡単な計算問題は早く確実に解けるように，複雑な計算問題は，ケアレスミスに注意しながら，確実に解けるようにしておこう。

1 (1)**$45=3^2\times5$**
(2)**＋500円，－300円**
(3)**＋2，－2**

解き方
(1)$45=3\times3\times5$で，3×3は累乗の指数を使って表します。
(2)収入は＋，支出は－で表します。
(3)絶対値が2の数は2つあるので気をつけましょう。

2 (1)**－7.8** (2)**－0.01** (3)**9**

解き方
(1)負の数は，絶対値が大きい数ほど小さくなります。
(2)負の数は－0.01，－7.8，－0.1の3つです。負の数は絶対値が小さい数ほど大きくなります。
(3)絶対値は，正の数，負の数に関わらず，数の大きさで考えます。

3 (1)**－5** (2)**15** (3)**－3** (4)**－9**
(5)**－1.3** (6)**－2.4** (7)**$-\frac{2}{3}$** (8)**$-\frac{11}{3}$**

解き方
(1)$(-9)+(+4)$
$=-(9-4)$
$=-5$
(2)$(+6)-(-9)=(+6)+(+9)$
$=+(6+9)$
$=15$
(3)$6-2-7=6-9$
$=-3$
(4)$-1-5-(+3)=-1-5-3$
$=-9$
(5)$(-1.1)-(+0.2)$
$=(-1.1)+(-0.2)$
$=-(1.1+0.2)$
$=-1.3$
(6)$(-3.2)-(-2.4)+(-1.6)$
$=(-3.2)+(+2.4)+(-1.6)$
$=2.4-(3.2+1.6)$
$=2.4-4.8$
$=-2.4$
(7)$-\frac{11}{6}+\frac{5}{3}-\frac{1}{2}=-\frac{11}{6}+\frac{10}{6}-\frac{3}{6}$
$=-\frac{4}{6}=-\frac{2}{3}$
(8)$-2.5-\frac{8}{3}-\left(-\frac{3}{2}\right)$
$=-\frac{25}{10}-\frac{8}{3}+\frac{3}{2}$
$=-\frac{5}{2}-\frac{8}{3}+\frac{3}{2}$
$=\frac{-15-16+9}{6}$
$=-\frac{22}{6}=-\frac{11}{3}$

4 (1)**－32** (2)**16** (3)**72** (4)**－2**
(5)**－9** (6)**2** (7)**－1** (8)**－24**

解き方
(1)$8\times(-4)=-(8\times4)$
$=-32$
(2)$(-4)^2=(-4)\times(-4)$
$=16$
(3)$4\times(-6)\times(-3)=+(4\times6\times3)$
$=72$
(4)$(-8)\div(+4)=-(8\div4)$
$=-2$
(5)$(-3)\div\left(+\frac{1}{3}\right)=(-3)\times(+3)$
$=-9$
(6)$6\times(-1)-(-2)^3=-6-(-8)$
$=-6+8$
$=2$
(7)$-3+(8-4)\div2=-3+4\div2$
$=-3+2$
$=-1$
(8)$6\times\left(-\frac{2}{3}\right)-10\div\frac{1}{2}$
$=-\frac{6\times2}{3}-10\times2$
$=-4-20$
$=-24$

5 $a-b$

解き方
aは正の整数，bは負の整数です。
$a+b$は正の整数か負の整数かわかりません。
$a-b$は正の整数から負の整数をひくので，必ず正の整数になります。つまり，自然数です。
$a\times b$は正の整数と負の整数の積なので，必ず負の数になります。
$a\div b$も正の整数と負の整数の商なので，必ず負の数になります。

6 (1)**13点**　(2)**27点**　(3)**52点**

解き方
(1)$+10-(-3)=13$(点)
(2)$+14-(-13)=27$(点)
(3)$(+2)+(-13)+(-3)+(+10)+(+14)=10$
　$10\div5=2$　$50+2=52$(点)
別解 $(52+37+47+60+64)\div5$
　$=260\div5=52$(点)

p.140～141 予想問題 2

出題傾向
数量を文字を使った式で表す問題は，よく出題され得点の差がつきやすい問題だよ。できなかった問題は，しっかりと復習し，できるようにしよう。
文字式の計算問題は，必ず出題されるよ。全問解けるようにしよう。
また，式の値を求める問題では，負の数を代入するときに，かっこを忘れないように注意しよう。

1 (1)$\boldsymbol{-9a}$　(2)$\boldsymbol{xy^3}$　(3)$\boldsymbol{\frac{3y}{4}}$
(4)$\boldsymbol{-3(y+2)}$　(5)$\boldsymbol{0.1a-\frac{b}{3}}$

解き方
(1)記号×は省きます。
(2)1は省きます。$y\times y\times y$はyyyとせず，累乗の指数を使って，y^3と表します。
(3)わり算は分数の形で表します。$3y\div4=\frac{3y}{4}$
(4)数は文字の前に書きます。-3のかっこはとります。
(5)$0.1\times a$を$0.a$としないように気をつけましょう。記号－は省けません。

2 (1)$\boldsymbol{5\times a\times b\times b}$　(2)$\boldsymbol{(x-5)\div4}$
(3)$\boldsymbol{500-80\times x}$　(4)$\boldsymbol{a\times a\times b\times b\times b\div5}$

解き方
(1)記号×が省かれています。累乗の指数の数だけ同じ文字をかけています。
(2)$\frac{x-5}{4}=(x-5)\div4$ ←分子にかっこをつけます。
(3)省かれているのは$80x$の記号×だけです。
(4)分子を，記号×を使って表します。

3 (1)$\boldsymbol{5a+300}$**(円)**　(2)$\boldsymbol{5x}$**(km)**
(3)$\boldsymbol{\frac{b}{8}}$**(m)**　(4)$\boldsymbol{0.4a}$**(kg)**

解き方
(1)消しゴム5個の代金は$5a$円と表せます。
(2)(道のり)＝(速さ)×(時間)
(3)(全体のひもの長さ)÷8＝(8等分したときの1本分の長さ)
(4)40％は0.4

4 (1)$\boldsymbol{-25}$　(2)$\boldsymbol{-18}$

解き方
(1)$6x-7=6\times(-3)-7$
　$=-18-7$
　$=-25$
(2)$-2x^2=-2\times(-3)^2$
　$=-2\times9$
　$=-18$

5 (1)$\frac{1}{2}$ (2)12

解き方

(1)$-\frac{y}{x}=-y\div x$

$=-(-2)\div 4=\frac{1}{2}$

(2)$2(x-3)-5y$

$=2(4-3)-5\times(-2)$

$=2\times 1+10$

$=2+10$

$=12$

6 (1)$\boldsymbol{7x}$ (2)$\boldsymbol{-8a}$ (3)$\boldsymbol{-0.6x-0.5}$

(4)$\boldsymbol{-x}$ (5)$\boldsymbol{2a}$ (6)$\boldsymbol{4x}$

(7)$\boldsymbol{-16x}$ (8)$\boldsymbol{-10a+4}$

解き方

(1)$3x+4x=(3+4)x$

$=7x$

(2)$-3a-5a=(-3-5)a$

$=-8a$

(3)$0.7x-0.5-1.3x$

$=(0.7-1.3)x-0.5$

$=-0.6x-0.5$

(4)$-\frac{1}{6}x\times 6=-\frac{1}{6}\times 6\times x$

$=-x$

(5)$8a\div 4=\frac{8a}{4}$

$=2a$

(6)$(-32x)\div(-8)=\frac{32x}{8}$

$=4x$

(7)$-12x\div\frac{3}{4}=-12x\times\frac{4}{3}$

$=-16x$

(8)$\frac{5a-2}{7}\times(-14)=(5a-2)\times(-2)$

$=-10a+4$

7 (1)$\boldsymbol{x-2y+7}$ (2)$\boldsymbol{10x-25}$

(3)$\boldsymbol{-13a+7}$ (4)$\boldsymbol{-8x+19}$ (5)$\boldsymbol{x-1}$

(6)$\boldsymbol{3x-4}$

解き方

(1)$(x+5)-2(y-1)$

$=x+5-2y+2$

$=x-2y+5+2$

$=x-2y+7$

(2)$4(x-1)+3(2x-7)$

$=4x-4+6x-21$

$=4x+6x-4-21$

$=10x-25$

(3)$2(a-1)-3(5a-3)$

$=2a-2-15a+9$

$=2a-15a-2+9$

$=-13a+7$

(4)$-3(x-4)-(5x-7)$

$=-3x+12-5x+7$

$=-3x-5x+12+7$

$=-8x+19$

(5)$\frac{1}{3}(9x-6)-\frac{1}{6}(12x-6)$

$=(3x-2)-(2x-1)$

$=3x-2-2x+1$

$=3x-2x-2+1$

$=x-1$

(6)$8\left(\frac{1}{2}x-\frac{3}{4}\right)-4\left(\frac{x}{4}-\frac{1}{2}\right)$

$=(4x-6)-(x-2)$

$=4x-6-x+2$

$=4x-x-6+2$

$=3x-4$

8 (1)$\boldsymbol{12x+5y=1460}$ (2)$\boldsymbol{5x-7\geqq 3x}$

解き方

(1)1本x円の鉛筆12本で$12x$(円)，
1冊y円のノート5冊で$5y$(円)となります。
合計の代金が1460円なので，
$12x+5y=1460$

(2)ある数xを5倍して7をひいた数は，$5x-7$
xの3倍は$3x$

p.142~143 予想問題 3

出題傾向

1次方程式を解く問題は，基本問題から複雑な問題まで，幅広く出題されることが多いので，くり返し練習しておこう。
1次方程式の文章題では，まず問題文をよく読み，わかっている数量を明らかにし，何をxとするか理解できるようにしよう。つくった方程式が正しいかどうか確かめることも忘れないようにしよう。

1 ㋒，㋕

解き方

$x=-4$を代入して，等式が成り立つかどうか調べます。
㋐：方程式ではありません。
㋑：左辺は，$-3\times(-4)=12$
　右辺は，-12
㋒：左辺は，$-2\times(-4)=8$
　右辺は，$-4-3\times(-4)=-4+12=8$
㋓：左辺は，$-4-1=-5$
　右辺は，$4\times(-4)+10=-16+10=-6$
㋔：左辺は，$3\times(-4)+1=-12+1=-11$
　右辺は，-10
㋕：左辺は，$4\times(-4)+12=-16+12=-4$
　右辺は，$-3\times(-4)-16=12-16=-4$

2 (1)$\boldsymbol{x=16}$　(2)$\boldsymbol{x=-7}$　(3)$\boldsymbol{x=2}$　(4)$\boldsymbol{y=6}$
(5)$\boldsymbol{a=\frac{11}{5}}$　(6)$\boldsymbol{b=-2}$　(7)$\boldsymbol{x=-6}$
(8)$\boldsymbol{x=-\frac{15}{4}}$　(9)$\boldsymbol{a=2}$

解き方

(1)　$x+3=19$
+3を右辺に移項して，$x=19-3$
$x=16$

(2)　$7x=-49$
両辺を7でわると，$x=-49\div7$
$x=-7$

(3)　$-2+9x=16$
−2を右辺に移項して，$9x=16+2$
$9x=18$
両辺を9でわると，$x=18\div9$
$x=2$

(4)　$2-3y=-y-10$
$-3y+y=-10-2$
$-2y=-12$
$y=6$

(5)　$-4a+2=a-9$
$-4a-a=-9-2$
$-5a=-11$
$a=\frac{11}{5}$

(6)　$2b-30=12b-10$
$2b-12b=-10+30$
$-10b=20$
$b=-2$

(7)　$2(x-2)=x-10$
$2x-4=x-10$
$2x-x=-10+4$
$x=-6$

(8)　$9=7-(13+4x)$
$9=7-13-4x$
$9=-6-4x$
$4x=-6-9$
$4x=-15$
$x=-\frac{15}{4}$

(9)　$4(a-2)=5(3a-6)$
$4a-8=15a-30$
$4a-15a=-30+8$
$-11a=-22$
$a=2$

3 (1)$\boldsymbol{x=-3}$　(2)$\boldsymbol{x=\frac{33}{10}}$　(3)$\boldsymbol{x=12}$
(4)$\boldsymbol{x=-6}$　(5)$\boldsymbol{x=10}$　(6)$\boldsymbol{x=5}$

解き方

(1)　$9+0.3x=-2.7x$
$90+3x=-27x$
$3x+27x=-90$
$30x=-90$
$x=-3$

(2)　$0.3x+0.02=1.01$
$30x+2=101$
$30x=99$
$x=\frac{99}{30}$
$x=\frac{33}{10}$

(3)　$\frac{1}{3}x+2=\frac{3}{4}x-3$
$4x+24=9x-36$
$4x-9x=-36-24$
$-5x=-60$
$x=12$

(4)$\frac{1}{2}x+3=-\frac{1}{6}x-1$
$3x+18=-x-6$
$3x+x=-6-18$
$4x=-24$
$x=-6$

(5) $-\frac{1}{5}x=-3+\frac{1}{10}x$
$-2x=-30+x$
$-2x-x=-30$
$-3x=-30$
$x=10$

(6) $\frac{x+1}{2}=\frac{2x-1}{3}$
$3(x+1)=2(2x-1)$
$3x+3=4x-2$
$3x-4x=-2-3$
$-x=-5$
$x=5$

4 (1)$\boldsymbol{x=72}$ (2)$\boldsymbol{x=\frac{50}{17}}$ (3)$\boldsymbol{x=\frac{17}{3}}$

解き方
$a:b=c:d$ ならば $ad=bc$ を使います。
(1)$40:x=5:9$
$5x=360$
$x=72$
(2)$x:3=5:5.1$
$5.1x=15$
$51x=150$
$x=\frac{50}{17}$
(3)$16:(x+5)=3:2$
$3(x+5)=32$
$3x+15=32$
$3x=17$
$x=\frac{17}{3}$

5 $\boldsymbol{a=6}$

解き方
$ax-6=2x+10$ に $x=4$ を代入すると，
$a\times4-6=2\times4+10$，$4a-6=8+10$，
$4a=24$，$a=6$

6 (1)**5年後** (2)**6 km** (3)**3500円** (4)**26**

解き方
(1)x 年後に3倍になるとすると，
$\underbrace{34+x}_{\text{父の年齢}}=3\underbrace{(8+x)}_{\text{子の年齢}}$
これを解くと，$x=5$
これは問題の答えとしてよいです。

(2)A地点からB地点までの道のりを x kmとすると，
$\underbrace{\frac{x}{12}}_{\text{自転車で行った時間}}=\underbrace{\frac{x}{4}}_{\text{歩いた時間}}-1$
これを解くと，$x=6$
これは問題の答えとしてよいです。

(3)原価を x 円とすると，定価は $1.2x$ 円，売り値は
$1.2x\times0.9$(円)だから，
$1.2x\times0.9-x=280$
これを解くと，$x=3500$
これは問題の答えとしてよいです。

(4)十の位の数を x とすると，もとの数は，
$10\times x+3x=13x$，一の位の数と十の位の数を
入れかえた数は，$10\times3x+x=31x$
これより，$13x+36=31x$
これを解くと，$x=2$
これは問題の答えとしてよいです。
よって，もとの数は，$10\times2+3\times2=26$

p.144~145 予想問題 4

出題傾向

比例と反比例は，x，yの関係を式に表す問題，比例，反比例の式を求める問題，グラフから比例，反比例の式をつくる問題が出題されやすいよ。応用問題では，図形上を動く点からつくられる三角形の面積の変化の問題が出題されることがあるよ。この問題は，中学2，3年でも似た形式の問題が出題されるので，定着できるようにしておこう。

1 **比例…㋐　反比例…㋑**

解き方

それぞれyをxの式で表すと，

㋐ $y=4x$

㋑ $y=\dfrac{15}{x}$

㋒ $y=210-x$

㋓ $y=80+x$

$y=ax$の形で表されるものは比例，

$y=\dfrac{a}{x}$の形で表されるものは反比例になります。

2 (1)$\boldsymbol{y=3x}$　(2)$\boldsymbol{y=\dfrac{27}{x}}$

解き方

(1)$y=ax$に$x=5$，$y=15$を代入して，

$15=5a$　$a=3$　よって，$y=3x$

(2)$y=\dfrac{a}{x}$に$x=-3$，$y=-9$を代入して，

$-9=-\dfrac{a}{3}$　$a=27$　よって，$y=\dfrac{27}{x}$

3 (1)**A(4，2)**

B(0，−4)

(2)**右の図**

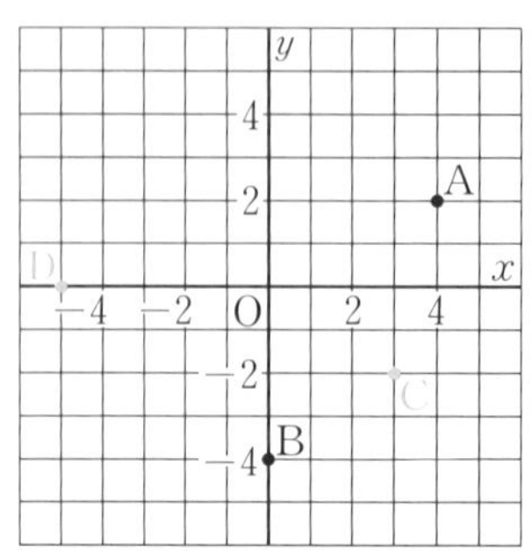

解き方

(1)点Aのx座標は4，y座標は2です。これを組み合わせてA(4，2)と表します。

(2)点Dのy座標は0なので，x軸上の点になります。

4 ㋐$\boldsymbol{y=\dfrac{4}{3}x}$

㋑$\boldsymbol{y=-\dfrac{2}{3}x}$

㋒$\boldsymbol{y=-\dfrac{4}{x}}$

解き方

㋐のグラフは直線だから，$y=ax$と表されます。点(3，4)を通るので，$y=ax$に$x=3$，$y=4$を代入すると，$4=3a$より，$a=\dfrac{4}{3}$

よって，$y=\dfrac{4}{3}x$

㋑のグラフは直線だから，$y=ax$と表されます。点(3，−2)を通るので，$y=ax$に$x=3$，$y=-2$を代入すると，$-2=3a$より，$a=-\dfrac{2}{3}$

よって，$y=-\dfrac{2}{3}x$

㋒のグラフは双曲線だから，$y=\dfrac{a}{x}$と表されます。

点(2，−2)を通るので，$y=\dfrac{a}{x}$に$x=2$，$y=-2$を代入すると，$-2=\dfrac{a}{2}$より，$a=-4$

よって，$y=-\dfrac{4}{x}$

5

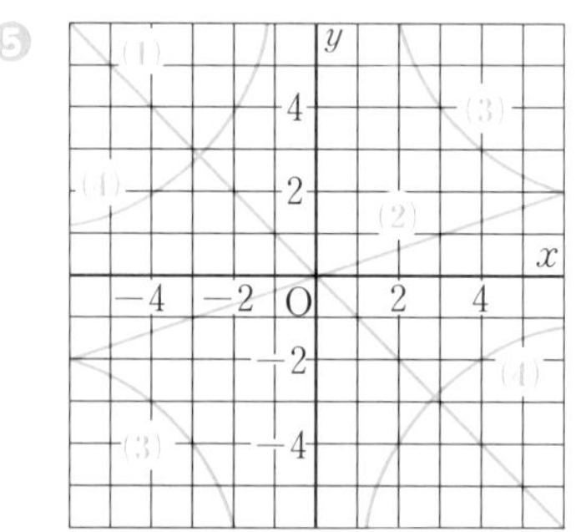

解き方

(1)(2)は比例のグラフ，(3)(4)は反比例のグラフになります。

(1)$x=1$のとき$y=-1$だから，原点と点(1，−1)を通ります。

(3)点(2，6)，(3，4)，(4，3)，(6，2)と点(−2，−6)，(−3，−4)，(−4，−3)，(−6，−2)を通る双曲線になります。

6 (1)$\boldsymbol{y=5x}$

(2)$\boldsymbol{0\leqq x\leqq 8}$

(3)$\boldsymbol{0\leqq y\leqq 40}$

(4)**右の図**

(5)**5cm**

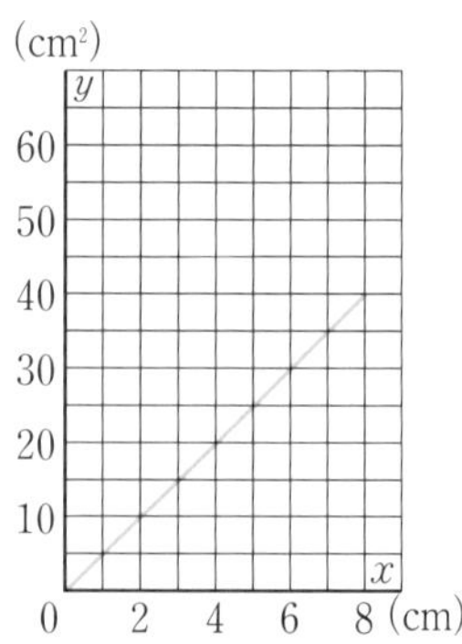

解き方

(1)$y=\frac{1}{2}\times x\times 10$より，$y=5x$

(2)AB＝8cmだから，$0\leqq x\leqq 8$

(3)$y=5x$に$x=8$を代入すると，$y=40$
よって，$0\leqq y\leqq 40$

(4)変域に注意してかきましょう。

(5)$y=5x$に$y=25$を代入すると，
$25=5x$，$x=5$
(4)のグラフから読み取ってもよいです。

p.146～147 予想問題 5

出題傾向

垂直二等分線や，角の二等分線の作図を利用した問題が多く出題されるよ。この2つの作図は確実にできるようにしておこう。
また，この章で学習する図形の基本的な知識や性質を問う問題は，しっかり押さえておこう。

❶ **(1)線分** **(2)//** **(3)$\overset{\frown}{AB}$**
(4)接線 **(5)6π**

解き方

(1)2点を両端とし，どちらにも延びないので，線分になります。1点を端として一方にだけ延びたものを半直線といいます。

(2)平行を表す記号は//，垂直を表す記号は⊥です。関係を表す記号を覚えておきましょう。

(4)円と1点で交わる点は接点です。また，円の接線は，その接点を通る半径に垂直です。

(5)$\pi\times 4^2\times\frac{135}{360}=6\pi(\text{cm}^2)$

❷ (1)

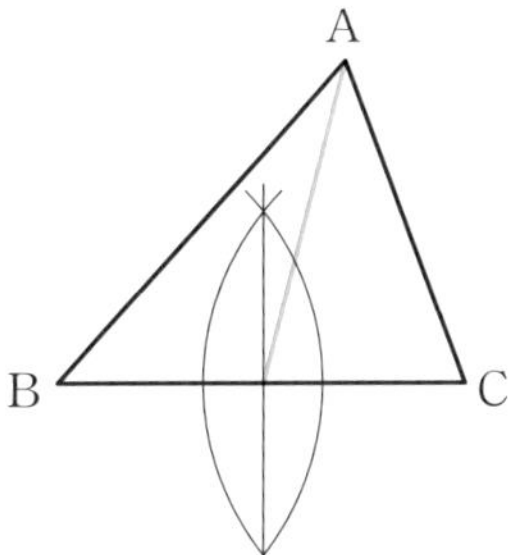

(2)

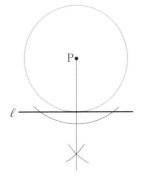

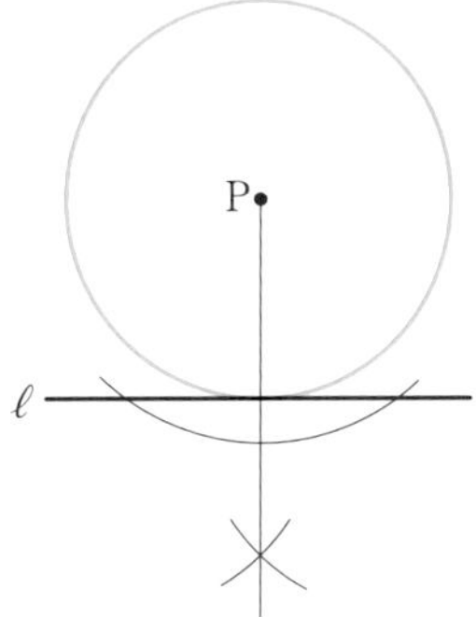

(3)

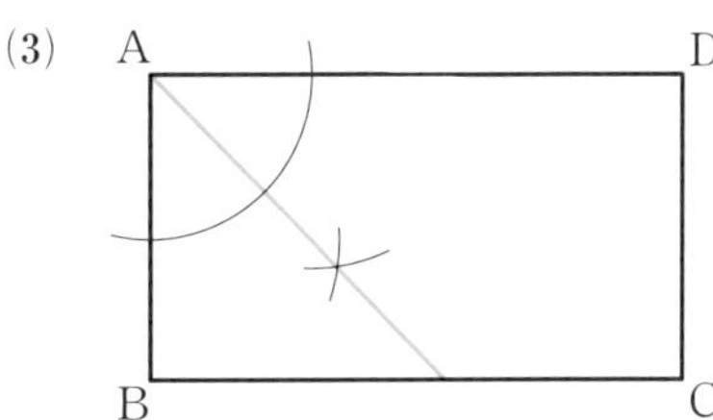

解き方　(1)頂点Aと辺BCの中点を結ぶ直線が△ABCの面積を二等分するので，辺BCの垂直二等分線を作図します。

(2)円の接線は，その接点を通る半径に垂直に交わるので，点Pを通る直線ℓへの垂線を作図します。

(3)辺ABが辺ADに重なるように折ったときの折り目の線は，∠Aを二等分する線になります。

❸

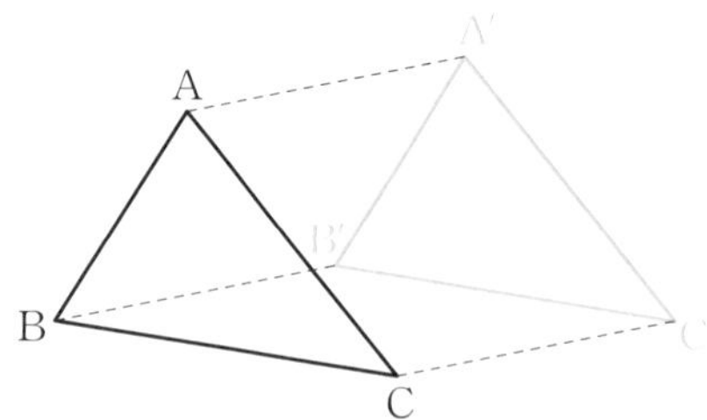

解き方　AA′，BB′，CC′がPQと同じ長さで，平行になるように，点A′，点B′，点C′をかきます。

❹

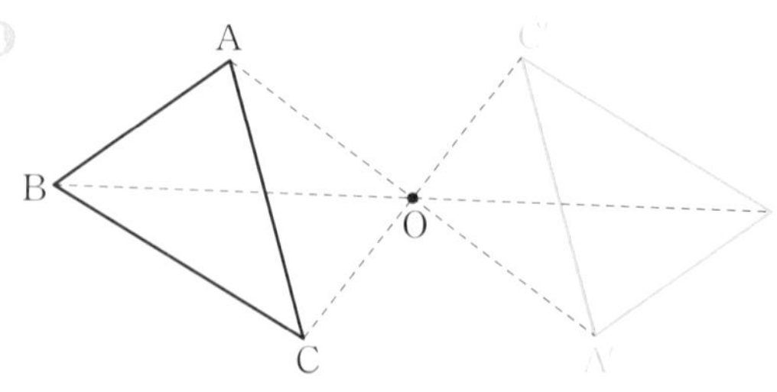

解き方　点対称移動は，180°回転移動させた図になります。直線AO上に，Aと反対側にAO＝A′Oとなる点A′をとります。点B′，C′も同様にとります。

❺

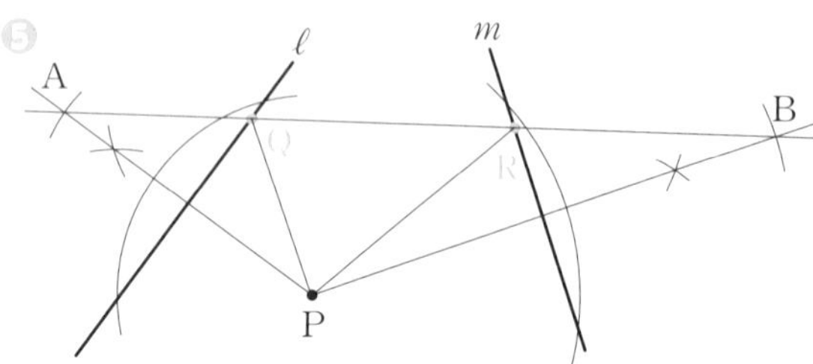

解き方　直線ℓに対して点Pと対称な点Aを作図し，直線mに対して点Pと対称な点Bを作図し，点Aと点Bを直線で結びます。この直線と，直線ℓ，直線mとの交点が点Q，点Rとなります。

p.148~149　予想問題 6

出題傾向

空間内の位置関係について問う問題は，基本的な問題だよ。ケアレスミスがないように確実に解けるようにしておこう。角錐，円錐の表面積や体積を求める問題は，出題されることが多いよ。角柱や円柱も，あわせて定着を図っておこう。
また，空間図形の応用問題は，やや難しい問題が出題されることもあるけれど，高得点を目指して，理解できるようにしておこう。

❶ **(1)直線CF，FD，FE**
(2)平面DEF
(3)平面ABC，DEF

解き方　(1)平行でなく，交わらない直線を見つけます。
(2)角柱の底面は平行です。
(3)AD⊥AC，AD⊥ABより，平面ADEB⊥平面ABCとわかります。同様にして，平面ADEB⊥平面DEFがわかります。

❷ **(1)60 cm²　(2)224 cm²　(3)192πcm²**
(4)85πcm²

解き方　(1)(三角柱の表面積)
＝(側面積)＋(底面積)×2なので，
$4\times(3+4+5)+\left(\frac{1}{2}\times3\times4\right)\times2$
$=48+12=60(\text{cm}^2)$
(2)(四角錐の表面積)
＝(側面の三角形の面積)×4＋(底面積)
なので，
$\left(\frac{1}{2}\times8\times10\right)\times4+8\times8=160+64=224(\text{cm}^2)$
(3)求める表面積は，
(外側の側面積)＋(内側の側面積)＋(底面積)×2
なので，
$10\times10\pi+10\times6\pi+(\pi\times5^2-\pi\times3^2)\times2$
$=100\pi+60\pi+32\pi=192\pi(\text{cm}^2)$
(4)(円錐の表面積)
＝(側面のおうぎ形の面積)＋(底面積)なので，
$\left(\frac{1}{2}\times10\pi\times12\right)+(\pi\times5^2)$
$=60\pi+25\pi=85\pi(\text{cm}^2)$

❸ **(1)120 cm³　(2)57.6πcm³　(3)100πcm³**
(4)288πcm³

解き方　(1)(三角柱の体積)
＝(底面積)×(高さ)なので，
$\left(\frac{1}{2}\times5\times6\right)\times8=120(\text{cm}^3)$

(2)(円柱の体積)

$=$(底面積)$\times$(高さ)なので，

$\pi \times 3^2 \times 6.4 = 57.6\pi$ (cm^3)

(3)(円錐の体積)

$=\frac{1}{3}\times$(底面積)$\times$(高さ)なので，

$\frac{1}{3} \times \pi \times 5^2 \times 12 = 100\pi$ (cm^3)

(4)(球の体積)$=\frac{4}{3}\times\pi\times$(半径)^{3}なので，

$\frac{4}{3}\pi \times 6^3 = \frac{4}{3}\pi \times 216 = 288\pi$ (cm^3)

4 (1)**120πcm^3** (2)**$\frac{128}{3}\pi$cm^3**

解き方

(1)求める回転体の体積は，
底面の円の半径が6cmで，高さが4cmと，6cmの2つの円錐の体積の和なので，

$\left(\frac{1}{3} \times \pi \times 6^2 \times 4\right) + \left(\frac{1}{3} \times \pi \times 6^2 \times 6\right)$

$= 48\pi + 72\pi = 120\pi$ (cm^3)

(2)求める回転体の体積は，
半径が4cmの半球なので，

$\frac{4}{3} \times \pi \times 4^3 \times \frac{1}{2} = \frac{128}{3}\pi$ (cm^3)

5 (1)**正四角錐** (2)**144cm^3**

解き方

(1)投影図で表される立体の見取図は，右の図のようになります。底面が正方形の正四角錐になります。

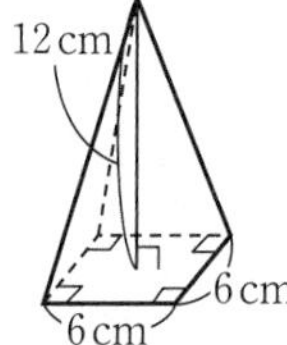

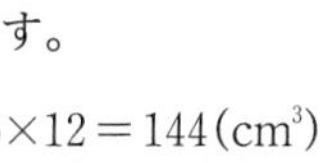

(2)$\frac{1}{3} \times 6 \times 6 \times 12 = 144$ (cm^3)

6 (1)**12cm** (2)**108πcm^2**

解き方

(1)平面上に示された円の円周は，円錐の底面の円周の2回転分なので，

$2\pi \times 6 \times 2 = 24\pi$ (cm)

これが，母線を半径とする円の円周に等しいので，$2\pi\times$(母線)$=24\pi$

よって，(母線)$=24\pi \div 2\pi = 12$ (cm)

(2)表面積は，側面積と底面積の和なので，

側面積は，$\pi \times 12^2 \times \frac{2\times\pi\times6}{2\times\pi\times12} = 72\pi$ (cm^2)

底面積は，$6 \times 6 \times \pi = 36\pi$ (cm^2)

よって，$72\pi + 36\pi = 108\pi$ (cm^2)

p.150～151 予想問題 7

出題傾向

資料を使った問題では，数値の合計をたすときに計算ミスをしたり，数え間違えるなどのケアレスミスがないように注意しよう。
言葉の意味を取り違えると求めるものが違ってしまうので，言葉の意味は正確に覚えておくことが大切だよ。

1 (1)**0.5秒**

(2)**6.5秒以上7.0秒未満の階級**

(3)

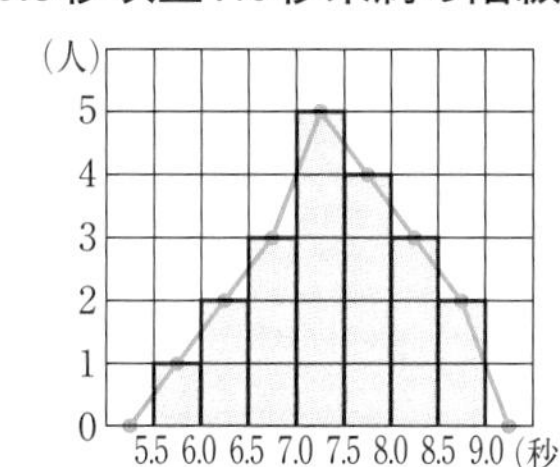

(4)

記録(秒)	度数(人)	累積度数(人)	相対度数	累積相対度数
以上 未満 5.5 ～ 6.0	1	1	0.05	0.05
6.0 ～ 6.5	2	3	0.10	0.15
6.5 ～ 7.0	3	6	0.15	0.30
7.0 ～ 7.5	5	11	0.25	0.55
7.5 ～ 8.0	4	15	0.20	0.75
8.0 ～ 8.5	3	18	0.15	0.90
8.5 ～ 9.0	2	20	0.10	1
計	20		1	

解き方

(1)1つの区間の幅を考えます。

(2)6.0秒以上6.5秒未満の階級には6.5秒は入りません。

(3)ヒストグラムは，縦が度数，横が階級の幅の長方形をかきます。
度数分布多角形は，かいたヒストグラムの長方形の上の辺の中点を折れ線で結びます。左右の両端には度数0の点をとります。

(4)(相対度数)$=\frac{(階級の度数)}{(度数の合計)}$で求めます。

2 (1)**29点** (2)**30点以上40点未満の階級**

(3)**35点**

解き方

(1)度数分布表から平均値を求める場合は，各階級に入る生徒の得点を階級値とみて求めます。

$(5\times1 + 15\times2 + 25\times1 + 35\times4 + 45\times2) \div 10$

$= 29$ (点)

(2)中央値は5番目と6番目の平均値なので，5番目と6番目の生徒が入る階級を見つけます。

(3)度数が最大の階級の階級値を求めます。

3 (1)㋐**0.09**

㋑**0.24**

㋒**0.34**

㋓**0.21**

(2)**1年全体**

(3)**右の図**

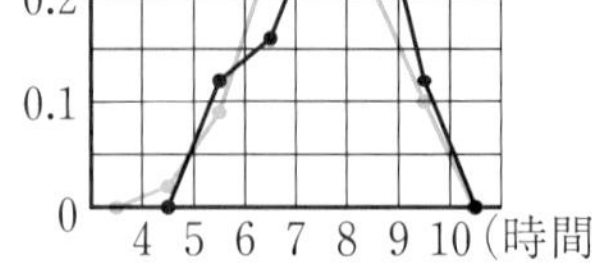

(4)**(例)**

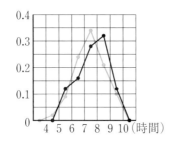

1年全体の分布のほうが，少し左に寄っている。このことから，1年2組と比べて，1年全体のほうが睡眠時間が短いことがわかる。

解き方

(1)(相対度数)＝$\dfrac{(\text{階級の度数})}{(\text{度数の合計})}$で求めます。

㋐$\dfrac{9}{100}=0.09$　㋑$\dfrac{24}{100}=0.24$

㋒$\dfrac{34}{100}=0.34$　㋓$\dfrac{21}{100}=0.21$

(2)7時間未満の生徒の割合をそれぞれ求めると，

1年2組…$(0+3+4)\div25=0.28$

1年全体…$(2+9+24)\div100=0.35$

(3)4時間未満を0，10時間以上を0として点をとります。

4 (1)**A駅…0.715　B駅…0.75**

(2)**B駅**

解き方

(1)A駅…$\dfrac{143}{200}=0.715$

B駅…$\dfrac{225}{300}=0.75$

(2)B駅のほうが相対度数が大きいので，相対度数を確率とみなすと，B駅のほうが確率が高いといえます。